Cosoc Grand Palace
Publishing

MISSION PRODUKTIVITÄT

Lob für Mission Produktivität

„Wenn ihr Lifehacker seid, ist dieses Buch ein Muss."
Forbes

„So oft sind wir festgefahren und tun einfach das, was wir immer schon getan haben, auch wenn es nicht wirklich funktioniert. Dieses Buch hilft euch dabei, all die Produktivitätsratschläge da draußen zu durchschauen, um die herauszufinden und zu testen, die wirklich funktionieren."
Shawn Achor, Forscher im Bereich Positive Psychologie und New York Times-Bestseller mit The Happiness Advantage

„Chris möchte nicht nur, dass ihr produktiver werdet. Er möchte, dass ihr ein besseres Leben führt. Dieses Buch ist eure Fahrkarte, um nicht nur produktiver, sondern wirklich glücklicher zu werden."
Neil Pasricha, Autor von The Book of Awesome und The Happiness Equation

„Chris hat den ultimativen Leitfaden geschrieben, um euer Leben aus den Angeln zu heben. Lest ihn und ihr werdet nicht nur mehr auf die Reihe bekommen, sondern euch dabei auch noch besser fühlen."
Laura Vanderkam, Autorin von I Know How She Does It

„Aufgrund von [Baileys] persönlichen Erfahrungen hat das Buch einen besonderen Reiz ... Obwohl es von seiner persönlichen Odyssee handelt, geht es in Wirklichkeit um euch – und wie ihr jeden Tag mehr erreichen und glücklicher sein könnt ... Das Jahr hat mit einem Produktivitätsknall begonnen, zumindest was Bücher angeht ... Alle sind exzellent, doch ich würde [*Mission Produktivität*] als das beste bewerten, wenn ihr nur eines lesen müsstet."
Globe and Mail

„Meine erste Reaktion war: ‚Ein Selbsthilfebuch? Nichts für mich.' Doch wie sich herausstellte, ist dieses Buch für mich – und für euch ... Diese witzige Lektüre ... wird euch wirklich dazu bringen, darüber nachzudenken, wie ihr das Beste aus eurer Zeit und Energie machen könnt."
Ottawa

„Jede Unternehmerin und jeder Fachmann, den ich in meinem Geschäftsleben getroffen habe, möchte und muss produktiver sein, doch den richtigen Ansatz zu finden, der für sie funktioniert, kann schwer zu fassen sein. Ich denke, die hier vorgestellten Techniken sind es allemal wert, dass ihr sie in euren Arbeitsethos aufnehmt."
Martin Zwilling, Forbes

„Geradlinig und vollgepackt mit praktischen Tipps, wird euch dieses Buch dazu bringen, neu zu bewerten, wie ihr eure kostbaren Minuten verbringt."
Vitamin Daily

„Baileys Hingabe an das Schreiben in Langform, seine Analysen und Experimente mit verschiedenen Ansätzen hat meine Aufmerksamkeit erregt. Seine Bereitschaft, Ergebnisse und Zahlen nachzuverfolgen und seine Erkenntnisse zu teilen, erinnert mich an Tim Ferriss' frühere Arbeit über Produktivität. Die Welt braucht mehr Experimente und Belege für Produktivitätsideen, daher hoffe ich, dass Bailey seine Arbeit fortsetzt ... Bailey erweist uns einen Dienst, wenn er uns daran erinnert, dass ‚gesunder Menschenverstand nicht unbedingt vernünftiges Handeln bedingt'."
Project Management Hacks

„Chris [Bailey] schreibt auf eine einnehmende Art und Weise, die meine Aufmerksamkeit wirklich gepackt hat ... Er liefert viele gute Erkenntnisse, von denen ich denke, dass viele Studenten, junge Erwachsene und jeder karrierebewusste Mensch sie lesen sollten. Sehr zu empfehlen!"
Petite Christine

MISSION PRODUKTIVITÄT

Erreicht mehr, indem ihr eure Zeit, Aufmerksamkeit und Energie besser managt

Chris Bailey

Chris Bailey: Mission Produktivität

Originalausgabe: Crown Business, Crown Publishing Group, Penguin Random House LLC
Übersetzung des englischen Originals: Michael Widemann
Umschlaggestaltung: Yasmin Karim
Korrektorat: Nele Maria Mau
Lektorat: Dr. Chris W. Huber

www.cosoc.de

CGP1004
ISBN 9783982101675
E-Book ISBN: 9783982101668
Gedruckt in der EU

Für alle im Camp

Inhalt

Teil Fünf: Beruhigt euren Geist

Teil Sechs: Der Aufmerksamkeitsmuskel

Teil Sieben: Produktivität auf der nächsten Stufe

Teil Acht: Der letzte Schritt

Geschätzte Lesedauer:
7 Minuten

EINLEITUNG

Während einige Menschen normalen Interessen wie Sport, Musik und Kochen nachgehen, so war ich – ganz gleich, wie sonderbar das jetzt klingen mag – schon immer davon besessen, so produktiv wie möglich zu werden.

Ich kann mich nicht mehr daran erinnern, wann ich zum ersten Mal vom Produktivitätsfieber gepackt wurde. Es könnte damals in der Highschool gewesen sein, als ich mir David Allens maßgebliches *Getting Things Done* vorgeknöpft hatte, als ich in jungen Jahren damit begann, mich intensiv mit Produktivitätsblogs zu beschäftigen, oder als ich zu etwa derselben Zeit anfing, die Sammlung von Psychologiebüchern meiner Eltern zu erforschen – jedenfalls bin ich nun seit bereits fast einem Jahrzehnt besessen von Produktivität, und diese Obsession durchdrang im Verlauf dieses Zeitraums nahezu jeden Aspekt meines Lebens.

In der Highschool begann ich, mit so vielen Produktivitätsmethoden zu experimentieren, wie ich nur finden konnte, was es mir ermöglichte, meinen Abschluss mit einem Durchschnitt von 95 Prozent zu machen und dabei gleichzeitig noch immens viel Zeit für mich selbst zu haben. An der Carleton University in Ottawa, wo ich Betriebswirtschaft studierte, tat ich so ziemlich dasselbe und setzte meine bewährtesten Produktivitätstaktiken dafür ein, einen Notenschnitt von 1 zu halten und dabei so wenig wie nur irgend möglich zu arbeiten.

Während meiner Studienzeit bekam ich die Gelegenheit, im Rahmen einiger studienbegleitender Werkstudententätigkeiten mit Produktivitätsmethoden zu experimentieren. Darunter war ein einjähriger Job, bei dem ich für ein globales Telekommunikationsunternehmen selbstständig etwa 200 Studenten rekrutierte, und ein anderer, wo ich von zu Hause aus für ein globales Marketing-Team arbeitete und den Team-Mitgliedern dabei half, Marketing-Material zu erstellen und Videodrehs auf der ganzen Welt zu koordinieren.

Aufgrund meiner harten Arbeit (und Produktivität) verlieh mir die Universität die Auszeichnung „Werkstudent des Jahres" und ich machte meinen Abschluss mit zwei Jobangeboten in der Tasche.

Der Grundgedanke hinter Produktivität

Ich erwähne meine Errungenschaften hier nicht, um euch zu beeindrucken, sondern vielmehr, um euch einzuschärfen, welch mächtiges Konzept Produktivität sein kann. So gern ich mir das manchmal auch einbilden mag, so wurden mir die beiden Vollzeitstellen direkt nach dem College nicht deswegen angeboten, weil ich besonders clever oder begabt bin. Ich denke ganz einfach, dass ich eine ziemlich klare Vorstellung davon habe, was notwendig ist, um produktiver zu werden und Tag für Tag mehr zu erreichen.

Denn obwohl die Jobs und die Uni Spaß gemacht hatten, war ich – um ehrlich zu sein – am Ende des Tages weitaus enthusiastischer darüber, die Chance gehabt zu haben, beide Kontexte als Sandkasten zu betrachten und auszutesten, welche Produktivitätstaktiken nun funktionierten und welche nicht.

Um zu erkennen, welch tiefgreifende Auswirkungen es haben kann, in eure Produktivität zu investieren, schaut euch einfach nur mal an, wie amerikanische Angestellte ihren Tag verbringen. Gemäß des aktuellsten American Time Use Survey sind es:

- 8,7 Stunden/Tag mit Arbeiten
- 7,7 Stunden/Tag mit Schlafen
- 1,1 Stunden/Tag mit Hausarbeit

- 1 Stunde/Tag mit Essen und Trinken
- 1,3 Stunden/Tag damit, sich um andere zu kümmern
- 1,7 Stunden/Tag mit „Sonstigem"
- **2,5 Stunden/Tag mit Freizeitaktivitäten**

Jeden Tag bekommen wir 24 Stunden, um unser Leben sinnvoll zu gestalten. Doch wenn man erst einmal all die Verpflichtungen in Betracht zieht, die wir haben, dann bleibt nicht wirklich viel Zeit übrig: armselige 2,5 Stunden für die meisten von uns, um genau zu sein. Ich habe die Zahlen in einem Tortendiagramm zusammengefasst, um darzustellen, wie wenig Zeit pro Tag das tatsächlich ist.

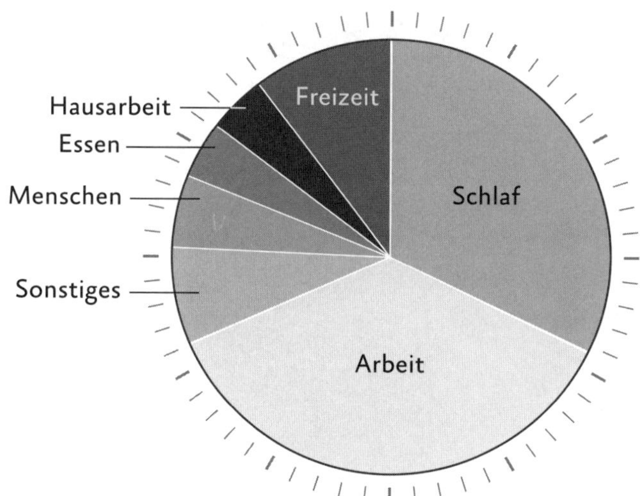

Und genau hier kann uns Produktivität retten. Meiner Meinung nach existieren die Produktivitätstaktiken, die ich in diesem Buch diskutiere, um euch dabei zu unterstützen, all das, was ihr erledigen müsst, in kürzerer Zeit zu schaffen, um dann mehr Zeit für die Dinge zu haben, die in eurem Leben wirklich wichtig und bedeutsam sind. Produktivität macht den Unterschied aus zwischen jemandem, der ein Unternehmen leitet und den Angestellten, die für das Unternehmen arbeiten. Sie ist auch der Unterschied, ob ihr am Ende des Tages keine Zeit oder Energie mehr habt oder jede Menge Zeit und Energie, um diese so zu investieren, wie immer ihr wollt.

Natürlich könnt ihr die Taktiken in diesem Buch anwenden, wie ihr möchtet. Mein Ansatz war immer der gewesen, ein Gleichgewicht zu finden, um einerseits mehr Zeit und Energie für die Dinge freizuschaufeln, die mir am Herzen liegen, und andererseits, um mehr zu erreichen. Diese Herangehensweise passt einfach zu der Art, wie ich ticke. Ich liebe es, coole Dinge zu tun und zu erreichen, doch ich liebe es auch, die Freiheit zu haben, meine Zeit so zu verbringen, wie es mir gefällt.

Wenn ihr euch die Zeit nehmt, in eure Produktivität zu investieren und das, was ihr dabei lernt, dazu verwendet, Zeit für die Dinge herauszuschlagen, die euch am wichtigsten sind, dann halte ich es für vollkommen realistisch, dass euer Durchschnittstag ein weniger mehr wie folgt aussehen könnte.

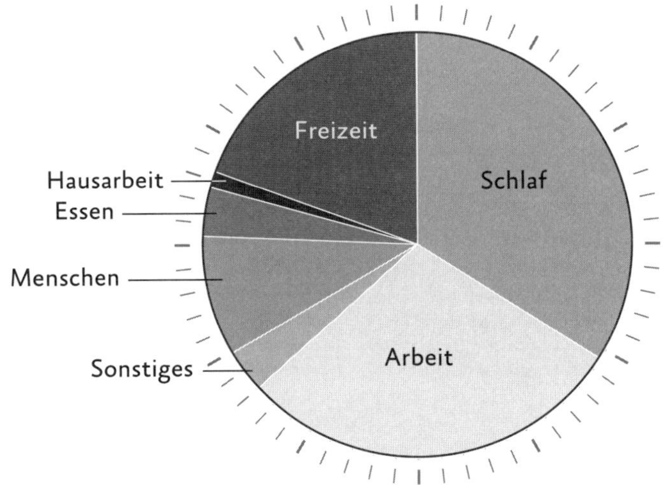

Zumindest ist das meine Erfahrung aus einem Jahrzehnt intensiven Experimentierens mit Produktivität.

Ein Jahr Produktivität

Ich steckte in einer Zwickmühle: Beide Jobangebote hatten großartige Einstiegsgehälter zu bieten, versprachen beruflichen Aufstieg und sahen oberflächlich betrachtet nach einer Menge Spaß aus. Doch als ich begann, intensiver über jedes Einzelne nachzudenken, kam ich zu der Erkenntnis, dass sie nicht wirklich das waren, was ich mit meinem Leben anfangen wollte.

Versteht mich nicht falsch, ich bin kein verwöhnter Dilettant, versessen darauf, den ganzen Tag französische Poesie des 18. Jahrhunderts vom Stapel zu lassen. Ich wollte einfach nur nicht die begrenzte Zeit, die mir zur Verfügung stand, in ein schwarzes Loch stecken, das nichts weiteres tat, als mir jeden zweiten Freitag einen Gehaltsscheck zu überreichen.

Also begann ich, darüber nachzudenken, welche anderen Optionen ich hatte – und plötzlich machte es Klick.

In den 1960ern und 70ern gehörte die University of California in Irvine zu einer Gruppe von Universitäten, die beschlossen, ihren Campus ohne Wege zu bauen. (Ich ging in Kanada zur Uni, doch ich liebe diese Geschichte.) Studenten und Dozenten spazierten einfach nach Belieben im Gras zwischen den Campus-Gebäuden herum, ohne einem für sie bereits gepflasterten Weg zu folgen. Etwa ein Jahr später, als die Uni schließlich erkennen konnte, wo das Gras um die Gebäude herum zertrampelt war, pflasterte sie stattdessen direkt über diese Pfade. Die Wege an der UC Irvine verbinden die Gebäude nicht einfach auf eine vorher festgelegte Art und Weise miteinander – sie sind dahingehend ausgelegt, wo die Menschen von sich aus gehen wollen. Landschaftsarchitekten nennen diese Wege „Wunschpfade“.

Als ich begann, die beiden traditionellen Pfade, die vor mir lagen, in Frage zu stellen, dachte ich in ähnlicher Weise darüber nach, welche Wege ich in meinem Leben bereits beschritten hatte und auf denen ich eigentlich weitergehen wollte. Ich brauchte nur ein paar Sekunden, um zu erkennen, dass das, was mir am meisten am Herzen lag, Produktivität war.

Ich wusste, dass ich das Thema Produktivität nicht ewig erforschen konnte. Als ich meinen Abschluss machte, hatte ich etwa 10.000 Dollar angespart (kanadische Dollar wohlgemerkt, was in etwa 30 US-Dollar oder 1.500 Dollar *Monopoly-Geld* entsprach). Nachdem ich die Zahlen durchkalkuliert hatte, kam ich zu dem Schluss, dass ich genug Geld hatte, um ein Jahr lang auf meinem Wunschpfad weiter zu reisen, oder anders gesagt, um ein Jahr lang das Thema Produktivität weiter zu erforschen. Ich hatte auch 19.000 Dollar an Studienkrediten abzuzahlen; es würde also ein Wagnis sein. Ich würde eine Menge Bohnen und Reis essen müssen, doch wenn es eine Zeit in meinem Leben gab, in der es Sinn ergab, eine große Wette auf meine Zukunft einzugehen, dann war das genau dieser Zeitpunkt. Sicher, die Idee eines einjährigen Projekts war ein wenig klischeehaft, aber das war einfach das Ergebnis meiner Berechnung, wie viel finanziellen Spielraum ich hatte, um das Thema zu erforschen.

Kurz nach meinem Abschluss im Mai 2013 lehnte ich offiziell die beiden Stellenangebote ab, um mein eigenes Projekt zu starten, das ich *„Ein Jahr Produktivität"* (*„A Year of Productivity"* bzw. *AYOP*) nannte.

Die Idee hinter diesem Projekt war einfach. Ein ganzes Jahr lang würde ich alles verschlingen, was ich zum Thema Produktivität in die Finger bekommen konnte und auf meiner Website ayearofproductivity.com über meine Erfahrungen schreiben.

365 Tage lang:

- las ich zahllose Bücher und wissenschaftliche Artikel über Produktivität und tauchte tief in die aktuelle Forschung zu diesem Thema ein.
- interviewte ich Produktivitätsgurus, um zu sehen, wie sie jeden Tag produktiv lebten.
- führte ich so viele Produktivitätsexperimente wie nur möglich durch und machte mich dabei selbst zum Versuchskaninchen, um herauszufinden, was nötig ist, um so produktiv wie möglich zu werden.

Obwohl ich einen Großteil meiner Zeit mit Recherchen und Interviews verbrachte, um der Frage auf den Grund zu gehen, was es brauchte, um produktiver zu werden, wurden meine Produktivitätsexperimente schnell zum bemerkenswertesten Teil meines Projekts. Zum Teil, weil ich so viele einmalige Lektionen aus ihnen lernte und zum Teil, weil so viele einfach vollkommen verrückt waren. Meine Produktivitätsexperimente umfassten unter anderem

- 35 Stunden pro Woche meditieren.
- 90 Stunden pro Woche arbeiten.
- Jeden Morgen um 5:30 Uhr aufstehen, um die Auswirkungen auf meine Produktivität zu beobachten.
- In einer Woche 70 Stunden TED-Talks ansehen.
- 10 Pfund reine Muskelmasse zulegen.
- In totaler Isolation leben.
- Einen Monat lang nur Wasser trinken.

Und viele weitere.

AYOP war der perfekte Rahmen, um mit all den Produktivitätstaktiken zu experimentieren, auf die ich neugierig war, für die ich aber noch keine

Zeit gehabt hatte. Das Ziel meines Projekts bestand darin, ein Jahr lang so tief wie möglich in die Materie Produktivität einzutauchen und dann alles, was ich dabei lernte, mit der Welt zu teilen.

Über dieses Buch

Mission Produktivität ist die Krönung meines Jahres intensiver Forschungen und Experimente. In den letzten zehn Jahren testete, las und recherchierte ich über Tausende von Produktivitätshacks, um die herauszufiltern, die tatsächlich funktionieren. Für *Mission Produktivität* wählte ich aus Tausenden Taktiken, mit denen ich mich beschäftigt hatte, die 25 aus, die meiner Meinung nach den größten Einfluss auf eure tägliche Arbeit haben werden. Ich experimentierte persönlich mit jeder Taktik in diesem Buch und wende sie auch regelmäßig an – und ich bin zuversichtlich, dass sie auch euch helfen werden.

Ich möchte nicht zu viel von dem verraten, was noch kommen wird, aber in den folgenden Kapiteln werde ich meine bevorzugten Produktivitätstaktiken verraten, damit ihr

- die wesentlichen Aufgaben in eurer Arbeit identifizieren könnt.
- effizienter an diesen Aufgaben arbeitet.
- eure Zeit wie ein Ninja managt.
- damit aufhören könnt, Dinge auf die lange Bank zu schieben.
- smarter, nicht härter arbeitet.
- euch wie ein Laser fokussiert.
- über den ganzen Tag hinweg eine Zen-artige geistige Klarheit erreichen könnt.
- mehr Energie habt als je zuvor.
- Und noch viel mehr!

Wenn das nach einer beängstigenden Liste klingt, keine Sorge – es wird ein Riesenspaß werden, und wir werden dies alles Seite für Seite in Angriff nehmen.

Seid ihr bereit? Lasst es uns angehen!

Geschätzte Lesedauer:
10 Minuten

EINE NEUE DEFINITION VON PRODUKTIVITÄT

Da ich noch nie jemand gewesen war, der vor einem seltsamen Experiment zurückschreckte, schrieb ich mich vor etwa sieben Jahren für einen viermonatigen Yogakurs ein.

Yogakurse kosten bis zu 25 Dollar pro Stunde, und als meine Universität ein viermonatiges Sonderangebot für 60 Dollar anbot, war ich sofort mit an Bord. Zu jenem Zeitpunkt war Yoga für mich eigentlich nur eine vorübergehende Modeerscheinung. Trotzdem beschloss ich, es auszuprobieren, um zu sehen, was all der Wirbel zu bedeuten hatte.

Im Laufe des Semesters jedoch bemerkte ich, wie ich mich zunehmend auf den Donnerstagabendkurs freute. Diese Stunde war das Gegenteil des geschäftigen, hektischen Lebens, an das ich gewöhnt war. Sie bot mir die Möglichkeit, herunterzukommen und all die Leistungen, die meine Produktivität herbeigeführt hatte, tatsächlich einmal wertzuschätzen.

Eines meiner Lieblingselemente des Kurses war, wie er endete. Bevor die Yoga-Lehrerin uns erlaubte, uns wieder zurück in unsere geschäftige Universitätswelt zu begeben, beendete sie die Stunde mit einer einfachen Atemmeditation, bei der sie uns dabei anleitete, aufmerksam unseren Atem zu beobachten.

Diese Meditations-Sessions dauerten nur fünf Minuten, aber ich erinnere mich noch gut daran, wie sehr sie mir halfen, mich ruhiger, klarer und entspannter zu fühlen als bei allem, was ich je zuvor ausprobiert hatte.

Eine Meditation über Produktivität

Im Verlauf meiner Jahre am College wurde meine Liebe zur Meditation immer größer. Während ich mich immer intensiver mit dem Ritual beschäftigte, meditierte ich zunächst fünf Minuten pro Tag, dann zehn Minuten, dann 15, dann 20 und mittlerweile, seit einigen Jahren, 30 Minuten pro Tag. Das ist länger, als die meisten Menschen meditieren, doch ich habe mich fürs Meditieren entschieden, anstatt andere („produktivere") Dinge zu tun, einfach weil es mir so viel Spaß machte.

Ich glaube, viele Menschen halten Meditation für viel komplizierter, als sie tatsächlich ist, doch ich will hier nicht zu sehr ins Detail gehen (ich spreche etwas mehr über Meditation auf Seite 227, wenn ihr neugierig seid). Im Prinzip sitze ich einfach auf einem Stuhl oder einem Kissen – für gewöhnlich in meiner Arbeitskleidung – und achte auf meinen Atem. Ich stehe nicht auf Rituale wie das Skandieren meditativer Gesänge oder die Konzentration auf mein „drittes Auge" (was auch immer das bedeuten mag). Ich konzentriere mich einfach 30 Minuten lang auf meinen Atem, und wenn meine Gedanken unweigerlich abschweifen, um sich auf etwas Interessanteres zu fokussieren, lenke ich meine Aufmerksamkeit sanft wieder zurück auf meinen Atem. Ich mache weiter und beobachte sein natürliches An- und Abschwellen, bis mein Meditations-Timer nach 30 Minuten klingelt. Manchmal ist es frustrierend, doch mit der Zeit wurde das Ritual der mit Abstand entspannendste Teil meines Tages.

Im Verlauf der letzten paar Jahre, während ich das Meditieren noch gründlicher erforschte, beschäftigte ich mich auch immer intensiver mit Produktivität. Wann immer ich nicht so effizient wie nur möglich arbeitete, recherchierte ich in Büchern, wie ich produktiver werden konnte, informierte mich über die neuesten Produktivitätshacks und hielt mich über alle Produktivitätsblogs und Websites, die ich finden konnte, auf dem Laufenden. Nachdem ich erlebt hatte, wie beide Interessen sich gegenseitig befruchteten und dabei immer größer wurden, traf ich die Entscheidung, mit *Ein Jahr Produktivität* zu beginnen.

Bis zu jenem Zeitpunkt hatte ich nicht groß darüber nachgedacht, wie Meditation und Produktivität zusammenhingen. Doch nachdem ich genau untersucht hatte, wie jedes Element meines Lebens entweder zu meiner Produktivität beitrug oder sie sabotierte, kam ich zu einer niederschmetternden Erkenntnis: Mein Meditationsritual und mein neu gestartetes einjähriges Produktivitätsexperiment hätten nicht unterschiedlicher sein können.

Das Problem war nicht so sehr das Ritual selbst, sondern vielmehr mein Verständnis der dahinterstehenden Denkweise. Ich praktizierte Meditation und Achtsamkeit als eine Möglichkeit, um weniger zu tun, in einem langsameren Tempo, und ich sah Produktivität als einen Weg, um mehr zu tun – und das schneller. Nach den ersten paar Monaten meines Projekts begann ich sogar, mich wegen meines Meditationsrituals schuldig zu fühlen. Sollte ich während dieser Zeit nicht lieber etwas Vernünftiges machen, richtige Arbeit, anstatt in meditativer Pose zu sitzen und eine halbe Stunde lang nichts zu tun?

Wenn ich mich entscheiden musste, entweder 30 Minuten länger zu arbeiten oder 30 Minuten zu meditieren, entschied ich mich fast immer dafür, länger zu arbeiten und mehr Arbeit zu erledigen, und meditierte überhaupt nicht.

Irgendwann dann, nach ein paar Monaten meines Projekts, hörte ich schließlich ganz mit dem Meditieren auf.

Arbeiten im Autopilot-Modus

In den darauffolgenden Wochen begann ich, vollkommen anders zu arbeiten. Anstatt regelmäßig Pausen zu machen, um einen Schritt von meinem Projekt zurückzutreten, arbeitete ich durch meine Müdigkeit und Erschöpfung hindurch und versuchte, so viel wie möglich zu schreiben und zu experimentieren. Als ich begann, in einem hektischeren Tempo zu arbeiten, fühlte ich mich den ganzen Tag über weniger ruhig und konzentriert. Mein Kopf war nicht mehr so klar, und ich war weniger enthusiastisch über die Arbeit, die ich gerade machte – obwohl ich doch meiner größten Leidenschaft nachging. Das Schlimmste jedoch war, dass ich begann, weniger bewusst zu arbeiten und immer häufiger im Autopilot-Modus zu sein. Aufgrund all dessen wurde ich um einiges weniger produktiv (wie ich meine Produktivität während meines Projekts maß, werde ich auf Seite 28 erklären).

Natürlich ist dies kein Buch über Meditation. Ich weiß, dass nicht alle Gefallen an dieser Übung finden werden. Tatsächlich vermute ich, dass nur ein Bruchteil von euch es mal ausprobieren wird. Doch ich glaube, dass einiges für die Denkweise hinter dieser Routine spricht, denn sie hilft dabei, ruhiger zu werden und den ganzen Tag über entspannt und bewusst zu arbeiten.

Meditation hatte keinen tiefgreifenden Einfluss auf meine Produktivität, weil sie mir half, mich nach einem langen Tag zu entspannen, den Kopf frei zu bekommen oder meinen Stress abzubauen – obwohl das sicherlich der Fall war. *Meditation hatte deswegen einen so tiefgreifenden Einfluss auf meine Produktivität, weil sie mir erlaubte, mich so weit zu verlangsamen, dass ich bewusst und nicht im Autopilot-Modus arbeiten konnte.* Ich denke, einer der größten Fehler, den Menschen machen, wenn sie sich bemühen, an ihrer Produktivität zu arbeiten, ist der, dass sie einfach automatisch immer weiterarbeiten. Ich stellte jedoch fest, dass es uns bei der Arbeit im Autopilot-Modus praktisch unmöglich ist, von unserer Arbeit zurückzutreten, um zu bestimmen, was wichtig ist, wie wir kreativer denken, smarter statt nur härter arbeiten und die Kontrolle über das, woran wir arbeiten, übernehmen können, statt an den Aufgaben zu arbeiten, die uns von anderen Menschen aufgetragen (oder in den meisten Fällen zugemailt) werden.

Nachdem ich damit aufgehört hatte, jeden Tag zu meditieren, begann ich, hektischer und weniger bewusst zu arbeiten, was mich daran hinderte, smarter zu arbeiten. Und das machte den Produktivitätszuwachs, den ich erzielt hatte, zunichte.

Der Mönch und der kokainsüchtige Börsenhändler

Natürlich gehen nicht alle ihre Arbeit mit demselben Maß an Besonnenheit an. Nehmen wir zum Beispiel den frommsten Mönch der Welt, der den ganzen Tag lang meditiert und eine Stunde dafür braucht, um irgendetwas zu schaffen, eben weil er es langsam und mit Bedacht tun möchte. Der Mönch tut so wenig wie möglich, so bewusst wie nur möglich, und kann Dinge deswegen so zielgerichtet tun, weil er sich im Schneckentempo bewegt.

Das Gegenteil des Mönchs ist der im Kokainrausch agierende Börsenhändler, der schnell, automatisch und in einem unvorstellbar hektischen Tempo arbeitet. Im Gegensatz zum Mönch tritt der Börsenhändler nicht oft von dem zurück, woran er gerade arbeitet, um über dessen Wert oder Bedeutung nachzudenken – er versucht einfach nur, so viel wie möglich, so schnell wie möglich zu erledigen. Weil er so schnell arbeitet, fehlt ihm die Zeit oder die nötige Aufmerksamkeit, um Dinge zielgerichtet oder mit Intention anzugehen.

Ich experimentierte mit beiden Geschwindigkeiten (doch nie mit Kokain) und stellte fest, dass keiner der beiden Ansätze ideal ist, wenn es um Produktivität geht. Den ganzen Tag zu meditieren, mag uns inneren Frieden bringen, und in einem hektischen Tempo zu arbeiten, mag unglaublich stimulierend sein, doch Produktivität hat nichts damit zu tun, wie viel man tut, sondern alles damit, wie viel man erreicht. Weder als Mönch noch als Börsenhändler unter dem Einfluss von Kokain werdet ihr viel erreichen. Wenn ihr wie ein Mönch arbeitet, arbeitet ihr zu langsam, um irgendetwas zu erreichen, und wenn ihr wie ein Börsenhändler arbeitet, seid ihr zu hektisch, um einen Schritt von eurer Arbeit zurückzutreten und das zu identifizieren, was wichtig ist, damit ihr smarter arbeitet statt nur härter.

Die produktivsten Menschen arbeiten in einem Tempo irgendwo zwischen dem Mönch und dem Börsenhändler – schnell genug, um alles zu erledigen, und langsam genug, um zu erkennen, was wichtig ist, um dann bewusst und mit Intention zu arbeiten.

Die drei Bestandteile von Produktivität

Heutzutage ist es unmöglich, produktiver zu werden, wenn man im Autopilot-Modus arbeitet. Aber das war nicht immer der Fall.

Vor 50 Jahren arbeitete etwa ein Drittel aller Beschäftigten in den USA in Fabriken. In einer Fabrik, oder in einem anderen methodischen, fließbandmäßigen Job, war Produktivität einfacher: Je mehr Dinge man in der gleichen Zeit produzierte, desto effizienter und produktiver war man. Unsere Arbeit änderte sich nicht großartig, es gab nur sehr wenig Spielraum, um smarter statt härter zu arbeiten, und wir hatten nicht viel Einfluss darauf, woran oder wann wir daran arbeiteten.

Viele Menschen arbeiten immer noch in Fabriken oder haben fabrikähnliche Jobs, doch wenn ihr dieses Buch in die Hand genommen habt, stehen die Chancen gut, dass das bei euch nicht der Fall ist. Aller Wahrscheinlichkeit nach ist eure Arbeit mit mehr intellektuellem Kapital verbunden als in der Vergangenheit, ist kompliziert und ändert sich permanent, und ihr habt mehr Freiheit als je zuvor, um an dem zu arbeiten, was ihr wollt und wann ihr es wollt. Ihr habt vielleicht nicht die volle Kontrolle über eure Arbeit, aber ihr habt um einiges mehr Kontrolle als jemand, der vor einem halben Jahrhundert in einer Fabrik oder am Fließband arbeitete.

In den meisten Jobs heutzutage – inklusive der Jobs, die ich hatte, und der Jobs, die jede erfolgreiche Person, die ich für dieses Buch interviewte, hat – reicht Effizienz nicht mehr aus. Wenn man mehr zu tun hat als je zuvor, dafür aber weniger Zeit hat und gleichzeitig eine beispiellose Freiheit und Flexibilität, wie man es macht, dann geht es bei Produktivität nicht mehr darum, wie effizient man arbeitet, sondern darum, wie viel man erreicht. **Bei Produktivität geht es darum, wie viel ihr erreicht.**

Das erfordert, dass ihr smarter arbeitet und eure Zeit, Aufmerksamkeit und Energie besser denn je managt.

Irgendwann gegen Ende meines Projekts kam ich zu einer Erleuchtung: Jede Lektion, die ich gelernt hatte, war abhängig von drei Dingen: meiner Zeit, meiner Aufmerksamkeit und meiner Energie. Obwohl viele Lektionen oder Erkenntnisse in mehr als eine Kategorie passen, so gab es nicht eine einzige Sache, die ich erforscht hatte, die nicht mit irgendeiner Kombination dieser drei Dinge zu tun hatte – und im Laufe meines Projekts erforschte ich einige verrückte Ansätze.

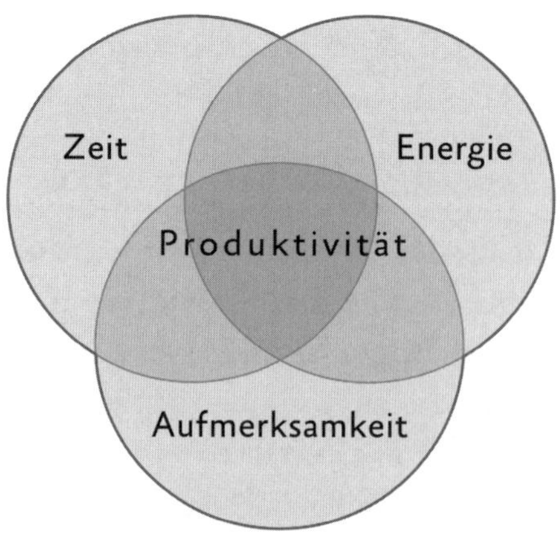

Bei fabrikähnlichen Jobs war es nicht so wichtig, unsere Aufmerksamkeit und Energie zu managen, denn einfache, sich wiederholende Arbeiten erforderten nicht viel davon. Es genügte, seine Zeit gut zu managen. Wenn man also um neun Uhr auftauchte, seine Arbeit acht Stunden lang gut machte und um fünf Uhr wieder ging, wurde man einigermaßen gut bezahlt und lebte ein relativ glückliches Leben.

Heutzutage könnte es nicht gegensätzlicher sein. Wir haben mehr Anforderungen an unsere Zeit als je zuvor, eine überwältigende Anzahl von Ablenkungen, die uns umgeben, Stress und Druck, die aus allen Richtungen auf uns einstürmen, Arbeit, die wir mit nach Hause nehmen, Pieptöne und Benachrichtigungen, die uns den ganzen Tag verfolgen und unsere Aufmerksamkeit in Anspruch nehmen. Doch wir haben weniger Zeit als je zuvor, um uns um unseren Energiehaushalt zu kümmern, indem wir Sport treiben, gut essen oder genug schlafen.

In diesem neuen Umfeld managen die produktivsten Menschen nicht nur ihre Zeit gut – sie managen auch ihre Aufmerksamkeit und Energie gut.

Gegen Ende meines Projekts musste ich einfach permanent darüber staunen, wie wichtig jeder dieser drei Bestandteile von Produktivität ist und wie sehr sie voneinander abhängen. Genug Schlaf zu bekommen, zum Beispiel, erfordert mehr Zeit, erhöht jedoch euer Energielevel und die Fähigkeit, eure Aufmerksamkeit zu managen. Auch das Eliminieren von Lärm und Ablenkungen kostet Zeit, hilft euch jedoch, eure Aufmerksamkeit besser zu managen, weil euch dies den ganzen Tag über mehr Konzentration und Klarheit verschafft. Eure Denkweise zu ändern, erfordert Energie und Aufmerksamkeit, lässt euch aber in kürzerer Zeit mehr erreichen.

Die Kombination dieser drei Faktoren ist von entscheidender Bedeutung. Wenn ihr eure Zeit nicht vernünftig einsetzt, spielt es keine Rolle, wie viel Energie und Konzentration ihr habt – am Ende des Tages werdet ihr nicht viel erreicht haben. Wenn ihr euch nicht auf das konzentrieren könnt, was ihr gerade tut, spielt es keine Rolle, ob ihr wisst, was eure smartesten Aufgaben sind oder ob ihr eine Unmenge an Energie habt – ihr werdet nicht in der Lage sein, euch voll und ganz auf eure Arbeit einzulassen und produktiver zu werden. Und wenn ihr nicht gut mit eurer Energie haushalten könnt, spielt es keine Rolle, wie gut ihr mit eurer Zeit oder Aufmerksamkeit umgehen könnt – ihr werdet nicht genug Treibstoff im Tank haben, um all das zu erledigen, was ihr vorhabt.

Wenn ihr nicht darauf hinarbeitet, eure Zeit, Aufmerksamkeit und Energie gut zu managen, dann ist es nahezu unmöglich, den ganzen Tag über bewusst und mit Intention zu arbeiten.

Wenn wir Zeit verschwenden, prokrastinieren wir, schieben Dinge auf die lange Bank. Wenn wir unsere Aufmerksamkeit nicht gut managen, sind wir abgelenkt. Und wenn wir nicht gut mit unseren Energiereserven haushalten, sind wir müde oder „ausgebrannt“. (Interessanterweise ist das Konstrukt des „Burn-out“ relativ neu; es wurde erstmals in den 1970er Jahren identifiziert – irgendwo in der Mitte unseres Übergangs von einer Fabrik- zu einer Produktivitätsmentalität am Arbeitsplatz.)

In den folgenden Kapiteln werde ich über die effektivsten Zeitmanagement-Methoden sprechen, denen ich in der Zeit des Experimentierens mit Produktivität begegnete, doch ich werde ebenso viel Zeit darauf verwenden, wie ihr eure Aufmerksamkeit und Energie am besten managen könnt. Die meisten von uns arbeiten nicht mehr in Fabriken, und da es bei Produktivität weniger darum geht, wie viel wir tun, sondern viel mehr, wie viel wir erreichen, könnten alle drei Bestandteile kaum wichtiger sein.

Und mit dieser neuen Denkweise und Definition von Produktivität beginnt die *Mission Produktivität.*

Mit mehr Selbstbestimmung über das, woran wir arbeiten, und gleichzeitig mehr Arbeit, ist es elementar, erst einmal zu bestimmen, was die richtigen Dinge sind, bei denen wir produktiver werden wollen. All eure Bemühungen, Kontrolle über eure Zeit, Aufmerksamkeit und Energie zu erlangen, werden fruchtlos bleiben, wenn ihr nicht zuerst kritisch prüft, welche Aufgaben für euch am wertvollsten sind und euch am meisten am Herzen liegen.

Leider ist dies eine Lektion, die ich auf die harte Tour lernen musste.

DIE GRUNDLAGEN

WO IHR BEGINNEN SOLLTET

Take-away: Den meisten gefällt die Idee, produktiver zu werden und ihrem Leben positive Impulse zu geben. In der Praxis jedoch ist es schwierig. Wenn ihr jedoch einen starken, sinnvollen Grund habt, warum ihr produktiver werden wollt, wird euch das langfristig dabei helfen, eure Motivation aufrechtzuerhalten.

Geschätzte Lesedauer:
10 Minuten

Ein wahr gewordener Traum

> Vor jedem Kapitel habe ich ein Take-away eingefügt, eine Zusammenfassung dessen, was ihr mitnehmen könnt, damit ihr euch schon mal geistig darauf vorbereiten könnt. Ich habe auch die geschätzte Zeit angegeben, die ihr für die Lektüre der einzelnen Kapitel benötigt, basierend auf einer durchschnittlichen Lesegeschwindigkeit von 250 Wörtern pro Minute, aufgerundet auf die volle Minute.

Die Vorstellung, ein Frühaufsteher zu werden, reizte mich schon seit ich denken kann. Bevor ich mit meinem Projekt begann, träumte ich oft davon, ein paar Minuten vor dem Klingeln meines Weckers um 5:30 Uhr aufzuwachen, aus dem Bett zu springen, um dann in einem feierlichen Ritual Kaffee zuzubereiten, die Nachrichten der vergangenen Nacht nachzulesen, zu meditieren und erst mal joggen zu gehen, bevor der Rest der Welt aufwachte.

Als ich mit *Ein Jahr Produktivität* begann, war ich wild entschlossen, jeden Morgen um 5:30 Uhr aufzustehen – selbst wenn ich dafür das ganze Jahr brauchen sollte.

Vor meinem Projekt, so besessen wie ich von Produktivität war, hätten meine Nacht- und Morgengewohnheiten der Routine eines Frühaufstehers kaum weniger zuträglich sein können. Nachdem ich meine Arbeit für den Tag beendet hatte (so effizient wie möglich natürlich), verlor ich oft das Zeitgefühl, während ich las, mit Freunden abhing oder mich in Online-Vorlesungen über Kosmologie vertiefte, bis ich entweder keine Zeit oder keine Energie mehr für den Abend hatte. So sehr ich auch in die Idee verliebt war, regelmäßig früh aufzustehen, so hätte dies auch bedeutet, dass ich als Frühaufsteher meine abendlichen Rituale und Morgenroutinen vollkommen hätte ändern müssen, und das war etwas, was meinem Gefühl nach mehr war als ich hätte bewältigen können.

Von all den Produktivitätsexperimenten, die ich in meinem Jahr Produktivität durchführte, war Aufstehen um 5:30 Uhr die mit Abstand größte Herausforderung. Zuerst stellte ich fest, dass sich meine angestrebte Schlafenszeit um 21:30 Uhr immer schneller heranschlich und dass ich mich oft vor die Wahl gestellt sah, früher am Tag aufzuhören, wenn ich eigentlich noch viel zu tun hatte, oder länger aufzubleiben, um alles zu erledigen und dafür dann länger zu schlafen. Manchmal ging ich genau dann zu Bett, als ich die meiste Energie, Konzentration und Kreativität hatte – ich bin von Natur aus ein Nachtmensch – und so beschloss ich, länger aufzubleiben. Ich wollte auch Zeit mit meinen Freunden und meiner Freundin verbringen, wenn ich mit meinen Recherchen und dem Schreiben für den Tag fertig war, was unmöglich gewesen wäre, wenn ich früh zu Bett gegangen wäre.

Nachdem ich etwa sechs Monate lang an unzähligen Gewohnheiten herumgefeilt hatte, um eine frühmorgendliche Routine in mein Leben zu integrieren, gewöhnte ich mir ein neues Aufwachritual an, bei dem ich mich für das frühe Aufstehen belohnte, meine Geräte von 20:00 Uhr bis 8:00 Uhr abschaltete, am Mittag mit dem Kaffeetrinken aufhörte und mich so langsam an das Ritual herantastete, indem ich meine Schlafenszeit im Laufe der Monate allmählich vorverlegte. Ich werde diese Taktiken später im Detail erklären, aber es erübrigt sich, zu sagen, dass dies eines dieser

Experimente war, bei dem ich viele wertvolle Lektionen auf die harte Tour lernte.

Nichtsdestotrotz, nach sechs Monaten hatte ich es geschafft: Ich war mehrere Wochen lang jeden Werktag um 5:30 Uhr aufgestanden und hatte mir ein neues Morgenritual angewöhnt. Meine Morgenroutine war der Stoff, aus dem – so stellte ich mir vor – Produktivitätsträume gemacht waren:

- 5:30 Uhr - 6:00 Uhr: Aufstehen, Kaffee zubereiten und trinken.
- 6:00 Uhr - 7:15 Uhr: Zu Fuß zum Fitnessstudio, beim Trainieren meinen kompletten Tag planen.
- 7:15 Uhr - 8:15 Uhr: Ein großes, gesundes Frühstück, duschen, meditieren.
- 8:15 Uhr: Wieder mit dem Internet verbinden (nach meinem täglichen Abschaltritual).
- 8:15 Uhr - 9:00 Uhr: Lesen.
- 9:00 Uhr: Zu arbeiten beginnen.

Ich praktizierte dieses Ritual noch mehrere Monate lang, schaltete meine Geräte gewissenhaft jeden Abend um 20 Uhr ab, ging um 21:30 Uhr zu Bett und wachte pünktlich um 5:30 Uhr auf, fühlte mich zufrieden mit mir selbst und meinen Bemühungen, bis mir eines Montagmorgens etwas klar wurde, was mich auf der Stelle innehalten ließ: Ich hasste es, früh zu Bett zu gehen und früh aufzustehen.

Nachdem meine anfängliche Begeisterung über meine neue Routine verflogen war, wurde ich es langsam müde, Nein dazu zu sagen, mit meinen Freunden abzuhängen, einfach weil ich früh zu Bett gehen musste. Ich konnte es nicht ertragen, mit der Arbeit aufzuhören, wenn ich spät nachts „in meinem Element" war. Jeden Morgen stellte ich fest, dass ich mich in den ersten ein oder zwei Stunden, die ich wach war, groggy fühlte. Und ich erkannte, dass ich viel lieber später am Tag meditierte, trainierte, las und meinen Tag plante, wenn ich mehr Energie und Aufmerksamkeit für meine Aufgaben aufbringen konnte.

Das Schlimmste jedoch war, dass mich dieses Ritual nicht produktiver machte. Mit meiner neuen Routine, so musste ich erkennen, erreichte ich das, was ich vorhatte, viel seltener, schrieb im Durchschnitt weniger Wörter pro Tag und hatte den ganzen Tag über weniger Energie und Konzentration. Und nachdem ich Nachforschungen angestellt hatte, fand ich heraus, dass es absolut keinen Unterschied im sozioökonomischen Status gibt zwischen jemandem, der Frühaufsteher ist, und jemandem, der eine Nachteule ist – wir sind alle unterschiedlich gepolt, und eine Routine ist nicht grundsätzlich besser als eine andere. Meiner Erkenntnis nach macht die Art und Weise, wie wir unsere wachen Stunden nutzen, den Unterschied, wie produktiv wir sind.

So sehr ich für die Idee schwärmte, früh aufzustehen, in der Praxis gefiel es mir besser, später aufzustehen.

Produktivität mit einem Ziel

Ich denke, das Gleiche gilt auch für Produktivität selbst. Die Idee, mehr zu übernehmen und dem Leben positive Impulse zu geben, ist verführerisch. In der Praxis jedoch ist produktiver zu werden eine der schwierigsten Aufgaben, die man angehen kann. Wenn es einfach wäre, hätte ich wahrscheinlich nicht ein Jahr meines Lebens der Erforschung dieses Themas gewidmet, und es gäbe keinen Grund für dieses Buch.

Obwohl ich während dieses einjährigen Experiments sehr viele Dinge in Sachen Produktivität lernte, war die vielleicht entscheidendste Lektion, wie unglaublich wichtig es ist, sich intensiv Gedanken darüber zu machen, warum wir überhaupt produktiver werden möchten.

Wenn ich dieses Buch lesen würde, anstatt es zu schreiben, hätte ich den letzten Satz vielleicht nur überflogen, deshalb denke ich, dass es sich lohnt, ihn zu wiederholen: *Die vielleicht wichtigste Lektion war, wie unglaublich wichtig es ist, sich intensiv Gedanken darüber zu machen, warum wir überhaupt produktiver werden möchten.*

Als ich mich dazu verpflichtete, meine morgendlichen und abendlichen Routinen auf den Kopf zu stellen, um jeden Morgen um 5:30 Uhr aufzustehen, dachte ich nicht viel darüber nach, ob mir das frühe Aufstehen wirklich wichtig war. Ich war in die sepiafarbene Fantasie verliebt, der „Produktivitäts-Typ" zu sein, der aufsteht, während alle anderen noch schlafen, und mehr auf die Reihe bekommt als alle anderen. Ich dachte nicht viel darüber nach, was nötig war, um das umzusetzen, und auch nicht darüber, ob es mir auf einer tieferen Ebene auch wirklich wichtig war, diese Veränderung herbeizuführen.

Den ganzen Tag über bewusst und zielgerichtet zu arbeiten, kann darüber entscheiden, wie produktiv man ist. Ein Ziel zu haben, ist jedoch genauso wichtig. Die Intention hinter euren Handlungen ist wie der Schaft hinter einer Pfeilspitze – es ist ziemlich schwierig, Tag für Tag produktiver zu werden, wenn es euch egal ist, was ihr auf einer tieferen Ebene erreichen wollt. Diese Produktivitätserkenntnis ist der mit Abstand unattraktivste Tipp in diesem Buch, aber vielleicht doch der wichtigste. Unzählige Stunden dahingehend zu investieren, produktiver zu werden oder neue Gewohnheiten oder Routinen anzunehmen, ist reine Verschwendung, wenn euch die Veränderungen, die ihr herbeiführen wollt, im Prinzip egal sind. Und ihr werdet nicht die Motivation haben, diese Veränderungen auf lange Sicht durchzuhalten.

Werte

Der Grund, warum ich in den letzten zehn Jahren Produktivität immer weiter erforschte und untersuchte, ist der, dass Produktivität mit so vielen Dingen verbunden ist, die ich auf einer tiefen Ebene schätze: Effizienz, Bedeutung, Selbstbestimmung, Disziplin, Entwicklung, Freiheit, Lernen, organisiert sein. Diese Werte sind es, die mich motivieren, einen so großen Teil meiner Freizeit damit zu verbringen, wissenschaftliche Online-Kurse ausfindig zu machen und zu lesen.

Jeden Morgen um 5:30 Uhr aufstehen? Nicht wirklich.

Bereits vor mir schrieb eine ganze Prozession von Menschen darüber, „in Übereinstimmung mit unseren Werten zu handeln“, und um ehrlich zu sein, wann immer ich solche Aussagen über Werte las, schaltete ich fast immer ab oder las einfach darüber hinweg. Doch sie sind es auf jeden Fall wert, darüber nachzudenken, wenn ihr vorhabt, euer Leben grundlegend zu verändern. Hätte ich mir nur ein paar Minuten Zeit genommen, darüber nachzudenken, was frühes Aufstehen mit dem zu tun hat, was mir wirklich am Herzen liegt – nämlich gar nichts –, hätte ich mir monatelange Willenskraft und Opfer ersparen und mit dieser Zeit etwas viel Produktiveres anfangen können. Die Frage, warum ihr euer Leben ändern wollt, kann euch unzählige Stunden oder sogar Tage eurer Zeit sparen, wenn ihr feststellen müsst, dass ihr diese Änderung eigentlich gar nicht wirklich vornehmen wollt.

Der praktische Teil

Ich weiß, im Moment befindet ihr euch tief im „Lesemodus" und seid nicht gerade erpicht darauf, damit aufzuhören und euch einer schnellen Challenge zu stellen, ganz egal wie viel produktiver ihr dadurch auch werden könnt.

Doch der Sprung zwischen Wissen und Tun ist das, was Produktivität ausmacht.

Lasst uns sanft vom „Lesen" zum „Tun" übergehen und die erste Produktivitäts-Challenge des Buches angehen. Keine Sorge, es ist viel einfacher, als ihr denkt: Für die meisten Challenges in diesem Buch werdet ihr weniger als zehn Minuten brauchen, und für die meisten braucht ihr nur einen Stift und ein oder zwei Blätter Papier. Nicht in jedem Kapitel gibt es eine Challenge, aber ich habe sie dann eingebaut, wenn ich der Meinung war, dass sie eure Zeit wert sind. Ich weiß, eure Zeit ist die wertvollste und limitierteste Ressource, die ihr habt, und ich verspreche euch, kein bisschen davon zu verschwenden. Für jede Minute, die ihr mit diesen Challenges verbringt, werdet ihr mindestens das Zehnfache an Zeit wiederbekommen.

Bereit?

Schnappt euch Stift und Papier und lest dann weiter.

Die Werte-Challenge

Benötigte Zeit: 7 Minuten
Benötigte Energie/Konzentration: 6/10
Wert: 8/10
Spaß: 3/10
Was ihr davon haben werdet: Einsicht in eure tieferen Beweggründe, produktiver zu werden. Wenn ihr die Taktiken in diesem Buch anwendet, um mehr zu erreichen, könnt ihr unter Umständen unzählige Stunden sparen, wenn ihr euch nur auf die Produktivitätsziele konzentriert, die euch wichtig sind. Der Ertrag aus dieser Challenge kann massiv sein.

Ich weiß, wenn ich euch einfach nur vorschlagen würde, eine Liste eurer wichtigsten Wertvorstellungen zu erstellen und dann einen Plan zu entwerfen, wie ihr in Übereinstimmung mit diesen Werten handeln könnt, würdet ihr dieses Buch entweder einfach beiseitelegen, um eine negative Rezension bei Amazon zu schreiben oder ihr würdet vorblättern, um zu sehen, welche anderen Produktivitätstipps ich noch in petto habe.
Aus diesem Grund habe ich stattdessen ein paar sehr einfache Fragen ausgewählt, die ihr euch stellen solltet und die ich selbst bei der Überprüfung neuer Routinen und Gewohnheiten hilfreich fand. Ich habe mich jeder einzelnen der Challenges in diesem Buch persönlich gestellt und kann für ihre Wirksamkeit bürgen. Sie funktionieren. Ich ziehe sie nicht einfach nur so aus dem Hut, um eure Zeit zu verschwenden. Für den Anfang:

- Stellt euch Folgendes vor: Als Ergebnis der Umsetzung der Taktiken in diesem Buch habt ihr jeden Tag **zwei Stunden mehr** Freizeit. Wie würdet ihr diese Zeit nutzen? Welche neuen Dinge würdet ihr auf euch nehmen? Womit würdet ihr mehr Zeit verbringen?
- Als ihr dieses Buch in die Hand nahmt, welche Produktivitätsziele oder neuen Gewohnheiten, Routinen oder Rituale, die ihr euch aneignen wolltet, hattet ihr im Sinn?

Hier sind einige wichtige Fragen zu euren Werten und Zielen, über die ihr nachdenken solltet.

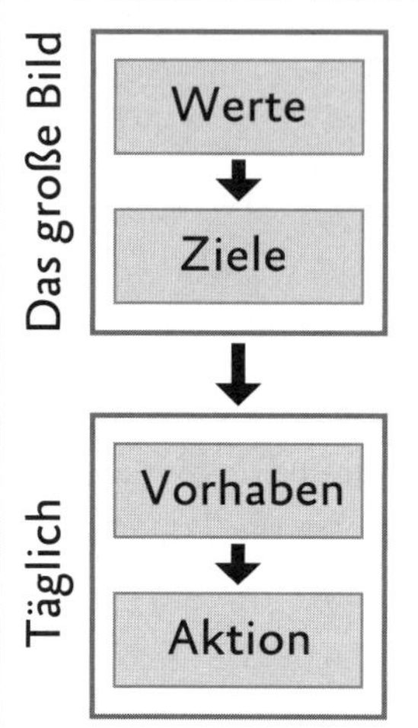

- **Geht in die Tiefe.** Fragt euch: Welche tief verwurzelten Werte sind mit euren Produktivitätszielen verbunden? Warum wollt ihr produktiver werden? Wenn euch viele Werte einfallen, die euch sehr am Herzen liegen (wie Bedeutung, Gemeinschaft, Beziehungen, Freiheit, Lernen usw.), stehen die Chancen gut, dass euch das Ziel auf einer tiefen persönlichen Ebene wichtig ist und die Veränderung, die euch vorschwebt, es wahrscheinlich wert ist, in Angriff genommen zu werden. Wenn ihr euch dabei ertappt, wie ihr durch diese Übung hetzt, steht eventuell eine bestimmte Veränderung oder ein bestimmtes Ziel nicht im Einklang mit euren Werten und ist für euch nicht so wirklich wichtig.
- **Wenn das Nachdenken über Werte für euch zu beängstigend ist,** dann füllt einfach bei jeder Änderung, die ihr vornehmen möchtet, diese Leerstelle aus: Das ist mir sehr wichtig, weil _____. Sammelt so viele Gründe wie möglich, um festzustellen, ob euch jede einzelne Veränderung auf einer tieferen Ebene tatsächlich am Herzen liegt.
- **Eine weitere schnelle Abkürzung,** um festzustellen, ob eine Veränderung für euch von Bedeutung ist: Spult zu dem Zeitpunkt vor, an dem ihr auf eurem Sterbebett liegt. Fragt euch: Würde ich es bereuen, mehr oder weniger davon gemacht zu haben?

Ich glaube, der Sinn von mehr Produktivität liegt darin, sich mehr Zeit für die Dinge freizuschaufeln, die einem tatsächlich etwas bedeuten.
Doch Aufgaben und Verpflichtungen sind nicht nur deshalb wertvoll, weil sie für euch von Bedeutung sind. Sie können auch deshalb wertvoll sein, weil sie einen bedeutenden Einfluss auf eure Arbeit haben.

NICHT ALLE AUFGABEN SIND GLEICH VIEL WERT

Take-away: Nicht alle Aufgaben sind gleich viel wert. Es gibt bestimmte Aufgaben in eurer Arbeit, die euch in jeder Minute, die ihr darauf verwendet, mehr erreichen lassen als eure anderen Aufgaben. Wenn ihr einen Schritt von eurer Arbeit zurücktretet, um eure Aufgaben mit der größten Wirkung zu identifizieren, könnt ihr eure Zeit, Aufmerksamkeit und Energie in die richtigen Dinge investieren.

Geschätzte Lesedauer:
11 Minuten

35 Stunden meditieren

Ich lernte auf die harte Tour, wie wichtig es war, langsamer und bewusster zu arbeiten, als ich meine Meditationsübungen aufgab. Also beschloss ich, ein Experiment durchzuführen, um der Frage auf den Grund zu gehen, wie sehr sich Meditation und Verlangsamung auf meine Produktivität auswirkten – und entwarf ein Experiment, bei dem ich im Verlauf von sechs Tagen 35 Stunden meditierte.

Als erfahrener Meditierender war es mir nicht fremd, über lange Zeiträume hinweg zu meditieren. Vor dem Experiment hatte ich mehrere Jahre lang jeden Tag 30 Minuten meditiert, jede Woche mit meiner buddhistischen Meditationsgruppe und gelegentlich an einer Meditations-Klausur teilgenommen, wo ich tagelang in völliger Stille lebte, während ich mit anderen Teilnehmern täglich fünf oder sechs Stunden meditierte.

35 Stunden Meditation in einer Woche wären selbst für unseren alten

Freund, den erfahrenen Mönch, der sich für alles eine Stunde Zeit nimmt, eine Menge. Doch ich war zu neugierig, um es nicht auszuprobieren. Um die Sache noch ein wenig aufzupeppen, erledigte ich während dieser ganzen Woche die gleichen einfachen Arbeiten und Aufgaben, die ich sonst auch machen würde, jedoch in einem achtsamen Zustand.

Während des Experiments, wenn ich nicht meditierte, versuchte ich, so produktiv wie möglich zu bleiben, damit ich die laufenden Auswirkungen der Meditation auf meinen Energiehaushalt, meine Konzentration und meine Produktivität beobachten konnte.

Im Verlauf von sechs Tagen – nach einem Live-Stream der Auflistung, wie lange ich an jedem Tag meditierte – schaffte ich:

- 14,3 Stunden Meditation im Sitzen
- 8,5 Stunden Meditation im Gehen
- 6,2 Stunden achtsame Hausarbeit
- 6 Stunden achtsames Essen

Wie man Produktivität misst

Einer der interessantesten Aspekte dieses Projekts war, wie zirkulär es konzipiert war. Produktiv zu sein beim Studium von Produktivität, ist in gewisser Weise wie Schreiben über das Schreiben. Doch in erster Linie war *Ein Jahr Produktivität* ein Forschungsprojekt, und für mich bedeutete ein produktiver Tag, so viel wie möglich zu lernen und das Gelernte mit den Lesern meines Blogs zu teilen, um ihnen zu helfen, ebenfalls produktiver zu werden.

Als ich mit *Ein Jahr Produktivität* begann, erstellte ich auf meiner Website eine schicke Landingpage, auf der ich Echtzeit-Tabellen veröffentlichte, aus denen genau hervorging, wie viele Wörter ich schrieb, wie viele Seiten ich las und wie viele Stunden ich täglich arbeitete (sie ist immer noch online unter alifeofproductivity.com/statistics.) Mein Gedanke hinter diesen Tabellen war ganz einfach: Je mehr ich schrieb und las, desto produktiver würde ich sein.

Das Problem mit diesen Statistiken ist, wie ihr vielleicht schon vermutet habt, dass sie nur einen Teil der Geschichte erzählen. Wenn ich den ganzen Tag arbeitete und 1.000 Wörter schrieb, würde ich laut diesen Statistiken als produktiv gelten. Aber was, wenn ich vorgehabt hatte, 2.000 Wörter zu schreiben, aber nur 1.000 schaffte? Was, wenn ich mich nicht den ganzen Tag lang konzentrieren konnte und Stunden damit verschwendete, Kochsendungen auf Netflix anzuschauen? Was, wenn ich mich am Ende des Tages völlig ausgebrannt fühlte? Was, wenn diese 1.000 Wörter wertlos waren? Die gesamte Gettysburg Address bestand schließlich nur aus 272 Wörtern!

Ein oder zwei Monate nach Beginn meines Projekts wurde mir mein Fehler bei der Gestaltung der Statistiken auf meiner Website bewusst – ein Fehler, den Menschen meiner Meinung nach allzu oft machen, wenn es um Produktivität geht. Ich war im Prinzip zu einer Fabrikmentalität zurückgekehrt und setzte Produktivität mit Effizienz gleich, anstatt zu betrachten, wie viel ich erreicht hatte. Nachdem ich mich von dieser Denkweise verabschiedet hatte und mich stattdessen darauf konzentrierte, wie viel ich erreichte, schnellte meine Produktivität in die Höhe.

Ich denke, der beste Weg, Produktivität zu messen, besteht darin, sich am Ende eines jeden Tages eine ganz einfache Frage zu stellen: **Habe ich das erreicht, was ich vorhatte?** Wenn ihr erreicht, was ihr euch vorgenommen, und wenn ihr eure Produktivitätsziele wohlüberlegt und realistisch definiert habt, seid ihr produktiv.

Wenn ihr zu Beginn des Tages vorhattet, 1.000 großartige Wörter zu schreiben, und ihr das dann auch tut, dann wart ihr produktiv.

Wenn ihr vorhabt, einen Bericht in der Arbeit fertigzustellen, ein Vorstellungsgespräch mit Bravour zu bestehen und Zeit mit eurer Familie zu verbringen, und das auch tut, dann seid ihr wieder absolut produktiv.

Wenn ihr vorhabt, einen Tag lang zu entspannen, und ihr den entspannendsten Tag des ganzen Jahres hattet, dann wart ihr absolut produktiv.

Intention und Vorsätzlichkeit sind zwei Seiten derselben Medaille, und ich denke, beide sind entscheidend, wenn ihr produktiver leben wollt. Die Frage, ob ich erreicht habe, was ich mir vorgenommen hatte, war die erste von zwei Möglichkeiten, anhand der ich gemessen habe, wie produktiv ich im Verlauf meines Projekts war.

Die Zweite war, zu beobachten, wie sich jedes neue Experiment oder jede neue Produktivitätsmethode auf meine Fähigkeit auswirkte, mit den drei Bestandteilen von Produktivität umzugehen:

- **Zeit:** Ich beobachtete, wie intelligent ich meine Zeit nutzte, wie viel ich im Laufe des Tages erledigte, wie viele Wörter und Seiten ich schrieb oder las und wie oft ich prokrastinierte.
- **Aufmerksamkeit:** Ich notierte, worauf ich mich konzentrierte, wie gut ich mich konzentrierte und wie leicht ich mich ablenken ließ.
- **Energie:** Ich studierte genau, wie viel Elan, Motivation und Energie ich hatte, und verfolgte, wie meine Energiereserven im Verlauf eines Experiments schwankten.

Natürlich sind diese Variablen subjektiver als die Frage, ob ich das erreicht habe, was ich erreichen wollte. Meine Produktivitätsexperimente brachten mich dazu, mich intensiv mit der wissenschaftlichen Forschung zu beschäftigen, wenn mir auffiel, wie ein bestimmter Punkt sich darauf auswirkte, wie es um meine Zeit, Aufmerksamkeit oder Energie stand. Ich bin von Natur aus skeptisch, weshalb ich mich so weit wie möglich auf die Wissenschaft stützte, um meine Ergebnisse zu erklären. Außerdem ist die Wissenschaft, die hinter diesem Stoff steckt, faszinierend.

Smarter arbeiten

Obwohl mir mein Meditationsexperiment mehr als alles andere, was ich bis dahin versucht hatte, half, meine Konzentrationsfähigkeit zu verbessern, hatte das Experiment noch einen weiteren Effekt, den ich so nicht erwartet hatte: Ich konnte meine Zeit besser managen, weil es mir viel leichter fiel, zu erkennen, was wichtig war und was mich smarter arbeiten ließ, statt einfach nur härter.

Der Grund dafür, dass es mir während dieses Experiments leichter fiel, smarter zu arbeiten, lag nicht an den Meditationsübungen selbst, sondern ganz einfach daran, dass ich in dieser Woche so wenig Zeit hatte, meine Arbeit zu erledigen. Während des Experiments schrieb ich weiterhin Artikel und las so viel nur wie möglich. Aber da ich so wenig Zeit dafür hatte, musste ich oft einen Schritt von meiner Arbeit zurücktreten, um darüber nachzudenken, ob das, was ich schrieb, wichtig war und sich überhaupt lohnte. Mit so wenig Zeit war das meine einzige Möglichkeit (Ähnliches passierte während meines Experiments zur 90-Stunden-Arbeitswoche).

Dies führte zu einer meiner einleuchtendsten Offenbarungen (hinterher ist man immer klüger): **Nicht alle Aufgaben sind gleich viel wert**. Anders ausgedrückt, es gibt bestimmte Aufgaben in eurer Arbeit, die euch in jeder Minute, die ihr darauf verwendet, mehr erreichen lassen. Das gilt unabhängig davon, wo ihr arbeitet oder was ihr tut.

Nehmt zum Beispiel Aufgaben wie:

- Eure Woche planen
- Neue Mitarbeiter einlernen
- In eure Weiterbildung investieren
- Meetings ohne Tagesordnung absagen
- „Nein" zu so viel sinnlosen Arbeiten wie möglich sagen
- Sich wiederholende Aufgaben automatisieren
- Fotos von Tierbabys anschauen (mehr über süße Tierbabys auf Seite 295)

Minute für Minute erreicht ihr mit diesen Aufgaben mehr als mit Aufgaben wie:

- An sinnlosen Meetings teilnehmen
- Sich in sozialen Medien auf dem Laufenden halten
- Permanent eure E-Mails checken
- Nachrichten-Websites lesen
- Smalltalk führen

Je mehr Zeit, Energie und Aufmerksamkeit ihr in eure wichtigsten Aufgaben investiert, desto mehr erreicht ihr in der gleichen Zeit und desto produktiver werdet ihr.

Als ich 35 Stunden pro Woche meditierte, hatte ich außerhalb des Experiments etwa 20 Stunden Zeit, um echte Arbeit zu erledigen. Wenn ich nicht festgelegt hätte, was meine smartesten Aufgaben waren, hätte ich nicht das erreicht, was ich mir in dieser Woche vorgenommen hatte. Das zwang mich, von meiner Arbeit zurückzutreten und meine Woche sorgfältig zu planen, damit ich die begrenzte Zeit, die mir zur Verfügung stand, so gut wie möglich nutzen konnte.

Eigentlich weiß jeder, dass nicht alle Aufgaben gleichwertig sind – die meisten Menschen können verstehen, dass sie mehr erreichen, wenn sie eine Stunde lang ihre Steuern erledigen, als wenn sie einen Film anschauen. Aber wie das Klischee besagt, bedingt gesunder Menschenverstand nicht immer vernünftiges Handeln. Nur weil man weiß, dass etwas wahr ist, heißt das noch lange nicht, dass man dementsprechend handelt – auch wenn dies genau das ist, was man tun muss, um produktiver zu werden.

Eure wichtigsten Aufgaben

Aufgaben, Projekte oder Verpflichtungen sind aus einem von zwei Gründen wichtig: weil sie für euch von Bedeutung sind (sie haben mit euren Werten zu tun) oder weil sie einen großen Einfluss auf eure Arbeit haben. Aktivitäten, die mit euren tiefgründigsten Werten verbunden sind, werden euch glücklicher und motivierter machen, und Aktivitäten, die für eure Arbeit von zentraler Bedeutung sind, werden euch in der gleichen Zeit produktiver werden lassen. Wenn ihr Glück habt, habt ihr in eurem Job Aufgaben zu erledigen, die sowohl sinnvoll als auch effektiv sind. Wie nahe oder wie weit euer Job von der Arbeit in einer Fabrik oder an einem Fließband entfernt ist, entscheidet darüber, wie viel Kontrolle ihr darüber habt. Während Fabrikarbeiter an dem arbeiten müssen, was ihnen aufgetragen wird*, können Selbstständige ihr Unternehmen führen, wie sie möchten.

Als ich begann, intensiv darüber nachzudenken, wie ich meine Zeit verbrachte, wurde mir schnell klar, wie viel Produktivität ich jeden Tag liegen ließ – nicht, weil ich nicht hart genug arbeitete, sondern weil ich nicht hart genug an den bestmöglichen Aufgaben arbeitete. Ich war nicht so produktiv, wie ich hätte sein können, weil ich mich nie hingesetzt, die Aufgaben mit der größten Wirkung in meiner Arbeit identifiziert und bewusst an diesen Aufgaben gearbeitet hatte. Stattdessen hatte ich meine Zeit auf die Punkte verwendet, die zufällig auf meiner To-do-Liste standen.

Ich denke, diese Erkenntnis spricht Bände darüber, wie wertvoll dieses Projekt für mich und für viele meiner Leser wurde. Wenn wir in unsere Arbeit vertieft sind, sind wir oft nicht in der Lage, einen Schritt zurückzutreten und zu beobachten, wie smart wir arbeiten. Mich ein ganzes Jahr lang mit Produktivität zu beschäftigen, brachte mir viele Erkenntnisse wie diese, auch wenn einige dieser Erkenntnisse im Nachhinein noch so offen-

* Kurze Nebenbemerkung: Für mich ist keine dieser Arbeiten besser oder schlechter, denn jeder bewertet bedeutsame Arbeit oder Geld unterschiedlich.

sichtlich sein mögen.

Vielleicht habt ihr bereits von dem „Paretoprinzip" gehört, das auch oft als die 80-zu-20-Regel bezeichnet wird. Diese Regel besagt, dass 80 Prozent von [irgendeinem Ergebnis] aus 20 Prozent von [irgendeiner Ursache] stammen. So stammen zum Beispiel 80 Prozent eures Umsatzes von 20 Prozent eurer Kunden oder 80 Prozent des gesamten Einkommens werden von 20 Prozent der Menschen erzielt. Ich denke, diese Regel lässt sich auch auf Produktivität anwenden: Eine sehr kleine Anzahl von Aufgaben führt zum Großteil dessen, was man erreicht.

Bei Produktivität geht es nicht darum, mehr Dinge zu tun – es geht darum, die richtigen Dinge zu tun.

Nach meinem Meditationsexperiment nahm ich mir die Zeit, einen Schritt von meinem Projekt zurückzutreten, machte eine Liste mit allen Dingen, für die ich verantwortlich war, und wählte meine wichtigsten Aufgaben aus. Dabei wurde mir etwas Faszinierendes klar: Ich erreichte das meiste mit nur drei primären Aufgaben. Der Reihenfolge nach waren das:

1. Das Schreiben von Artikeln über das, was ich während meines Projekts lernte.
2. Produktivitätsexperimente an mir selbst durchführen
3. Über Produktivität lesen und recherchieren

Natürlich gab es noch andere Dinge, für die ich verantwortlich war, wie meine Website aktualisieren, E-Mail-Newsletter versenden, Experten interviewen, mich um meine Social-Media-Konten kümmern, E-Mails beantworten und anderen Menschen dabei helfen, produktiver zu werden – doch durch die drei vorgenannten Aktivitäten erreichte ich mit Abstand am meisten. Alle meine anderen Verpflichtungen führten dazu, dass ich in der gleichen Zeit weniger erreichte, und die meisten davon konnten entweder eliminiert oder komprimiert werden (siehe Teil Vier).

Die Auswirkungs-Challenge

Benötigte Zeit: 10 Minuten
Benötigte Energie/Konzentration: 8/10
Wert: 10/10
Spaß: 8/10
Was ihr davon haben werdet: Ihr werdet die Aufgaben mit der größten Auswirkung auf eure Arbeit erkennen. Das zeigt euch, worin ihr den größten Teil eurer Zeit, Aufmerksamkeit und Energie investieren solltet. Bevor ihr in die Steigerung eurer Produktivität investiert, ist es entscheidend, dass ihr bestimmt, in welchen Bereichen ihr produktiver werden wollt. Diese einfache Aktivität wird euch dabei helfen. Diese Challenge liefert auch die Grundlage für den Rest dieses Buches.

Glücklicherweise müsst ihr nicht 35 Stunden in einer Woche meditieren, um eure Aufgaben mit der größten Wirkung zu bestimmen.

Ich experimentierte mit unzähligen Techniken, die mir helfen sollten, meine Aufgaben zu organisieren und Prioritäten zu setzen, und während einige Systeme gut funktionierten, blieben die meisten doch ziemlich schnell auf der Strecke. Alles, wofür man verantwortlich ist, nach Prioritäten zu ordnen, klingt vielleicht nervig, aber die meisten Menschen machen es viel komplizierter, als es tatsächlich ist.

Von all den Challenges in diesem Buch ist diese eine der wichtigsten. Schließlich ist es schwierig, produktiver zu werden, wenn man nicht zuerst Bilanz zieht, in welchen Bereichen man überhaupt produktiv sein sollte.

Meine absolute Lieblingstechnik zur Priorisierung dessen, was wichtig ist, stammt von Brian Tracy, der das Buch *Eat That Frog* geschrieben hat. Brian, der eine ähnliche Auffassung von Aufgaben mit großer Wirkung hat, schreibt in seinem Buch: „90 Prozent des Wertes, den ihr zu eurem Unternehmen beitragt, sind in [nur] drei Aufgaben enthalten".

Brian empfiehlt einen linearen Prozess, um eure Aufgaben, Projekte und Verpflichtungen mit der größten Wirkung zu identifizieren. Seine Methode ist ziemlich einfach und ich habe sie ein wenig modifiziert und erweitert, um sie noch nützlicher zu machen:

1. Macht eine Liste von alledem, wofür ihr in eurem Job verantwortlich seid. Dieser Teil der Übung dauert am längsten, doch es ist ein unglaublich gutes Gefühl, alles, wofür man verantwortlich ist, auf einem Blatt Papier vor sich stehen zu sehen (oder in einem digitalen Äquivalent, wenn man das bevorzugt). Die Wahrscheinlichkeit ist groß, dass ihr euch noch nie die Zeit genommen habt, einen Schritt zurückzutreten und regelmäßig einmal pro Woche oder Monat über alles nachzudenken, wofür ihr in eurem Job verantwortlich seid.

2. Nachdem ihr eine Liste mit allem, wofür ihr verantwortlich seid, zusammengestellt habt, stellt euch folgende Frage: Wenn ihr jeden Tag, den ganzen Tag lang, nur eine einzige Sache auf dieser Liste erledigen könntet, welche Sache würdet ihr angehen, die es euch ermöglicht, das meiste in der gleichen Zeit zu erreichen? Anders ausgedrückt: Welcher Punkt auf der Liste ist für eure Vorgesetzten oder für euch selbst (wenn ihr selbstständig seid) am wertvollsten?

3. Und dann stellt euch noch folgende Frage: Wenn ihr den ganzen Tag lang nur zwei weitere Dinge auf dieser Liste erledigen könntet, welche zweite und dritte Aufgabe lässt euch das meiste in der gleichen Zeit erreichen?

Diese drei Aufgaben (oder vier, wenn ihr eine vierte habt, die genauso wichtig ist wie die drei ersten) sind die 20 Prozent eurer Aufgaben, mit denen ihr mindestens 80 Prozent eures Wertes beitragt. Wert ist hier das entscheidende Wort; im Gegensatz zu euren bedeutsamsten Aufgaben haben eure zweckmäßigsten Aufgaben vielleicht nicht unbedingt viel Wert oder Bedeutung für euch, aber sie tragen unglaublich viel Wert zu eurer Produktivität bei.

Als ich damit begann, bewusst und absichtsvoll mehr Zeit, Aufmerksamkeit und Energie in meine Aufgaben mit dem höchsten Ertrag zu investieren, schoss meine Produktivität durch die Decke. Es ist unmöglich, smarter statt nur härter zu arbeiten, ohne zunächst von seiner Arbeit zurückzutreten. Und genau darum geht es in diesem ersten Teil des Buches: *Die Grundlagen.*

Nachdem ihr nun die Grundlagen geschaffen habt, indem ihr eure smartesten Aufgaben, an denen ihr arbeiten wollt, festgelegt habt, was kommt als Nächstes? An ihnen zu arbeiten, natürlich.

DREI TÄGLICHE AUFGABEN

Take-away: Die meiner Meinung nach absolut beste Methode, um jeden Tag bewusst und mit Intention zu arbeiten, ist die Dreier-Regel. Die Regel ist einfach: Entscheidet zu Beginn eines jeden Tages, bevor ihr mit der Arbeit beginnt, welche drei Dinge ihr bis zum Ende des Tages erreicht haben wollt. Tut dasselbe zu Beginn jeder Woche.

Geschätzte Lesedauer:
9 Minuten

Die Dreier-Regel

Eure wertvollsten Aufgaben zu kennen, ist wichtig, doch wie G.I. Joe sagen würde: Wissen ist nur die halbe Miete. Wenn ihr morgen früh vor eurem Computer sitzt und euren Posteingang öffnet, ist es nur allzu leicht, zu vergessen, woran ihr eigentlich arbeiten solltet, wenn dringlichere (aber weniger wichtige) Aufgaben auf euch zukommen.

Während also bewusstes Arbeiten in der Theorie gut ist, wie sieht es in der Praxis tatsächlich aus?

Ich experimentierte mit Dutzenden von Systemen, um alle meine Aufgaben auf die Reihe zu bekommen – angefangen beim GTD-System (*Getting Things Done*) über „Kanban" bis hin zu überall verteilten Haftnotizen und dem Ausprobieren von mehr Produktivitäts-Apps als ich zählen kann. Die meisten funktionierten auch ganz gut, wenn es darum ging, alles zu erfassen und zu organisieren, was ich zu tun hatte. Ich werde später über diejenigen sprechen, die euch am meisten helfen werden. Doch jede Einzelne hatte auch einen ziemlich großen Nachteil: Sie halfen mir nicht, langsamer und bewusster zu arbeiten.

Es ist wichtig, ein gutes System zu haben, in dem man das, was man erledigen muss, verwalten kann, doch ebenso wichtig ist es, an den Aufgaben, die man in seinem System organisiert, bewusst und zielgerichtet zu arbeiten. Darum geht es in diesem Kapitel. Bevor ihr in ein besseres Management eurer Zeit, Aufmerksamkeit und Energie investiert, ist es wichtig, dass ihr die Grundlagen legt, indem ihr entscheidet, worauf ihr euch jeden Tag konzentrieren wollt.

Und hier kommt die Dreier-Regel ins Spiel.

Etwa nach der Hälfte meines Projekts las ich ein Produktivitätsbuch mit dem Titel *Getting Results the Agile Way* von J. D. Meier, Microsofts Director of Business Programmes. Oberflächlich betrachtet sieht das Buch eher wie ein Lehrbuch aus als wie ein Sachbuch – es ist in Papyrus gesetzt, eine Schrift, die ich gruselig finde. Doch der Inhalt ist unglaublich überzeugend, weil er Produktivität unter der Lupe der Einfachheit betrachtet. Einer meiner Lieblingshacks aus dem Buch ist die „Dreier-Regel". Obwohl das Konzept hinter der Idee nichts Neues ist – und bereits von Produktivitäts-Bloggern wie Leo Babauta von *Zen Habits* und Gina Trapani von *Lifehacker* angesprochen wurde —, so war es doch neu für mich und einfach zu faszinierend, um es nicht auszuprobieren.

Obwohl ihr alle Produktivitäts-Apps der Welt herunterladen könnt (und das habe ich), wird es keine App schaffen, dass ihr euch so auf das konzentriert, was ihr zu tun habt, wie es die Dreier-Regel schafft.

Die Regel ist denkbar einfach:

1. Spult zu Beginn eines jeden Tages gedanklich bis zum Ende des Tages vor und fragt euch: *Wenn der Tag vorbei ist, welche drei Dinge will ich dann erledigt haben?* Schreibt diese drei Dinge auf.
2. Tut dasselbe zu Beginn jeder Woche.

Diese drei Dinge, die ihr identifiziert, werden dann zu eurem Fokus für den kommenden Tag und die kommende Woche.

Das ist alles.

Wie es in der Praxis aussieht

Als ich damit anfing, mit dieser Regel zu experimentieren, brauchte ich einige Wochen, um mich daran zu gewöhnen. Zunächst wählte ich meine drei täglichen Vorhaben zu klein und übererfüllte sie bei weitem. Dann begann ich, sie zu ehrgeizig anzugehen – manchmal sogar auf einschüchternde Weise – und fühlte mich den ganzen Tag über viel weniger motiviert, da ich meine Erwartungen nicht erfüllte. Nach etwa anderthalb Wochen des Experimentierens fand ich schließlich die richtige Balance: Eine, in der mir bewusst wurde, wie viel Zeit, Aufmerksamkeit und Energie ich jeden Tag hatte, um Dinge zu erledigen.

Um euch eine Vorstellung davon zu geben, wie die Regel in der Praxis aussieht, hier die drei Dinge, die ich heute Morgen festgelegt habe und die ich heute erreichen möchte:

1. Das Kapitel „Die Dreier-Regel“ fertigschreiben
2. Meinen E-Mail-Posteingang leeren – und nur zweimal am Tag E-Mails abrufen
3. Alles organisieren, was ich brauche, um eine U.S.-Steuernummer zu erhalten

Als ich mich heute Morgen hinsetzte und bis zum Ende des Tages vorausdachte, waren das die drei Dinge, die ich schaffen wollte – und bis jetzt bin ich auf Kurs.

Nur zum Spaß: Hier die drei Dinge, die ich diese Woche erreichen möchte:

1. Den Abschnitt „Die Grundlagen“ dieses Buches fertigschreiben und an meinen Herausgeber schicken.
2. Blog-Beiträge für diesen Monat schreiben und hochladen
3. Mindmaps (eine grafische Art, Ideen und Konzepte auszuarbeiten) für zwei Vortragstermine im Januar erstellen

Zu Beginn eines jeden Tages und einer jeden Woche definiere ich auch drei persönliche Dinge, die ich erreichen möchte. Mir fallen nicht immer drei ein (und das Gleiche gilt für meine Arbeitsaufgaben), aber ich finde, dass ich durch dieses Ritual viel mehr Kontrolle über meine bevorstehende Woche habe und mich auf die Dinge, die auf mich zukommen, freuen kann. Falls ihr neugierig seid, hier sind meine drei Ziele für heute und für diese Woche:

Heute:

1. Spaß haben bei einer Teeverkostung mit Ardyn (meiner Freundin)
2. 25 Seiten nur zum Vergnügen lesen
3. Einkaufsliste für Weihnachten fertigstellen

Und für diese Woche:

1. Alle Weihnachtsgeschenke planen und kaufen
2. Mich für Geburtstagspläne komplett von der Arbeit zurückziehen
3. Packen und für Weihnachten nach Hause fahren

Diese Ziele sind einfach, doch sie sind auf das ausgerichtet, was ich schätze und mir am Herzen liegt, und ihr könnt darauf wetten, dass ich mich emotional verbunden und engagiert fühle, wenn ich sie erreicht habe.

Bestimmt die bedeutsamsten Aufgaben in eurer Arbeit und eurem Leben. Wendet täglich und wöchentlich die Dreier-Regel an.

In Dreier-Gruppen denken

Als ich J. D. Meier fragte, warum die Wahl von nur drei täglichen und wöchentlichen Zielen am besten funktionierte – Warum nicht zwei? Oder eins? Oder vier oder fünf? –, hatte er eine faszinierende Antwort: „Ich konzentrierte mich von Anfang an auf die Dreier-Regel, denn als mein Manager mich fragte, was das Team in der Woche erreicht hatte, wollte er keine ellenlange Liste hören. Er war jedoch bereit, sich drei überzeugende Ergebnisse anzuhören."

Als J. D. später seine eigenen Teammitglieder fragte, was ihr Fokus für den Tag wäre, stellte er ebenfalls fest, dass er nicht mehr als drei Ergebnisse oder drei bedeutende Dinge hören wollte: „Und für mich selbst stellte ich fest, dass ich drei Dinge sehr leicht im Kopf behalten konnte, ohne sie aufschreiben oder nachschlagen zu müssen. Ich konnte meine drei Ergebnisse auf dem Flur herunterrasseln. Das half mir besonders, wenn ich spontan Prioritäten setzen oder schauen musste, dass ich auf Kurs blieb."

Drei mag oberflächlich betrachtet wie eine willkürliche Zahl erscheinen, doch sie ist groß genug, um die wichtigsten Dinge, die ihr erreichen wollt, zu umfassen, und klein genug, damit ihr intensiv darüber nachdenkt, was wirklich wichtig ist. Die Regel hilft euch auch dabei, smarter zu arbeiten, denn wenn ihr entscheidet, was ihr erreichen wollt, entscheidet ihr folglich auch, was nicht. Und da die Regel auf die Ziele fokussiert ist, die ihr erreichen wollt, und nicht darauf, wie viel ihr erreicht, steht sie auch um einiges mehr im Einklang mit dem, was Produktivität ausmacht.

Während ich später auf die meiner Meinung nach besten Methoden eingehe, um unwichtige Arbeiten abzuwenden, Aufgaben mit geringer Wirkung zu reduzieren und den Lärm um euch herum zu minimieren, wird euch die Tatsache, nur drei Dinge zu haben, auf die ihr euch den ganzen Tag und die ganze Woche über konzentriert, dabei helfen, in euch zu ruhen und selbst an den Tagen, an denen euch alles um die Ohren fliegt, mehr zu erreichen. Ich denke, J. D. traf den Nagel auf den Kopf, als er sagte: „Reduktion auf das Wesentliche macht es einfacher, sich weiterzuentwickeln, innovativ zu sein und mit Komplexität umzugehen."

Die Dreier-Regel-Challenge

Benötigte Zeit: 5 Minuten
Benötigte Energie/Konzentration: 6/10
Wert: 8/10
Spaß: 9/10
Was ihr davon haben werdet: Ihr werdet in der Lage sein, einen Schritt zurückzutreten, um zu Beginn des Tages festzulegen, was eure produktivsten Aufgaben sind, die Aufgaben, in die ihr den größten Teil eurer Zeit, Aufmerksamkeit und Energie investieren solltet. So habt ihr etwas, auf das ihr euch den ganzen Tag über konzentrieren könnt, damit ihr smarter statt nur härter arbeitet.

Die Challenge hier ist ganz einfach: Probiert morgen Früh die Dreier-Regel aus.

Um mehr zu erreichen und Zeit für eure Aufgaben mit der größten Wirkung aufzuwenden, müsst ihr sie täglich anwenden.

Bevor ihr morgen euren Posteingang öffnet oder den Tag beginnt, setzt euch einfach mit Stift und Papier hin, spult geistig bis zum Ende des Tages vor und schreibt die drei wichtigsten Dinge auf, die ihr am Ende des Tages erreicht haben wollt. Dem Drang zu widerstehen, eure E-Mails zu checken, ist schwierig, doch standhaft zu bleiben, lohnt sich, damit ihr einen Schritt zurücktreten könnt, um einen klaren Kopf zu haben, während ihr darüber nachdenkt, was euch wichtig ist. Wenn ihr Schwierigkeiten habt, im Sinne von Dingen zu denken, die ihr erreichen wollte, empfiehlt J. D. Meier im Sinne von „Siegen, Erfolgen oder Höhepunkten" zu denken, z. B. das Erreichen eines Meilensteins in einem Projekt, liegengebliebene Dinge abgearbeitet oder einen neuen Kunden gewonnen zu haben.

Ich finde es auch hilfreich, meinen Kalender durchzugehen, um zu sehen, welche Meetings und Verpflichtungen anstehen, sodass ich gut einschätzen kann, wie viel Zeit, Aufmerksamkeit und Energie ich zur Verfügung haben werde. Produktiver zu werden bedeutet, eure (euch einschränkenden) Rahmenbedingungen zu kennen, und wenn ihr darauf achtet, wie viel Zeit, Aufmerksamkeit und Energie ihr habt, wird euch das helfen, entsprechende Vorkehrungen zu treffen. (Im nächsten Kapitel werde ich euch ausführlicher zeigen, wir ihr alle drei Bestandteile von Produktivität erfassen könnt.)

Wenn ihr die Regel noch weiter ausbauen wollt, findet ihr hier ein paar einfache Vorschläge:

- Überlegt euch, wann, wo und wie ihr jeden einzelnen Listenpunkt im Laufe des Tages erreichen wollt. Studien belegen, dass dies das Erreichen von Zielen vereinfacht und zum Automatismus werden lässt, und dass es besonders hilfreich ist, um unangenehme Aufgaben zu erledigen.
- Entscheidet euch nicht nur für die drei wichtigsten Dinge, die ihr erledigen wollt, sondern wählt auch weitere kleinere Aufgaben aus, die ihr im Laufe des Tages schaffen wollt. Die drei Dinge, die ihr zu erledigen beabsichtigt, mögen eure Hauptschwerpunkte für den Tag sein, doch es wird mit ziemlicher Sicherheit auch noch andere kleinere Aufgaben geben, die ihr zu erledigen habt. Denkt an eure Einschränkungen.
- Beginnt erst einmal nur mit dem täglichen Ritual. Wenn ihr dann erkennt, wie effektiv die Dreier-Regel im Laufe eines Tages ist, werdet ihr es kaum erwarten können, sie auch wöchentlich anzuwenden. Vertraut mir.
- Behaltet bei der Planung eure Aufgaben mit der größten Wirkung im Hinterkopf. Und wenn ihr euch entscheiden solltet, die Regel auch in eurem Privatleben auszuprobieren (was einen Versuch wert ist, besonders wenn ihr viele persönliche Ziele habt), richtet euer Augenmerk darauf, inwieweit eure drei Ziele mit euren Werten zusammenhängen.
- Stellt im Verlauf eures Arbeitstags zwei Wecker. Wenn sie klingeln, stellt euch folgende Fragen: Erinnert ihr euch an eure drei Tagesziele? Erinnert ihr euch an eure drei Wochenziele? Wenn ja, seid ihr noch auf Kurs?
- Überlegt am Ende des Tages und der Woche, wie realistisch eure drei Ziele waren. Waren sie zu klein und ihr habt sie übertroffen? Oder waren sie zu groß und furchteinflößend? Hattet ihr eine gute

Vorstellung davon, wie viel Zeit, Aufmerksamkeit und Energie ihr hattet, um die drei Ziele zu erreichen? Wenn ihr immer wieder reflektiert, wie realistisch ihr wart, wird euch die Regel mit der Zeit immer besser helfen.

Wenn es euer Ziel ist, bewusster zu arbeiten und im Laufe des Tages mehr zu erreichen, ist die Dreier-Regel eine Klasse für sich.

BEREIT FÜR DIE PRIMETIME

Take-away: Die Wenn ihr euch die Zeit nehmt und beobachtet, wie eure Energie im Laufe des Tages schwankt, könnt ihr an euren Aufgaben mit der größten Wirkung während eurer biologischen Primetime arbeiten – also dann, wenn ihr die meiste Energie und Konzentration darauf verwenden könnt.

Geschätzte Lesedauer:
13 Minuten

Wenn es ausreichen würde, eure Aufgaben mit der größten Wirkung und euren täglichen Fokus zu identifizieren, um vollkommen produktiv zu werden, könnte dieses Buch genau hier enden. Doch unsere Geschichte fängt gerade erst an. Der Grund dafür ist, dass wir trotz unserer besten Absichten, an den richtigen Dingen zu arbeiten, dies aus unzähligen Gründen nicht tun.

Und all diese Gründe haben damit zu tun, wie ihr eure Zeit, Aufmerksamkeit oder Energie einsetzt. Und ich selbst schließe mich da definitiv nicht aus: Fast jeden Tag verschwende ich Zeit, lasse mich ablenken, habe Schwierigkeiten, mich zu konzentrieren und fühle mich energielos. Dank meiner Recherchen und Übungen konnte ich mich hier enorm steigern, doch ich würde lügen, wenn ich behaupten würde, vollkommen produktiv zu sein – und das würde auch jeder andere Produktivitätsexperte da draußen.

Die Wahrscheinlichkeit ist groß, dass ihr im selben Boot sitzt. Trotz eurer besten Absichten habt ihr nicht so viel Zeit, Energie oder Aufmerksamkeit, wie ihr gerne hättet. Oder vielleicht schiebt ihr Dinge gerne auf die lange Bank und prokrastiniert (Teil Zwei des Buches), verbringt zu viel Zeit mit wenig produktiven Aufgaben, die an euch herangetragen werden (Teil Drei), nutzt eure Zeit nicht intelligent (Teil Vier), fühlt euch überfordert (Teil Fünf), seid ständig abgelenkt und könnt euch nicht konzentrieren (Teil Sechs) oder kümmert euch nicht ausreichend darum, genug Energie zu haben (Teil Sieben). Meiner Erfahrung nach ist das vollkommen normal.

Im weiteren Verlauf des Buches werde ich euch die absolut besten Methoden aufzeigen, wie ihr besser mit eurer Zeit, Aufmerksamkeit und Energie umgehen könnt. Doch bevor ihr lernt, die drei Bestandteile von Produktivität besser zu managen, ist es entscheidend, eine letzte, wichtige Vorarbeit zu leisten und eine Bestandsaufnahme darüber machen, wie gut ihr bereits mit eurer Zeit, Aufmerksamkeit und Energie umgeht.

Die folgenden beiden Produktivitätsexperimente maßen, wie ich mit meiner Zeit, Aufmerksamkeit und Energie umging, und lieferten wertvolle Informationen darüber, wie ich mich schlug: Bei einem Experiment maß ich meine Energie im Verlauf eines Tages und bei dem anderen verfolgte ich gewissenhaft, wie ich meine Zeit und Aufmerksamkeit einsetzte.

Eure Biologische Primetime

Wie euch vielleicht schon bewusst sein dürfte, können eure Energiereserven im Laufe des Tages ziemlich stark schwanken.

Wenn ihr Frühaufsteher seid, habt ihr mehr Energie am frühen Morgen. Wenn ihr Nachteulen seid, habt ihr mehr Energie spät in der Nacht. Nachdem ihr Kaffee getrunken habt, spürt ihr vielleicht einen plötzlichen Energieschub und später dann einen Crash. Bei den meisten von uns brechen die Energiereserven eventuell am frühen Nachmittag ein, nachdem sie nach einem üppigen Mittagessen zunächst in die Höhe geschnellt sind.

Ich betrachte Energie als den Brennstoff, den ihr im Laufe des Tages verbrennt, um produktiv zu werden. Daher ist es von entscheidender Bedeutung, dass ihr gut auf euren Energiehaushalt achtet. Wenn ihr keinen Treibstoff im Tank habt, um gute Arbeit zu leisten, oder wenn ihr ausgebrannt seid, weil ihr über den ganzen Tag eure Energiereserven durch gutes Essen oder genügend Schlaf nicht ausreichend kultiviert, wird eure Produktivität sinken, unabhängig davon, wie gut ihr eure Zeit oder Aufmerksamkeit managt.

Um der Frage auf den Grund zu gehen, wie meine Energiereserven während meines Projekts im Laufe eines typischen Tages schwankten, entwarf ich ein Experiment, bei dem ich drei Wochen lang jede Stunde des Tages ein Protokoll führte, um festzustellen, wie viel Energie ich hatte. Während jener Wochen tat ich auch Folgendes:

- verzichtete vollkommen auf Koffein und Alkohol
- nahm so wenig Zucker wie möglich zu mir
- nahm den ganzen Tag über regelmäßig kleinere Mahlzeiten als Treibstoff zu mir
- ging zu Bett und wachte ganz von alleine auf, ohne einen Wecker zu stellen

Der Grund für dieses Produktivitätsexperiment war einfach: Indem ich im Verlauf einiger Wochen, mit so wenigen Aufputschmitteln wie möglich, das natürliche Auf und Ab meiner Energie verfolgte, konnte ich mir ein genaues Bild davon machen, wie viel Energie ich auf natürliche Weise im Laufe eines Tages hatte. Dementsprechend könnte ich dann Maßnahmen ergreifen, um produktiver zu werden. So konnte ich zum Beispiel an meinen wichtigsten Aufgaben arbeiten, wenn ich von Natur aus die meiste Energie hatte, oder etwas unternehmen, um die Energie meines Körpers und meines Gehirns zu erhöhen, wenn meine Energiereserven abnahmen. Jeder Mensch ist anders, und jeder legt im Laufe des Tages unterschiedliche Energiemuster an den Tag, je nachdem, wie seine biologische Uhr tickt. Mit diesem Experiment wollte ich der Frage auf den Grund gehen, wie meine Uhr tickt.

Nachdem ich drei Wochen lang aufgeschrieben hatte, wie viel Energie ich in jeder Stunde zu haben glaubte, ergab sich ein interessantes Muster.

Jeden Tag zwischen 10:00 Uhr morgens und 12:00 Uhr mittags sowie zwischen 17:00 Uhr und 20:00 Uhr hatte ich mehr Energie als zu jeder anderen Tageszeit.

Verschiedene Experten benennen diese Hochphase unterschiedlich, doch mein Favorit ist „Biologische Primetime“ (BPT), ein Begriff, den Sam Carpenter in seinem Buch *Work the System* geprägt hat.

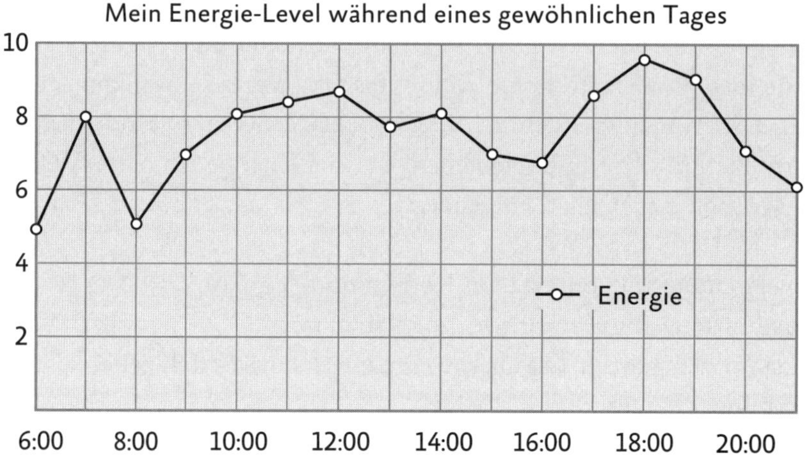

Wenn ihr euch die Zeit nehmt und beobachtet, wie eure Energie im Laufe des Tages schwankt, könnt ihr an euren Aufgaben mit der größten Wirkungen während eurer BPT arbeiten – also dann, wenn ihr die meiste Energie und Konzentration darauf verwenden könnt – und an euren weniger wichtigen Aufgaben dann arbeiten, wenn eure Energiereserven nachlassen.

Die produktivsten Menschen managen nicht nur ihre Zeit gut, sondern auch ihre Energie und Aufmerksamkeit. Euren Tag um die Zeiten herum zu planen, wann ihr die meiste Energie habt, ist eine einfache Möglichkeit, smarter statt nur härter zu arbeiten.

Nachdem ich meine BPT bestimmt hatte, begann ich, die Dinge, an denen ich im Laufe des Tages arbeitete, entsprechend zu arrangieren. Jeden Tag zwischen 10:00 Uhr morgens und 12:00 Uhr mittags sowie zwischen 17:00 Uhr und 20:00 Uhr arbeitete ich an meinen wichtigsten und bedeutsamsten Aufgaben. Umgekehrt arbeitete ich, wenn meine Energie im Laufe des Tages nachließ, an den Aufgaben mit der geringsten Wirkung oder investierte in einen anhaltenden Energieschub (zum Beispiel eine Tasse grünen Tee) und nahm mir Zeit, neue Kräfte zu tanken.

Ihr habt vielleicht nicht die vollständige Kontrolle darüber, wann und woran ihr arbeitet, aber wann immer ihr sie habt, kann die Wahl des klügsten Zeitpunkts für die Arbeit an Aufgaben mit hoher und geringer Wirkung einen großen Unterschied in eurer Produktivität ausmachen. Wenn ihr zum Beispiel mittags die meiste Energie habt, warum solltet ihr dann eine Mittagspause machen, anstatt zu warten, bis ihr tatsächlich auftanken müsst?

Wir werden uns später noch intensiv damit beschäftigen, wie wir den Zeitpunkt, an dem wir die meiste Energie haben, zu unserem Vorteil nutzen können, doch den natürlichen Rhythmus eures Körpers zu verstehen, ist eine der besten Methoden, um smarter statt nur härter zu arbeiten.

Natürlich ist eure Energie nur einer der drei Bestandteile von Produktivität. Genauso wichtig ist es, euch bewusst zu werden, wie intelligent ihr eure Zeit und Aufmerksamkeit einsetzt.

Wissenschaftliche Untersuchungen zeigen, dass der präfrontale Cortex eures Gehirns – der Teil eures Gehirns, der für kreatives Denken verantwortlich ist – unmittelbar nach dem Aufwachen am aktivsten ist. Das bedeutet, dass, selbst wenn ihr nach dem Aufwachen wenig Energie, aber viel kreative Arbeit zu leisten habt, ihr in Erwägung ziehen solltet, morgens zu arbeiten, statt erst dann, wenn ihr die meiste Energie, Konzentration und Motivation habt. Für mich fühlt es sich auch unglaublich gut an, die wichtigen Aufgaben zu Beginn des Tages in Angriff zu nehmen – ihr werdet das Gefühl haben, für den Rest des Tages nicht mehr aufzuhalten zu sein.

Ein Tag in Eurem Leben

Obwohl ich nie einer war, der Dinge auf die lange Bank schiebt, so war ich doch immer schon ein Trödler.

Bevor ich morgens dusche, trödle ich herum und räume Sachen im Haus auf. Bevor ich das Haus verlasse, um Besorgungen zu machen, schlage ich oft ein Buch auf, um ein paar Seiten zu lesen, nasche etwas oder verliere mich in meinen Gedanken.

Im Allgemeinen verschwende ich nicht viel Zeit und ich erledige fast immer, was ich mir vorgenommen habe, doch ich liebe es, über den ganzen Tag hinweg meine Produktivität mit kurzen Anfällen von Trödelei zu unterbrechen. Herumzutrödeln hilft mir, mich zu entspannen, von einer Tätigkeit zur nächsten überzugehen und sogar auf bessere Ideen zu kommen (Kapitel 17). Stimmt schon, es treibt die Menschen um mich herum in den Wahnsinn – praktisch jede einzelne Frau in meinem Leben, einschließlich meiner Mutter, Schwester und Freundin, hat mir irgendwann einmal gesagt, ich solle „mit der Trödelei aufhören" –, aber ich liebe es.

Ähnlich wie bei der Feststellung meiner BPT war es in der Theorie zwar einfach, eine Woche lang nachzuvollziehen, wie ich jede Stunde meiner Zeit verbrachte, doch in der Praxis war es recht mühsam. Zu diesem Zweck druckte ich ein Blatt Papier aus, das ähnlich wie eine Excel-Tabelle aussah, mit den Stunden des Tages in Zeilen und den Tagen der Woche als Spalten. Bevor ich zu den Ergebnissen meines Zeitprotokolls komme, lohnt es sich, kurz darüber zu sprechen, warum das Führen eines Zeitprotokolls so effektiv ist.

Ich persönlich führe nicht sehr oft ein Zeitprotokoll, vor allem, weil es so viel Aufwand erfordert. Aber alle paar Monate versuche ich zu verfolgen, wie ich meine Zeit verbringe, um zu sehen, wie intelligent ich die begrenzte Zeit, die mir zur Verfügung steht, nutze. Von den drei Bestandteilen, die euch jeden Tag zur Verfügung stehen und euch produktiver machen, ist eure Zeit die limitierteste. Während es eine Vielzahl von Möglichkeiten gibt, mehr Konzentration und Energie zu bekommen, so gibt es keine Möglichkeit, mehr Zeit zu bekommen.

Um eure Zeit intelligenter zu nutzen – für eure wichtigsten und bedeutsamsten Aufgaben –, müsst ihr euch darüber bewusst sein, wie ihr eure Zeit aktuell verbringt, um Anpassungen vornehmen zu können. Vielleicht schätzt ihr zum Beispiel persönliche Fitness und Spiritualität, wendet jedoch im Laufe einer Woche null Minuten dafür auf. Oder ihr kommt zu dem Schluss, dass es eine eurer wichtigsten Aufgaben wäre, eure Mannschaft zu trainieren, und dennoch verbringt ihr die Woche über wieder keine Zeit mit dieser Aufgabe. Ohne euch bewusst zu sein, wie ihr eure Zeit verbringt, ist es schwierig, darüber nachzudenken, ob ihr in einer Weise handelt, die mit euren Werten und euren Aufgaben mit der größten Wirkung übereinstimmt. Ein Zeitprotokoll zu führen, ist eine gute Möglichkeit, euren Ansatzpunkt, euer Ausgangsniveau, zu finden, um einen besseren Zugriff darauf zu bekommen, wie oft ihr an euren wichtigsten und bedeutsamsten Aufgaben arbeitet.

Ein Zeitprotokoll ist auch eine gute Möglichkeit, um festzustellen, wie gut ihr euch im Laufe des Tages konzentriert. Wenn ihr stündlich überprüft und aufschreibt, was ihr gerade tut, und dabei feststellt, dass ihr ständig wichtige Dinge aufschiebt, müsst ihr möglicherweise erst einmal in den

Kampf gegen Prokrastination investieren (Kapitel 5), in das Training eures Aufmerksamkeitsmuskels (Kapitel 18) oder in die Verringerung der Anzahl von Ablenkungen um euch herum (Kapitel 19).

Laura Vanderkam, die Zeit-Dompteurin und Autorin von *I Know How She Does It* und *168 Hours: You Have More Time Than You Think*, sagt, dass das Führen eines Zeitprotokolls ein sehr nützliches Werkzeug ist, um einen Überblick zu erhalten, wie ihr eure Zeit tatsächlich verbringt.

„Es mag wie eine mühsame und langweilige Aufgabe erscheinen, doch es kann buchstäblich Stunden in deiner Woche freisetzen", sagte sie mir. „Der Schlüssel liegt darin, ein System zu finden, das für dich funktioniert."

Und da ihr jede Stunde (oder halbe Stunde oder 15 Minuten) protokolliert, wie ihr eure Zeit verbringt, führt so ein Zeitprotokoll naturgemäß auch dazu, dass ihr euch selbst gegenüber in jeder Stunde Rechenschaft ablegen müsst, anstatt erst am Ende des Tages, wenn ihr darüber nachdenkt, ob ihr erreicht habt, was ihr vorhattet. Studien belegen, dass man doppelt so viel Gewicht abnimmt, wenn man ein Essensprotokoll führt. Ein ähnlicher Effekt tritt auf, nachdem ihr begonnen habt, ein Zeitprotokoll zu führen.

Vanderkam protokolliert ihre Zeit normalerweise jedes Quartal in 30-minütigen Blöcken, jeweils für etwa eine Woche. Ihrer Meinung nach ist es wichtig, eine typische Woche für die Aufzeichnung auszuwählen und die Methode zu verwenden, mit der ihr euch am wohlsten fühlt, sei es ein einfaches Notizbuch, ein Tabellenkalkulationsprogramm oder eine Produktivitäts-App.

„Auch wenn dies ein gutes Hilfsmittel ist, um herauszufinden, wo ihr Zeit verschwendet, kann es euch auch helfen zu erkennen, dass diese gefürchteten Aufgaben, die ihr so lange aufgeschoben habt, gar nicht so lange dauern, wie ihr denkt", sagt sie. „Ein guter Weg, um Prokrastination zu überwinden."

Ich führte mein erstes Zeitprotokoll nach ungefähr der Hälfte meines Projekts und ich denke, ihr werdet von den Ergebnissen ein wenig überrascht sein. Doch bevor wir dazu kommen, ist es Zeit für eine letzte Challenge, die euch helfen soll, die Grundlagen zu schaffen, während ihr den Rest von *Mission Produktivität* lest.

Die Primetime-Challenge

Benötigte Zeit: Etwa eine Minute pro Stunde für mindestens eine Woche.
Benötigte Energie/Konzentration: 1/10
Wert: 9/10
Spaß: 3/10
Was ihr davon haben werdet: Ein Verständnis dafür, wie gut ihr mit den drei Bestandteilen von Produktivität umgeht, sodass ihr euren Ausgangspunkt kennt und Anpassungen vornehmen könnt, um jeden Tag mehr zu erreichen.

Die vierte Challenge, die ich für euch habe, wird sich um ein Vielfaches auszahlen: Beobachtet eure Energie, um eure BPT zu bestimmen, und führt ein Zeitprotokoll, um zu bewerten, wie gut ihr eure Zeit und Aufmerksamkeit managt.

Energie

Wenn ihr wirklich einen Einblick in den natürlichen Rhythmus eures Körpers bekommt wollt, solltet ihr, bevor ihr Protokoll darüber führt, wie viel Energie ihr habt, Folgendes tun:

- Verzichtet auf Koffein, Alkohol, Zucker und auf so viele andere Aufputschmittel wie möglich. Wenn ihr ein paar Tage braucht, um euch darauf einzustellen, solltet ihr eventuell die Daten der ersten Tage wegwerfen, da sie eure Ergebnisse verfälschen könnten.
- Nehmt den ganzen Tag über regelmäßig kleinere Mahlzeiten zu euch.
- Wenn möglich, geht schlafen und wacht auf natürliche Weise auf, ohne die Hilfe eines Weckers oder eines Smartphones.

Der Verzicht auf Koffein und Alkohol ist wahrscheinlich das Schwierigste, worum ich euch bei einer dieser Challenges bitte, aber um gute Messwerte zu erhalten, wann ihr von Natur aus die meiste Energie habt, ist es nahezu unerlässlich. Ich betrachte Alkoholkonsum als einen Weg, sich

Energie vom nächsten Tag zu borgen; und da man nach einem Koffein-Hoch unweigerlich einbricht, ist Koffeinkonsum der Weg, sich Energie von später am Tag zu borgen. Um einen konsistenten Messwert zu erhalten, wann ihr von Natur aus am produktivsten seid, solltet ihr während eurer Messungen auf beides verzichten. Und obwohl Zucker von Zeit zu Zeit einen vorübergehenden Energieschub liefern kann, ist er in Bezug auf Energie und Produktivität auf lange Sicht nicht hilfreich.

Ich persönlich empfehle, eine Woche bevor ihr euren Energiehaushalt verfolgt, vollständig auf Koffein, Alkohol und Zucker zu verzichten. Eure BPT verändert sich im Lauf der Zeit nicht groß und zu wissen, wann ihr von Natur aus die meiste Energie habt, wird sich über Jahre hinaus auszahlen.

Um eure Energiereserven und eure Zeit zu erfassen, braucht ihr lediglich ein Blatt Papier, auf dem die Stunden des Tages und die Tage der Woche aufgelistet sind.

Zeit

Zu jeder vollen Stunde notiert ihr nicht nur, wie viel Energie ihr habt (auf einer Skala von 1 bis 10), sondern auch

- Was ihr tut.
- Wie viele Minuten ihr im Verlauf der Stunde prokrastiniert habt (eine Schätzung).

Hier sind ein paar Tipps, von denen ich denke, dass sie euch bei dieser Challenge helfen:

- Wenn ihr viel Zeit am Computer verbringt, gibt es, statt eure Zeit nur mit Stift und Papier zu dokumentieren, auch einige großartige Apps, mit denen ihr nachverfolgen könnt, wie ihr eure Zeit verbringt.
- Wenn ihr feststellt, dass ihr prokrastiniert – keine Panik. Das ist normal. Den von mir befragten Forschern zum Thema Prokrastination zufolge tut das ab und an jeder. Seid nicht zu streng zu euch selbst, wenn ihr aufschreibt, wie lange ihr prokrastiniert – und scheut euch nicht davor, ehrlich zu sein.

- Wenn euch der Gedanke abschreckt, eure Zeit und Energie für eine Woche oder länger aufzuzeichnen, dann versucht einfach, nur für ein paar Tage eure Zeit und Energie zu dokumentieren. Wenn ihr erstmal einige Muster erkannt habt, so glaube ich, werdet ihr euch ermutigt fühlen, beides weiter zu verfolgen. Ich persönlich empfehle, eure Zeit und Energie für eine Woche und euren Energiehaushalt für zwei bis drei Wochen zu verfolgen, wenn ihr denn könnt.

- Zugegeben, eure Zeit und Energie zu erfassen, ist mühsam. Aber der Ertrag aus beiden Aktivitäten ist enorm — sogar so groß, dass ich meine Zeit und Energie immer noch alle paar Monate aufzeichne, auch wenn der Ertrag im Vergleich zu meiner ersten Messung viel geringer ist. Ich bin der festen Überzeugung, dass diese Aktivität einen unglaublichen Wert hat.

Diese Übung allein könnte an sich schon genug sein, um euch zu motivieren, die Zeit, die ihr mit weniger produktiven Aufgaben verschwendet, zu reduzieren. Doch falls nicht, macht euch keine Sorgen – im Rest dieses Buches werde ich euch einige der meiner Meinung nach besten Methoden vorstellen, um eure Zeit, Aufmerksamkeit und Energie besser zu managen.

Jetzt, da wir die Grundlagen dafür gelegt haben, produktiver zu werden, lasst mich zu der einen Sache kommen, die ich in diesem Buch bisher unter den Teppich gekehrt habe: die Ergebnisse meines ersten Experiments.

ZEIT VERSCHWENDEN

Sich an unangenehme Aufgaben herantasten

Take-away: Prokrastination ist menschlich. Der Hauptgrund dafür, dass eure Aufgaben mit der größten Wirkungen so wertvoll sind, ist der, dass sie oft furchteinflößend sind; sie erfordern fast immer mehr Zeit, Aufmerksamkeit und Energie als eure weniger produktiven Aufgaben. Sie sind in der Regel auch langweiliger, oder schwieriger.

Geschätzte Lesedauer: 19 Minuten

Zeit verschwenden

Im Oktober 2013, nachdem ich ein Produktivitätsexperiment durchgeführt hatte, bei dem ich mir in einer Woche 296 TED-Talks ansah, lud mich ein Mitarbeiter der angesehenen TED-Organisation ein, an einem Interview für ihren offiziellen Blog teilzunehme.* Ich war überglücklich. Ich hatte etwa die Hälfte meines einjährigen Experiments hinter mir, die Leute begannen, meine Website zu entdecken, und das Interview war ein großer Coup. Zusammen mit anderen TED-Koryphäen wie Bill Clinton, Malcolm Gladwell, Jane Goodall und Bill Gates würde ich auf der Titelseite von TED.com stehen!

Als mein Interview eine Woche später veröffentlicht wurde, war ich

* TED, was für Technologie, Entertainment und Design steht, ist eine weltweite Konferenzreihe, bei der führende Persönlichkeiten aus allen drei Bereichen zusammenkommen, um über ihre „verbreitungswürdigen Ideen“ zu sprechen.

wieder vollkommen aus dem Häuschen. Am besten gefiel mir die Eröffnungszeile, die lautete: „Chris Bailey könnte der produktivste Mensch sein, den Sie sich je zu treffen erhofft haben". TED hielt mich für den produktivsten Menschen aller Zeiten! Das sollte eigentlich auf dem Umschlag meines Buches stehen, oder?

In derselben Woche verfolgte ich dann als Experiment, wie ich meine Zeit verbrachte. Das Ergebnis war ernüchternd. Nachdem ich im Verlauf der Woche nachverfolgt hatte, wie ich jede Stunde eines jeden Tages verbrachte (einschließlich der Zeit, die ich mit Prokrastinieren verbrachte), stellte ich Folgendes fest: Ich verbrachte*

- 19 Stunden mit Lesen und Recherchieren
- 16,5 Stunden mit Schreiben
- 4 Stunden mit dem Führen und Geben von Interviews
- 8,5 Stunden mit „Wartungsarbeiten"
- 6 Stunden mit Prokrastinieren

An so ziemlich jedem Standard gemessen war meine Woche außerordentlich produktiv. Die TED-Organisatoren veröffentlichten ihr Interview mit mir, ich schrieb 4.683 Wörter, beendete die Lektüre von zwei Büchern und las unzählige Artikel über Produktivität. Außerdem investierte ich 37,5 Stunden in zwei meiner Aufgaben mit der größten Wirkung. Und es gab keine Diskrepanz zwischen dem, was ich zu erreichen beabsichtigte und dem, was ich tatsächlich erreichte. Als Sahnehäubchen obendrein hatte ich während der gesamten Woche jede Menge Energie und Fokus.

Und dennoch verbrachte ich sechs Stunden damit, das, was ich mir vorgenommen hatte, vor mir her zu schieben – wobei die Zeit, die ich mit Pausen verbrachte, nicht mit eingerechnet war.

Während mir zwar die Idee gefiel, das, was ich beim Protokollieren meiner Zeit gelernt hatte, mit anderen zu teilen, entschied ich mich schließlich dagegen, die Ergebnisse in meinem Blog zu veröffentlichen. Ich präsentiere sie zum ersten Mal in diesem Buch. Ich scheute während meines Projekts

* Wenn ihr neugierig seid: In jenen fünf Tagen verbrachte ich auch 39,5 Stunden mit Schlafen, 9 Stunden mit Hausarbeit und persönlichen Aufgaben, 6 Stunden mit Sport, 2,5 Stunden mit Meditation und 10,5 Stunden mit Freizeitaktivitäten (hauptsächlich Lesen und Zeit mit Freunden).

nicht oft davor zurück, mich verwundbar zu zeigen, und schrieb auch immer wieder über mein Scheitern, doch dieses Mal kam mir mein Stolz in die Quere. Er hielt mich hartnäckig davon ab, irgendetwas zu sagen, was mir meine neu gewonnene Identität als produktivster Mensch der Welt nehmen würde.

Doch wie sich herausstellte, ist Prokrastination nichts, wofür man sich schämen muss. Und hier kommt der Grund dafür.

„Jeder schiebt Dinge auf die lange Bank"

Eine der klügsten Entscheidungen, die ich traf, als ich mit *Ein Jahr Produktivität* begann, war, jeden Tag in meinem Blog darüber zu schreiben, was ich aus meinen Forschungen und Experimenten gelernt habe. Als mehr und mehr Menschen begannen, meinem Ansatz zur Erforschung von Produktivität zu folgen, konnte ich diese wachsende Aufmerksamkeit dafür nutzen, noch tiefer in das einzutauchen, was nötig ist, um produktiver zu werden – zum Beispiel, Experten wie Tim Pychyl zu interviewen.

Tim Pychyl schrieb den Bestseller *Solving the Procrastination Puzzle*. Er beschäftigt sich seit mehr als 20 Jahren mit der Erforschung von Prokrastination. Tim hat einen schwungvollen Gang und verströmt eine Zen-artige Ruhe, die den Meditierenden, die ich für dieses Buch interviewte, nicht unähnlich ist. Seine Persönlichkeit und sein Auftreten scheinen oberflächlich betrachtet nicht zu dem zu passen, was man von einer der weltweit führenden Autoritäten auf dem Gebiet der Prokrastination erwarten könnte.

Was Tim während unseres ersten Gesprächs sagte, beruhigte mich mehr als alles, was ich seit langer Zeit gehört hatte: „Jeder schiebt Dinge auf die lange Bank" – Prokrastination ist einfach Teil der menschlichen Natur. Piers Steel, Autor von *The Procrastination Equation*, bestätigt dies und erklärt, dass „in zahlreichen Umfragen etwa 95 Prozent der Menschen zugeben, dass sie prokrastinieren." (Die übrigen 5 Prozent lügen).

Natürlich prokrastinieren verschiedene Menschen jeden Tag auf unterschiedliche Weise und in unterschiedlichem Umfang. Untersuchungen zeigen, dass etwa 20 Prozent der Menschen chronisch prokrastinieren. Doch unabhängig davon, ob ihr nun chronische Aufschieber seid oder nicht, so schiebt ihr Dinge vermutlich häufiger auf die lange Bank als euch bewusst ist. Meine sechs Stunden im Verlauf einer Woche liegen wahrscheinlich sogar noch am unteren Ende des Spektrums. Laut einer kürzlich durchgeführten Umfrage von Salary.com, gaben 31 Prozent der Menschen offen zu, täglich mindestens eine Stunde zu verschwenden, und 26 Prozent der Menschen gaben zu, täglich zwei oder mehr Stunden zu verschwenden. Und das ist lediglich die Zeit, die Mitarbeiter bewusst verschwendeten. Abhängig von eurer Arbeit kann es durchaus sein, dass ihr jeden Tag mehr als zwei Stunden prokrastiniert. Pychyl fand in einer seiner Studien heraus, dass Studierende im Durchschnitt während eines Drittels ihrer wachen Stunden prokrastinieren.

Die sechs Auslöser von Prokrastination

Die Wissenschaft hinter der Frage, warum wir prokrastinieren, ist einfach. In einer meiner Lieblingsuntersuchungen zu diesem Thema, an der auch Tim Pychyl teilnahm, fanden Wissenschaftler heraus, dass es eine Handvoll Merkmale gibt, die eine Aufgabe haben kann, die es wahrscheinlicher machen, dass man sie auf die lange Bank schiebt. (Es gibt auch Persönlichkeitsmerkmale, die einen eher zum Prokrastinieren tendieren lassen, doch dazu komme ich etwas später. Ich persönlich fokussiere mich lieber auf die Aufgaben selbst, da eine Aufgabe viel leichter zu verändern ist als eure Persönlichkeit. Außerdem seid ihr großartig. Ändert euch bloß nicht.)

Es ist eigentlich relativ unkompliziert: Von der Persönlichkeit mal abgesehen, je unangenehmer (unattraktiver) eine Aufgabe oder ein Projekt für euch erscheint, desto eher schiebt ihr sie auf. Es gibt sechs Hauptmerkmale einer Aufgabe, die ein Aufschieben wahrscheinlicher machen Und das ist abhängig davon, ob eine Aufgabe ein oder mehrere der folgenden Attribute aufweist:

- langweilig
- frustrierend
- schwierig
- unstrukturiert oder diffus
- für einen persönlich ohne Bedeutung
- ohne intrinsische Belohnung (d. h., sie macht keinen Spaß oder fesselt einen nicht)

Je mehr dieser Merkmale eine Aufgabe besitzt und je ausgeprägter diese Merkmale sind, desto unattraktiver ist eine Aufgabe für euch und umso wahrscheinlicher ist es, dass ihr sie aufschiebt. Aus diesem Grund schiebt ihr einige Aufgaben bis zum letzten Moment hinaus, wie z. B. eure Steuererklärung, zugunsten anderer Aufgaben, wie z. B. Netflix, was nicht annähernd so viele negative Impulse anstößt.

Eure Steuererklärung zu machen, ist eine der langweiligsten, frustrierendsten, schwierigsten und unstrukturiertesten Aufgaben, die es gibt, und wenn ihr wie ich seid, findet ihr sie wahrscheinlich nicht so sinnvoll oder lustig. Für die meisten Menschen bietet das Erstellen ihrer Steuererklärung alle sechs Auslöser für Prokrastination. Andere Verpflichtungen, wie Vorsorgeuntersuchungen beim Arzt, Anrufe bei der Mutter, von zu Hause arbeiten, einen Marathon laufen oder ein Buch schreiben, lösen ebenfalls mehrere Impulse zur Prokrastination aus, was die Wahrscheinlichkeit erhöht, dass ihr sie aufschiebt.

Übrigens, seid ihr daran interessiert, auf der Stelle 13,6 Jahre eures Lebens zurückzugewinnen? Dann hört auf fernzusehen. Laut dem Datenanalyse-Unternehmen Nielsen schaut der durchschnittliche amerikanische Erwachsene täglich 5 Stunden und 4 Minuten fern. Angenommen, ihr werdet 80 Jahre alt und beginnt im Alter von zehn Jahren mit dem Fernsehen, dann macht das 13,6 Jahre eures Lebens aus.

Es ist wichtig, darüber nachzudenken, warum ihr prokrastiniert. Wie Tim es formuliert: „Manchmal ist Prokrastination nur ein Symptom dafür, dass dein Leben einfach nicht zu dem passt, was dich interessiert, und ... du vielleicht etwas anderes tun solltest."

Der Grund dafür, dass ihr so viel weniger mentalen Widerstand gegenüber Netflix empfindet als gegenüber eurer Steuererklärung, ist der, dass Netflix weitaus weniger langweilig, frustrierend und schwierig ist, plus es ist anregender und strukturierter. Netflix präsentiert euch sogar einen Link zum Abspielen der nächsten Folge einer Serie, wenn ihr die aktuelle Folge zu Ende gesehen habt! Da Netflix fast keine Auslöser für Prokrastination aufweist, schieben wir es nicht auf.

Der Hauptgrund dafür, dass eure Aufgaben mit der größten Wirkungen so wertvoll sind, ist der, dass auch sie Widerwillen hervorrufen; sie erfordern fast immer mehr Zeit, Aufmerksamkeit und Energie als eure weniger wichtigen Aufgaben, und sie sind in der Regel langweiliger, frustrierender, schwieriger, unstrukturierter und ohne intrinsische Belohnungen. Sie sind deswegen wertvoll und bedeutsam, weil sie schwierig sind, und deshalb bekommt ihr für sie auch mehr als den Mindestlohn bezahlt. Das ist die einfache Realität, wenn man nicht in einer Fabrik arbeitet: Je wertvoller eure Arbeit ist, desto größer wird die Aversion gegen sie sein. Das ist auch der Grund, warum es so herausfordernd sein kann, produktiver zu werden; obwohl jeder einzelne Mensch auf der Erde mehr erreichen will, bedeutet mehr zu erreichen, Aufgaben zu übernehmen, die eher abstoßend sind.

Prokrastination steht dem Erreichen von Zielen im Weg, da sie in ihrer einfachsten Form eine Diskrepanz zwischen eurer Absicht und euren Handlungen darstellt.

Jetzt spricht der Nerd

Schauen wir uns einmal an, was in eurem Gehirn passiert, wenn ihr prokrastiniert.

Während ihr darüber nachdenkt, ob ihr eine Aufgabe aufschieben sollt, tobt in eurem Gehirn ein faszinierender Kampf. Und der läuft oft wie folgt ab: Ihr sucht eine Rechtfertigung, warum es in Ordnung ist, noch eine Folge *House of Cards* zu schauen, um dann im gleichen Moment zu denken, dass ihr eigentlich eure Steuererklärung machen müsstet; ihr geratet in Versuchung, noch einmal kurz auf Facebook oder Twitter zu schauen, um dann den Gedanken zu haben, dass ihr nun wirklich mit dem Bericht beginnen müsst, der nächsten Freitag fällig ist.

Dieses Hin und Her ist das Ergebnis davon, dass zwei Teile eures Gehirns – euer „limbisches System" und euer „präfrontaler Cortex" – Krieg gegeneinander führen.

Euer limbisches System ist der emotionale, instinktive Teil eures Gehirns, der unter anderem euer Lustzentrum umfasst. Aus evolutionärer Sicht ist das limbische System ein alter Teil eures Gehirns. Es lässt euch instinktiv handeln und drängt euch dazu, Emotionen und Versuchungen nachzugeben. Es ist der Teil eures Gehirns, der euch dazu zu verleiten versucht, eure Steuererklärung aufzuschieben, um ein paar Folgen *House of Cards* anzuschauen.

Euer präfrontaler Cortex dagegen ist der logische Teil eures Gehirns, der darum kämpft, dass ihr eure Steuererklärung erledigt. Er ist unter anderem für Logik, Vernunft und die Berücksichtigung eurer längerfristigen Ziele verantwortlich. Er ist es auch, der euch motiviert hat, dieses Buch in die Hand zu nehmen. Wenn ihr die bisher erwähnten Produktivitätsexperimente gemacht habt, dann deshalb, weil euer präfrontaler Cortex gewonnen hat; wenn ihr sie ignoriert und einfach weitergelesen habt, hat euer limbisches System gewonnen.

Dieses Hin und Her zwischen eurem emotionalen limbischen System und dem logischen präfrontalen Cortex führt zu den Entscheidungen, die ihr im Laufe eines Tages trefft. Es ist auch das, was euch menschlich macht. Wenn euer präfrontaler Cortex in 100 Prozent der Fälle gewinnen würde, wären alle eure Entscheidungen vollkommen logisch und ihr wärt wie ein Vulkanier aus Star Trek: Eure Entscheidungen würden auf reiner Logik und Vernunft beruhen, ohne Rücksicht auf eure Emotionen oder die Emotionen anderer. Würde euer limbisches System in 100 Prozent der Fälle gewinnen, wärt ihr nicht anders als ein Tier, das jede Entscheidung instinktiv trifft.

Bei jeder Entscheidung, die wir treffen, gewinnt entweder unser limbisches System oder unser präfrontaler Cortex die Oberhand. Unser limbisches System siegt, wenn wir abends Chips essen, einen Donut zum Kaffee am Morgen bestellen oder wenn wir prokrastinieren. Tim bezeichnet Prokrastination oft als „sich einem guten Gefühl hingeben“ und wenn ihr euch einen Gehirnscan von jemandem anseht, der gerade prokrastiniert, werdet ihr sehen, dass auf neurologischer Ebene genau das passiert. Der präfrontale Cortex kapituliert vor dem limbischen System, so dass wir uns kurzfristig gut fühlen können.

Aber auch unser präfrontaler Cortex gewinnt sehr häufig. Er ist der Grund, warum wir Geld für den Ruhestand beiseitelegen, nach der Arbeit ins Fitnessstudio gehen, um in Form zu kommen, die sechs Auslöser von Prokrastination überwinden und über Produktivität lesen. Er ist der Teil eures Gehirns, der ständig dafür kämpft, dass ihr eure langfristigen Ziele erreicht, statt der Ziele, die nur kurzfristig angenehm sind. Und es ist nahezu unmöglich, ohne einen starken präfrontalen Cortex produktiver zu werden.

Immer wenn wir darüber nachdenken, ob wir an einer unschönen Aufgabe arbeiten sollen, fechten unser limbisches System und unser präfrontaler Cortex es aus – und entweder prokrastinieren wir dann, oder wir nehmen die gefürchtete Aufgabe in Angriff.

Doch bei diesem Kampf zwischen dem limbischen System und dem präfrontalen Cortex gibt es ein kleines Problem: Die Karten sind gezinkt.*

So gewinnt ihr die Kontrolle über euer Gehirn zurück

Der Teil der Gehirnforschung, den ich faszinierend finde, besteht darin, dass, obwohl diese Kämpfe jeden Tag Tausende von Malen in unserem Gehirn stattfinden, wir uns ihrer normalerweise gar nicht bewusst sind. So wie 90 Prozent eines Eisbergs unter Wasser liegen, ist unser Verstand nur in der Lage, einen Bruchteil dessen bewusst wahrzunehmen, was in unserem Gehirn vor sich geht – der Rest ist in den Tiefen unseres Unterbewusstseins verborgen. Deshalb kann Produktivität auch so effektiv sein, weil wir uns diese Kraft zunutze machen können, indem wir die Wissenschaft darüber, wie wir denken und handeln, mit der Absicht kombinieren, zu lernen, wie wir mehr erreichen können.

Bislang habe ich ein Bild gezeichnet, in dem euer limbisches System und euer präfrontaler Cortex in ständigem Kampf miteinander stehen. Obwohl das in Bezug auf Prokrastination auch stimmt, so arbeiten die beiden Systeme die restliche Zeit über auf unglaubliche Weise zusammen. Da die beiden Systeme sowohl für Logik als auch für Emotionen zuständig sind, sind sie gemeinsam für einige der bemerkenswertesten Innovationen in der Geschichte der Menschheit verantwortlich: darunter die Sprache, die Druckerpresse, die Glühbirne, das Rad und das Internet. Die Logik erschuf das Rad, jedoch aus dem Wunsch heraus, eine bessere und modernere Welt zu schaffen. Außerdem hat der Erfinder des Rads wahrscheinlich einen Haufen Kudos von seinen Bros bekommen. Aber das ist nur meine subjektive Vermutung (die nicht auf evolutionärer Psychologie oder dergleichen beruht).

Das Zusammenspiel eures präfrontalen Cortex und limbischen Systems ermöglicht es euch auch, Dinge zu tun, die Spaß machen und euch am

* Ich vereinfache die Dinge hier ein wenig – das Gehirn ist ein kompliziertes System, das wir erst beginnen zu verstehen, und jede verallgemeinernde Aussage darüber, wie das Gehirn funktioniert, wird seiner Komplexität und Schönheit nicht gerecht. So ist der frontale Cortex zum Beispiel auch für eine gewisse emotionale Verarbeitung zuständig und hat laut Jonathan Haidt, dem Autor von *The Happiness Hypothesis*, „eine große Erweiterung der Emotionalität beim Menschen möglich gemacht". Ganz allgemein jedoch ist euer limbisches System emotional und euer präfrontaler Cortex logisch.

Herzen liegen, wie Cello spielen zu lernen, für eine Wanderung auf dem Inka-Pfad zu sparen, einen Berg zu besteigen, euch freiwillig zu engagieren, starke Beziehungen aufzubauen, langfristige Ziele zu verfolgen und eurer Leidenschaft nachzugehen.

Obwohl unser limbisches System unentbehrlich ist, hat ein Großteil von Produktivität mit der Stärkung des präfrontalen Cortex zu tun, der eurem limbischen System zeigen kann, wer der Boss ist, und den Impuls, nochmals kurz in eure Mails oder auf Facebook zu schauen, anstatt an wichtigeren Aufgaben zu arbeiten, unterdrücken kann. Während wir zwar unser limbisches System bei Laune halten müssen, ist es ohne einen starken präfrontalen Cortex unmöglich, in unsere Errungenschaften, Beziehungen und Werte zu investieren.

Aber das ist leichter gesagt als getan. Während das Zusammenspiel zwischen unserem präfrontalen Cortex und unserem limbischen System das ist, was uns menschlich macht, ist unser präfrontaler Cortex auch viel schwächer als unser limbisches System. Das limbische System hat sich im Verlauf von Millionen von Jahren entwickelt, während es den präfrontalen Cortex erst seit ein paar Tausend Jahren gibt.

Auf die exakt selbe Weise wie die produktivsten Menschen lernen, einen Schritt von ihrer Arbeit zurückzutreten, um nicht mehr im „Modus Autopilot" zu arbeiten, lernen die produktivsten Menschen auch, vermehrt auf ihren präfrontalen Cortex als auf ihr limbisches System zu setzen.

So bringt ihr die Waagschale zum Kippen

Ich habe dieses Kapitel aus einem ganz bestimmten Grund etwas länger gestaltet als die anderen: um euren präfrontalen Cortex zu stimulieren. Während ihr diese Worte lest, feuert euer präfrontaler Cortex aus allen Rohren. Er verarbeitet die Bedeutung hinter den Worten, die ihr gerade lest, und verbindet diese Worte mit dem, was ihr bereits wisst. Euren präfrontalen Cortex zu stimulieren, ist praktischerweise genau das, was ihr tun müsst, um euer limbisches System zu besiegen und an euren Aufgaben mit der größten Wirkung zu arbeiten.

Obwohl sechs Stunden Prokrastination in einer Woche wahrscheinlich am unteren Ende des Spektrums liegen, wollte ich doch noch das kleinste Fünkchen Produktivität aus meiner Zeit herausholen. Ich wollte diese

Zahl so weit nach unten drücken wie möglich. Nachdem ich die Ursache für Prokrastination entdeckt hatte – mein limbisches System, das meinen präfrontalen Cortex schikaniert –, tat ich alles, was ich konnte, um meinem präfrontalen Cortex einen Vorteil zu verschaffen, wenn mein limbisches System mich das nächste Mal in Versuchung führen wollte, mich einem guten Gefühl hinzugeben.

Nachdem ihr eure wichtigsten Aufgaben identifiziert und den Entschluss gefasst habt, an ihnen zu arbeiten, werdet ihr sie auch schon gleich auf die lange Bank schieben, auch wenn ihr wahrscheinlich einen stärkeren präfrontalen Cortex habt als die meisten anderen.

Es gibt jedoch mehrere Strategien, die wahre Wunder bewirken, um das Blatt zu wenden. Tatsächlich ist es mit genügend Voraussicht durchaus möglich, das Erledigen eurer Steuerangelegenheiten zu einer Aufgabe zu machen, die genauso spannend ist wie eine ganze Staffel *House of Cards* anzuschauen.

Runderneuerung extrem: Die Steuer-Ausgabe

Oh @#%*@#!, schau mal auf den Kalender! Deine Steuern sind in einem Monat fällig! Und du hast noch nicht einmal einen Gedanken daran verschwendet, damit zu beginnen!

Aber das kann doch auch bis morgen warten, oder?

In dem Moment, in dem ihr bemerkt, dass euer Verstand eine interne Debatte darüber führt, ob ihr an einer Aufgabe arbeiten sollt oder nicht, oder wenn ihr Dinge sagt wie „Ich werde das später erledigen", „Ich habe gerade keine Lust dazu" oder schlimmer noch „Ich werde es dann erledigen, wenn ich mehr Zeit habe", ist das ein Signal, dass die Aufgabe, die vor euch liegt, unattraktiv ist und dass ihr ihre Erledigung um einiges attraktiver machen müsst.*

Da das Erstellen der Steuererklärung eine so unattraktive Aufgabe ist, hat sie einen eigenen Geschäftszweig hervorgebracht, der allein in den Ver-

* Übrigens, ich habe noch etwas, das ich unbedingt loswerden möchte: „Dafür habe ich keine Zeit" ist die größte Ausrede, die es gibt. Wenn Leute sagen, sie haben „keine Zeit" für etwas, dann meinen sie in Wirklichkeit, dass eine Aufgabe nicht so wichtig oder attraktiv ist wie das, was sie sonst gerade zu tun haben. Jeder Mensch hat jeden Tag 24 Stunden Zeit und kann diese 24 Stunden so verbringen, wie auch immer er oder sie möchte. Doch ich schweife ab.

einigten Staaten schätzungsweise 320.000 Menschen beschäftigt. Und das ist kein Wunder: Wenn das Erledigen eurer Steuererklärung so einfach wäre wie das Klicken einer Schaltfläche, gäbe es diesen Geschäftszweig nicht. Laut Intuit – den Machern von TurboTax, der Software, die das Erstellen von Steuererklärungen weniger langweilig, frustrierend, schwierig und so weiter macht – „schiebt fast ein Drittel der Steuerzahler die Einreichung ihrer Steuererklärung auf die lange Bank".

Meine bevorzugte Methode, um meine Steueraufgaben weniger unangenehm zu machen, ist die, jemand anderen damit zu beauftragen. Jedes Jahr engagiere ich ein Unternehmen, das meine Steuern macht, und für ein paar hundert Dollar kaufe ich mir im Prinzip Stunden meiner Zeit und Aufmerksamkeit zurück, damit ich mich auf höherwertige Aufgaben und Projekte konzentrieren kann. Momentan ist wieder die Zeit für Steuern, und anstatt Quittungen einzusammeln, über Zahlen zu sitzen und herauszufinden, was ich abschreiben kann und was nicht, schreibe ich diese Wörter. Aber nehmen wir einmal an, dass ein externes Unternehmen nicht in Frage kommt und dass ihr sie selbst einreichen müsst, und zwar auf Papier.

Wenn ihr nur daran denkt, eure Steuern zu machen, sträubt sich vielleicht bereits euer limbisches System weiterzulesen, oder ihr seht diesen nächsten Absätzen mit Grauen entgegen. Lasst uns also eure Steuererklärung so aufpeppen, damit sie genauso attraktiv wird wie Netflix.

Da wir wissen, was zu Prokrastination führt, können wir uns nun einen Plan erstellen, um diese Auslöser umzukehren und eure Steuererklärung attraktiver zu machen. Wenn ich mich dabei ertappen sollte, meine Steuern auf die lange Bank zu schieben, würde ich mich hinsetzen und einen Plan erstellen, um diese Auslöser zu ändern. Der Auslöser ist zum Beispiel:

- **Langweilig:** Ich gehe am Samstagnachmittag in mein Lieblingscafé, um meine Steuern bei einem schicken Getränk zu erledigen, während ich dabei andere Leute beobachte.

- **Frustrierend:** Ich nehme ein Buch mit in dasselbe Café und stelle mir auf meinem Telefon einen Timer, um nur 30 Minuten lang an meinen Steuern zu arbeiten – und arbeite nur dann länger, wenn es läuft und ich Lust habe, weiterzumachen.

- **Schwierig:** Ich recherchiere den Steuerprozess, um zu sehen, welche Schritte ich befolgen muss und welche Papiere ich benötige. Und ich besuche das Café während meiner Biologischen Primetime, wenn ich von Haus aus mehr Energie habe.

- **Unstrukturiert oder diffus:** Anhand meiner Recherchen erstelle ich einen detaillierten Plan, der die nächsten Schritte enthält, die ich zur Ausführung unternehmen muss.

- **Für einen persönlich ohne Bedeutung:** Wenn ich eine Rückerstattung erwarte, überlege ich, wie viel Geld ich zurückbekommen könnte, und mache mir eine Liste mit sinnvollen Dingen, für die ich dieses Geld ausgeben werde.

- **Ohne intrinsische Belohnung:** Für jede Viertelstunde, die ich für meine Steuern aufwende, lege ich 2,50 Dollar beiseite, um mir etwas zu gönnen oder mich für das Erreichen von Meilensteinen zu belohnen.

Okay, vielleicht wird eure Steuererklärung nie so sexy sein wie Netflix. Aber ich denke, wir sind nahe dran, oder?

Drei weitere Möglichkeiten, die Kontrolle über euer Gehirn zurückzugewinnen

Indem ihr die Auslöser einer Aufgabe ins Gegenteil umkehrt, schlagt ihr zwei Fliegen mit einer Klappe: Eine Aufgabe wird weniger abstoßend, wenn ihr die Auslöser für Prokrastination deaktiviert, und ihr bereitet den präfrontalen Cortex auf den Kampf gegen das limbische System eures Gehirns vor. Wenn ihr eurem präfrontalen Cortex einen noch größeren Schubs verpassen müsst, gebe ich euch hier drei weitere Möglichkeiten, um die Kontrolle wiederzugewinnen und an euren unangenehmsten Aufgaben zu arbeiten:

1. Erstellt eine Prokrastinationsliste.

Es ist tatsächlich möglich, produktiv zu prokrastinieren. Wenn ihr euch eine Liste mit sinnvollen und wertigen Aufgaben erstellt, die ihr erledigen könnt. Solltet ihr wieder einmal prokrastinieren, könnt ihr produktiv bleiben, während euer präfrontaler Cortex auf Touren kommt. Während meines Projekts ertappte ich mich oft dabei, wie ich das Lesen langer und ermüdender Forschungsberichte vor mir her schob. Also erstellte ich eine Liste mit Aufgaben wie Schreiben und Versenden wichtiger E-Mails, Organisieren von Ordnern auf meinem Computer und Dokumentieren von Ausgaben im Zusammenhang mit meinem Projekt. Ich halte es auch für hilfreich, wenn ihr nur folgende Alternativen zulasst und an einer von zwei Aufgaben arbeitet: An der Aufgabe, bei der ihr versucht seid, sie hinauszuzögern, oder an einer anderen Aufgabe mit hohem Ertrag.

2. Listet die Kosten auf.

Alle Kosten aufzulisten, die durch das Aufschieben von Aufgaben entstehen, ist eine meiner Lieblingsmethoden, um meinen präfrontalen Cortex auf Touren zu bringen. Es ist eine einfache Taktik, doch ihr habt dadurch eine viel bessere Chance auf Erfolg.

3. Fangt einfach an.

Beachtet, dass ich nicht „Macht es einfach" geschrieben habe. Wenn ihr eine große, unschöne Aufgabe wie zum Beispiel den Keller aufräumen zu erledigen habt, fangt einfach damit an. Versucht, einen Timer auf nur 15 Minuten zu stellen; danach hört ihr mit dem Aufräumen auf und beginnt mit etwas anderem. Wenn ihr Lust habt, weiterzumachen, nachdem ihr erst einmal begonnen habt, tut das auf jeden Fall, aber wenn nicht, macht euch keine Sorgen. Jedes Mal, wenn ich einfach mit etwas angefangen habe, und sei es auch nur für ein paar Minuten, waren die Aufgaben selten so schlimm, wie ich sie mir vorgestellt hatte. Rita Emmett, Autorin von *The Procrastinator's Handbook*, fasste dies in dem, was sie als „Emmett's Gesetz" bezeichnete, gut zusammen: „Das Grauen davor, eine Aufgabe zu erledigen, verbraucht mehr Zeit und Energie als die Aufgabe selbst."

Fortschritt

Wann immer ich in den folgenden Monaten bemerkte, dass ich in Versuchung geriet, mich aus einer Aufgabe herauszureden, benutzte ich das als Auslöser, um meinen präfrontalen Cortex auf Touren zu bringen. Laut Tim Pychyl ist Prokrastination im Prinzip „eine tief sitzende, emotionale Reaktion" auf eine Aufgabe, die mehrere Impulse zu ihrer Vermeidung auslöst.

Euren präfrontalen Cortex zu aktivieren, ist der beste Ausweg.

Seit meinem ersten Zeitprotokoll wollte ich der Frage auf den Grund gehen, wie ich jeden Tag weniger Zeit vergeuden kann – eine turbulente Reise, die mich jedoch eine Menge gelehrt hat. Zum Zeitpunkt meines aktuellsten Zeitprotokolls war ich gerade mitten dabei, dieses Buch zu schreiben. Ein Buch zu schreiben, ist eine Aufgabe, die zumindest bei mir noch viel mehr Impulse zur Prokrastination auslöst als mein Projekt; es ist eine Aufgabe, die kaum weniger strukturiert sein könnte und kaum Belohnungen zu bieten hat, und es kann manchmal wahnsinnig langweilig, frustrierend und schwierig sein. Doch immer, wenn ich in den letzten Monaten versucht war, das Schreiben dieses Buchs hinauszuzögern, brachte ich als erstes meinen präfrontalen Cortex auf Betriebstemperatur.

Und es funktionierte. So sah mein aktuellstes Zeitprotokoll aus:

- 17,5 Stunden Lesen und Recherchieren
- 15 Stunden Schreiben
- 5,5 Stunden Interviews führen und geben
- 2,5 Stunden „Wartungsarbeiten"
- 1 Stunde Prokrastinieren

Zu meiner großen Erleichterung viel besser.

Ein Teil von mir war versucht, zu schreiben, dass ich überhaupt nicht prokrastinierte, und obwohl das vielleicht eine bessere Geschichte zum Abschluss dieses Kapitels gewesen wäre, wäre dies einfach nicht die Wahrheit gewesen.

Manchmal gewinnt eben unser präfrontaler Cortex.

Die Umkehr-Challenge

Benötigte Zeit: 6 Minuten
Benötigte Energie/Konzentration: 8/10
Wert: 8/10
Spaß: 7/10
Was ihr davon haben werdet: Die unangenehmsten Aufgaben in eurem Job und eurem Privatleben werden viel attraktiver, und ihr werdet weniger Zeit verschwenden, wenn ihr an ihnen arbeitet. Das wird euch dabei helfen, noch mehr Zeit für eure wichtigsten und bedeutsamsten Aufgaben zu finden.

Wenn ihr produktiver werden wollt, müsst ihr ganz einfach häufiger an euren Aufgaben mit der größten Wirkung arbeiten. Doch wenn ihr das tut, werdet ihr auch öfter prokrastinieren, denn je unattraktiver eine Aufgabe für euch ist, desto eher werdet ihr sie auch auf die lange Bank schieben wollen. Wenn ihr das nächste Mal bemerkt, dass ihr eine Aufgabe aufschiebt, nutzt dies als Auslöser, um gründlich darüber nachzudenken, welche Impulse dafür verantwortlich sind.

Schreibt diese Impulse auf und erstellt einen Plan, wie ihr sie ins Gegenteil umkehren könnt. Und wenn ihr euren präfrontalen Cortex noch weiter auf Touren bringen müsst, erstellt eine Prokrastinationsliste, listet die Kosten auf oder fangt einfach damit an.

Ironischerweise sind die Aufgaben, die euch am produktivsten machen, gleichzeitig auch die unangenehmsten. Der Kampf gegen den emotionalen Drang, solche Aufgaben hinauszuschieben, kann viel dazu beitragen, dass ihr produktiver werdet.

An unangenehmen Aufgaben zu arbeiten, ist unerlässlich, wenn ihr produktiver werden wollt. Natürlich, wenn ihr andauernd Dinge auf die lange Bank schiebt, kann das ein starkes Signal dafür sein, dass ihr euch einen anderen Job suchen solltet. Denn wer will schon jeden Tag nur an Dingen arbeiten, die langweilig, frustrierend, schwierig, diffus, oder unstrukturiert sind, keine Freude bereiten oder keine Bedeutung für einen haben?

Darf ich vorstellen ... ihr selbst in der Zukunft

Take-away: Je mehr ihr euer „zukünftiges Selbst" (ihr selbst, nur in der Zukunft) als einen Fremden betrachtet, desto wahrscheinlicher ist es, dass ihr eurem zukünftigen Selbst das gleiche Arbeitspensum aufbürdet, das ihr einem Fremden aufbürden würdet. Es ist wichtig, mit eurem „zukünftigen Selbst" in Kontakt zu treten, indem ihr zum Beispiel einen Brief an euer „zukünftiges Ich" schickt, eine „Zukunftserinnerung" schafft oder sogar eine App herunterladet, die euch zeigt, wie ihr in der Zukunft aussehen werdet.

Geschätzte Lesedauer:
8 Minuten

Ein peinlicher Brief

Vor etwa einer Woche bekam ich einen Brief per Post. Einen echten Brief zu erhalten ist an sich schon seltsam, doch um das Ganze noch seltsamer zu machen, war er von mir selbst.

Hier ist der gesamte Brief, den ich vor acht Monaten an mich selbst schickte:

Hey Mann,

im Moment stehst du gewissermaßen an einem Scheideweg – du bist dir nicht sicher, welche Entscheidungen du in Bezug auf Karriere, Geld, Leben und andere Dinge treffen sollst. Ich würde gerne einige Monate vorspulen, um zu sehen, wie sich die Dinge entwickeln, und ich werde nicht lügen.

Doch im Moment hast du acht neue Freunde um dich und bist glücklich – inmitten all der Ungewissheit. Alles ist gut, denn du bist von Menschen umgeben, die dir etwas bedeuten und denen du etwas bedeutest.
Ich bin mir nicht sicher, wie es mit Ardyn weitergeht (meine Vermutung: ziemlich gut, wenn es so läuft), aber du hast dich heute gefreut, ihre Stimme zu hören. Ich bin mir nicht sicher, wie gesund du sein wirst, doch im Moment bist du in der Form deines Lebens. Ich bin mir auch nicht sicher (na, fällt dir hier vielleicht ein roter Faden auf?), wie glücklich, positiv, achtsam oder was auch immer du sein wirst, aber ich schätze, das ist ja das Schöne daran. Es ist ein Klischee, doch du glaubst daran: Glück ist nichts anderes als sich damit abzufinden, wie sich die Dinge verändern. Ich hoffe, du bist glücklich und es geht dir gut. Wenn es so weitergeht, weiß ich, dass das der Fall ist.

Alles Liebe,
Chris

In den letzten fünf Jahren habe ich ehrenamtlich für eine Organisation namens Camp Quality gearbeitet. Camp Quality ist eine weltweit tätige Wohltätigkeitsorganisation, die einwöchige Sommercamps durchführt, um krebskranken Kindern zu helfen, sich wieder wie Kinder zu fühlen. Alle Freiwilligen bekommen ein Kind zugeteilt, einen sogenannten „Camper", mit dem sie dann die Woche und ab und zu auch mal unter dem Jahr Zeit verbringen.

Zusätzlich zu den einwöchigen Camps veranstaltet die Organisation jedes Jahr ein viertägiges Führungscamp für Teenager, die als Kinder an Krebs erkrankt waren. Das Camp gibt Menschen wie mir die Möglichkeit, das, was wir gelernt haben, mit anderen zu teilen, sodass die Kinder einige unserer Erfahrungen, die wir als Teenager bereits gemacht haben, umschiffen können.

Eine der Aktivitäten beim letztjährigen Führungscamp bestand darin, einen Brief an unser zukünftiges Ich zu schreiben. Auch wenn mein Brief rückblickend vielleicht ein wenig peinlich ist, so erinnere ich mich doch, dass die Aktivität aus einem ganz bestimmten Grund wertvoll war: Wir denken kaum jemals über unser zukünftiges Ich nach.

Der Unterschied zwischen euch und Taylor Swift

Wenn ihr euch in eine MRT-Röhre legen würdet – ein Gerät, das eure Gehirnaktivität misst, indem es Veränderungen im Blutfluss beobachtet– und ihr würdet zunächst an euer zukünftiges Selbst denken und dann an einen völlig Fremden (wie Taylor Swift), würdet ihr beim Betrachten der beiden Scans etwas Merkwürdiges feststellen: Sie wären gar nicht so verschieden.

Hal Hershfield, Professor an der Anderson School of Management der UCLA, führte genau diese Studie durch und stellte Folgendes fest: Während der Gehirnscan eines durchschnittlichen Teilnehmers von seinem gegenwärtigen Selbst und dem eines Fremden ziemlich stark variierte, waren der Gehirnscan des Teilnehmers von seinem zukünftigen Selbst und dem eines völlig Fremden nahezu identisch.

Und dies hat einen enormen Einfluss auf eure Produktivität: Je mehr ihr euch selbst als einen Fremden betrachtet, desto wahrscheinlicher ist es, dass ihr eurem zukünftigen Selbst dasselbe Arbeitspensum aufbürdet, das ihr auch einem Fremden aufbürden würdet, und desto wahrscheinlicher ist es auch, dass ihr Dinge auf morgen verschiebt – damit euer zukünftiges Selbst sie erledigen kann.

Da ihr euch selbst in der Zukunft nicht anders seht als einen Fremden, seht ihr sie oder ihn auch weniger müde oder beschäftigt, sondern vielmehr konzentrierter und disziplinierter als die Version von euch, die dieses Buch liest. Und obwohl das in gewisser Weise auch stimmen wird – vor allem, wenn ihr beginnt, die Taktiken in diesem Buch umzusetzen –, so werdet ihr mit eurem heutigen Selbst logischerweise viel mehr gemeinsam haben als mit einem völlig Fremden.

Je distanzierter ihr von eurem zukünftigen Selbst seid, desto wahrscheinlicher ist es, dass ihr folgende Dinge tun werdet:

- Ihr gebt eurem zukünftigen Selbst mehr Arbeit, als ihr eurem gegenwärtigen Selbst geben würdet.
- Ihr stimmt unproduktiven oder sinnlosen Meetings in ferner Zukunft zu.
- Ihr speichert zehn uninspirierende Dokumentarfilme auf eurer Festplatte, die ihr euch „irgendwann anschauen werdet“.

- Ihr übertragt andauernd unangenehme Aufgaben auf eure To-do-Liste von morgen.
- Ihr legt weniger Geld für euren Ruhestand zurück.

Wenn ich euch fragen würde, ob ihr euch für einen Marathon anmelden wollt, der in zehn Wochen stattfindet, würdet ihr wahrscheinlich nicht zustimmen; das würde in den kommenden Monaten eine Menge Arbeit bedeuten, um für einen Lauf über 42 Kilometer zu trainieren. Aber wenn ich euch fragen würde, ob ihr euch zu einem Marathon anmelden wollt, der in zweieinhalb Jahren stattfindet, würdet ihr wahrscheinlich, obwohl ihr vielleicht immer noch nicht dabei wärt, viel weniger Widerstand gegen den Vorschlag verspüren. Euch gefällt vielmehr die große Idee, einen Marathon zu laufen, als euch Gedanken darüber zu machen, was euer zukünftiges Ich dafür tun muss.

Überraschenderweise übernimmt zwar unser limbisches System das Ruder, wenn wir prokrastinieren, doch der präfrontale Cortex ist dafür verantwortlich, dass wir unser zukünftiges Selbst nicht berücksichtigen, wenn wir Entscheidungen treffen.

Kontaktaufnahme

Um zu verstehen, wie wir über unser zukünftiges Ich denken, führte Hal Hershfield ein faszinierendes Experiment durch: Gemeinsam mit professionellen Animateuren erstellte er einen Simulator, der den Teilnehmern ein Live-3D-Modell davon zeigte, wie sie im Ruhestand aussehen werden. Wenn sich ein Student auch nur leicht bewegte, den Mund zum Sprechen öffnete oder sich in die eine oder andere Richtung drehte, tat das Modell genau dasselbe, in Echtzeit.

Nachdem Hershfield den Studenten im Simulator eine Reihe von Fragen gestellt hatte, stellte er ihnen eine Aufgabe: Verteilt 1.000 Dollar zwischen eurem heutigen Ich und euch selbst im Ruhestand. Nach dem Experiment stellte er etwas Bemerkenswertes fest: Studenten, die im Simulator waren, sparten mehr als doppelt so viel für den Ruhestand als diejenigen, die nicht im Simulator waren.

„Es ist so einfach, seinem zukünftigen Selbst Dinge aufzubürden, die das gegenwärtige Selbst nicht tun würde“, sagt er. „Wir nennen das einen ‚Planungsfehlschluss‘“.

Er erklärt, dass ihr zwar die besten Absichten habt, wenn ihr Verpflichtungen für euer zukünftiges Selbst eingeht, euer zukünftiges Selbst jedoch für gewöhnlich den Kürzeren zieht. Doch das ist Teil unserer biologischen Veranlagung.

„Evolutionär gesehen ergibt es wenig Sinn, für die Zukunft zu sparen, wenn man jederzeit von einem Löwen gefressen werden könnte", sagt er.

Doch es ist einfacher, durch die Zeit zu reisen und mit seinem zukünftigen Selbst in Kontakt zu treten, als man denkt.*

Ich habe bereits meine Lieblingsmethode enthüllt, wie ich mit meinem zukünftigen Selbst in Kontakt treten kann: durch die Dreier-Regel. Bei der Dreier-Regel steht euer zukünftiges Selbst im Mittelpunkt. Indem ihr geistig bis zum Ende des Tages vorspult und darüber nachdenkt, was ihr erreichen wollt, aktiviert ihr das Planungszentrum in eurem präfrontalen Cortex, während ihr gleichzeitig in die Rolle eures zukünftigen Selbst schlüpft. Und dasselbe tut ihr, wenn ihr eure drei Aufgaben zu Beginn einer jeden Woche plant.

Nachdem ich auf Hershfields Forschung gestoßen war, führte ich eine Reihe von Experimenten durch, um mit meinem zukünftigen Ich in Kontakt zu treten. Hier sind meine drei Lieblingsexperimente:

- **Startet AgingBooth.** Während es wahrscheinlich außerhalb eurer Preisklasse liegt, einen Programmierer zum Bau eines 3D-Virtual-Reality-Simulators anzuheuern, liebe ich persönlich eine App namens AgingBooth, die ein Bild eures Gesichts so transformiert, wie ihr in einigen Jahrzehnten aussehen werdet.

- **Schickt einen Brief an euer zukünftiges Selbst.** Wie der Brief, den ich im Camp schrieb, ist ein Brief an euch selbst in der Zukunft eine großartige Möglichkeit, die Kluft zwischen euch und eurem zukünftigen Ich zu überbrücken.

- **Schafft eine Zukunftserinnerung.** Ich bin kein Fan von Hokuspokus-Visualisierungen, daher hoffe ich, dass dies jetzt nicht so rüberkommt. In ihrem brillanten Buch *The Willpower Instinct* empfiehlt

* Übrigens, wie ich sehe, lest ihr das hier aus der Zukunft! Wie ist es so?

Kelly McGonigal, eine Erinnerung an sich selbst in der Zukunft zu kreieren – eine, bei der man einen Bericht, vor dem man sich drücken möchte, nicht auf die lange Bank schiebt, oder eine, bei der man zehn interessante Bücher liest, weil man der Versuchung widerstanden hat, sich drei Staffeln *House of Cards* auf Netflix am Stück anzuschauen. Es hat sich gezeigt, dass die bloße Vorstellung einer zukünftig besseren, produktiveren Version von euch selbst ausreicht, um euch zu motivieren, in einer Weise zu handeln, die für euer zukünftiges Selbst hilfreich ist.

Meistens lasse ich am Ende des Winters einen 20-Dollar-Schein in meiner Tasche, den ich völlig vergesse, bis ich im nächsten Jahr wieder in meine Manteltasche greife. Es ist zwar wichtig, seinem zukünftigen Selbst gegenüber nicht unfair zu sein, wirklich großartig jedoch ist es, seinem zukünftigen Selbst etwas Gutes zu tun – ob das nun bedeutet, für die Zukunft zu sparen, Nein zu Pizza zu sagen, Sport zu machen, Infinitesimalrechnungen zu lernen, Sonnencreme aufzutragen, Zahnseide zu benutzen, mehr zu lesen – oder etwas Geld in der Manteltasche zu lassen, um es sechs Monate später wiederzufinden. Ihr werdet euch großartig fühlen.

Die Zeitreise-Challenge

Benötigte Zeit: 10 Minuten
Benötigte Energie/Konzentration: 4/10
Wert: 7/10
Spaß: 9/10
Was ihr davon haben werdet: Was ihr davon haben werdet: Ihr werdet seltener Dinge auf morgen verschieben und eurem zukünftigen Selbst nicht aufs Auge drücken, weil ihr euer zukünftiges Ich nicht mehr als einen Fremden betrachtet.

Wenn ihr etwas aufschiebt oder Zeit verschwendet, seid ihr fast immer unfair gegenüber eurem zukünftigen Selbst.

Bevor ihr mit eurem zukünftigen Selbst Kontakt aufnehmt, lohnt es sich, ein paar Sekunden innezuhalten und darüber nachzudenken, wie eng ihr beide überhaupt seid. Laut Hershfield identifiziert sich jeder Mensch anders mit seinem zukünftigen Ich. Wie stark ihr euch mit eurem zukünftigen Ich identifiziert, bezeichnet er als eure „Kontinuität mit dem zukünftigen Selbst". Bevor ihr mit eurem zukünftigen Ich in Kontakt tretet, solltet ihr euch folgende Fragen stellen: Wo findet ihr euch im folgenden Diagramm wieder?

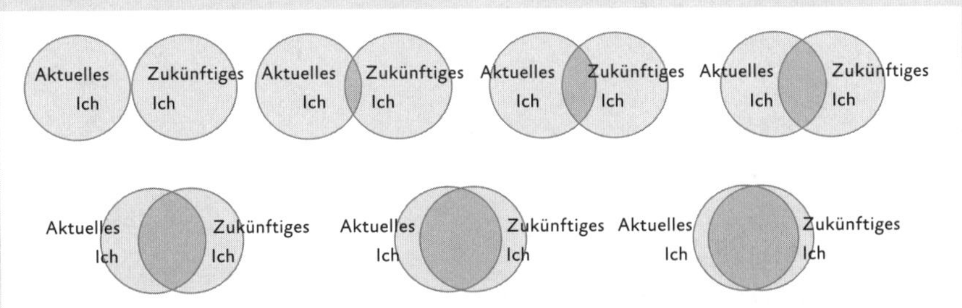

Wenn ihr das identifiziert habt und euch von eurem zukünftigen Selbst etwas entfremdet fühlt, nehmt euch die Zeit und stellt eine Verbindung zu eurem zukünftigen Selbst her, entweder indem ihr eine App wie AgingBooth herunterladet, einen Brief an euer zukünftiges Ich über eine Website wie FutureMe.org schickt, oder, wenn ihr besonders kreativ sein wollt, indem ihr euch euer zukünftiges Selbst vorstellt und eine Zukunftserinnerung schafft.

Vertraut mir: Ihr werdet euch später selbst dafür danken.

Warum das Internet eure Produktivität tötet

Take-away: Das Internet kann eure Produktivität zerstören, wenn ihr nicht aufpasst. Die meiner Meinung nach beste Methode, um zu verhindern, dass das Internet meine Zeit vergeudet, besteht darin, einfach die Verbindung zum Internet zu trennen, wenn ich an einer wichtigen oder unangenehmen Aufgabe arbeite und im Laufe des Tages so weit wie möglich offline zu bleiben. Wenn ihr den anfänglichen Entzug erst einmal überwunden habt, werdet ihr eine Ruhe und Produktivität erfahren, die mit nichts anderem zu vergleichen ist.

Geschätzte Lesedauer: 11 Minuten

Technologie ist absolut großartig

Das allererste Produktivitätsexperiment, das ich während meines Projekts durchführte – und das auch eines der denkwürdigsten war – bestand darin, mein Smartphone drei Monate lang nur eine Stunde pro Tag zu verwenden.

Während des gesamten Experiments war ich mit einem Notizbuch in der einen und meinem iPhone in der anderen Tasche unterwegs und notierte akribisch, wann immer ich mein Telefon benutzte (was normalerweise in 15-minütigen Zeitintervallen geschah), damit ich mein Stundenlimit nicht überschritt. Ich liebe es, Experimente wie dieses durchzuführen – bei denen ich ein Element aus meinem Arbeitsumfeld entferne und beobachte, wie dies meine Routinen, Gewohnheiten und Rituale beeinflusst –, weil ich dabei beobachten kann, wie bestimmte Aspekte meiner Arbeit, zum Beispiel die Verwendung meines Smartphones oder ständig online zu sein, meine Produktivität entweder fördern oder behindern.

Während sich der Mensch im Verlauf der letzten 2,5 Millionen Jahren in einem recht beständigen Tempo weiterentwickelte, machte die Technologie in den letzten paar Jahrhunderten rasante Fortschritte. Das Mooresche Gesetz, das besagt, dass sich die Anzahl der Transistoren auf einem Chip alle zwei Jahre verdoppelt, gilt seit mehr als fünfzig Jahren, und ein aktuelles, durchschnittliches Smartphone ist mit nur 200 Gramm Gewicht leistungsfähiger als ein kompletter Supercomputer vor nur wenigen Jahrzehnten. Und natürlich hat sich die Menschheit parallel zu dieser Revolution weiterentwickelt. Während die durchschnittliche Lebenserwartung auf der ganzen Welt von 5.000 v. Chr. bis 1820 n. Chr. bei etwa 25 Jahren lag, stieg unsere Lebenserwartung nach der Industriellen Revolution rasch an. In den Vereinigten Staaten liegt sie heute bei 80 Jahren.

Doch ich würde behaupten, dass von allen Technologien, die uns zur Verfügung stehen, das Internet unser Leben am meisten verändert hat. Das Internet, zusammen mit der Technologie, die es inspiriert hat, hat die Welt gleicher gemacht und mehr Menschen miteinander verbunden als alles, was davor kam. Und wenn ihr euer Smartphone auf eine ganz bestimmte Art und Weise antippt, taucht 20 Minuten später ein Pizzamann an eurer Tür auf. Führt euch mal Folgendes vor Augen: Wenn ihr das heutige iPhone zwei Jahrzehnte zurück in die Vergangenheit schicken würdet, würde man euch für eine Hexe halten, denn das Gerät wäre von Magie nicht zu unterscheiden. Versucht euch vorzustellen, welches Internetgerät es in zehn oder zwanzig Jahren geben wird, das so fortschrittlich ist, dass ihr das Gleiche denken würdet, wenn wir es in die heutige Zeit zurückbringen würden.

(Solche Dinge gehen mir den ganzen Tag durch den Kopf. Schickt bitte Hilfe).

Was die Menschheitsgeschichte anbelangt, so sind das Internet und die Technologien, die es hervorgebracht hat, ein Geschenk des Himmels. Doch weil sich die Menschen – und die neueren Teile unseres Gehirns wie der präfrontale Cortex – parallel zu diesen Technologien linear weiterentwickelt haben, zumindest was Produktivität betrifft, sind wir nicht darauf vorbereitet, damit umzugehen, wie störend diese Technologien für unsere Arbeit sein können.

Das Internet kann eure Produktivität definitiv pulverisieren, wenn ihr nicht vorsichtig seid.

Das Zen der Internet-Abstinenz

Ein großer Teil von mir ist erleichtert, dass ich kein Zeitprotokoll vor meinem Smartphone-Experiment führte. Mit Bedacht zu arbeiten, ist schon ohne Internet hart genug, und wenn ich eine Vermutung wagen müsste, würde ich sagen, dass ich, bevor ich jeden Tag aktiv offline ging, jede Woche zehn Stunden oder mehr prokrastinierte. Und das würde nicht mal über dem Durchschnitt liegen. Wenn man einmal bedenkt, wie viel Zeit man online verbringt, wie oft unsere Arbeit unterbrochen wird, wenn wir online sind (Kapitel 19), und sich die Ineffizienz vor Augen führt, die mit Online-Multitasking einhergeht (Kapitel 20), kann man wohl mit Fug und Recht behaupten, dass das Internet eines der größten Hindernisse für unsere Produktivität ist.

Das Internet ist ein so großer Störfaktor, dass ich einen ganzen Teil dieses Buches dem Thema gewidmet habe, wie ihr mit den Ablenkungen umgehen könnt, die von ihm ausgehen. Unser Gehirn ist einfach nicht für solche Ablenkungen gemacht; wenn es das wäre, würden wir nicht in einer Flut von E-Mails, Benachrichtigungen, Anrufen und Summen, Vibrationen und Geräuschen ertrinken. Doch das Internet beeinflusst eure Produktivität auch auf eine zweite Art und Weise, die oberflächlich betrachtet leicht zu übersehen ist: Jeden Tag verleitetet es euch, wahnsinnig viel Zeit zu verschwenden.

Obwohl die ersten paar Wochen meines Smartphone-Experiments zugegebenermaßen recht hart waren – oft griff ich aus Gewohnheit nach meinem Telefon in der Tasche, auch wenn es nicht da war, oder spürte ein Phantom-Vibrieren an meinem Bein, selbst wenn mein Telefon ausgeschaltet war –, befand ich mich rasch in einem neuen Zustand der Ausgeglichenheit und gewöhnte mich daran, wie friedlich ich mich fühlte, wenn ich offline war. Ich benutzte nach wie vor meinen Laptop, um zu schreiben, zu recherchieren und Interviews zu führen, doch mit jedem Tag fühlte ich mich immer mehr von dem glänzenden, schwarzen Rechteck befreit, das ich zuvor den ganzen Tag über an meiner Hüfte getragen hatte. Nachdem ich die ersten Wochen des Experiments überlebt hatte, fühlte ich mich, als hätte ich eine neue Welt betreten: Mir eröffnete sich ein vollkommen neuer Horizont der Konzentration und Klarheit, und ich konnte mich viel intensiver mit dem beschäftigen, was ich jeden Tag zu tun hatte.

Obwohl das Internet Spaß macht und stimulierend ist, wird es fast immer versuchen, euch davon abzuhalten, an den Aufgaben mit der größten Wirkung zu arbeiten, die ihr in Teil Eins identifiziert habt. Im Vergleich zu euren wichtigsten Aufgaben ist das Internet absolut aufregend: Es ist eines der am wenigsten langweiligen, frustrierenden und schwierigen Dinge, die es da draußen gibt und es ist auch wahnsinnig lohnend, und zwar auf unmittelbare Weise – eine tödliche Kombination, die Sucht und Prokrastination fördert. Oh, und Struktur! Das Internet ist in nahezu jeden Bereich unseres Lebens vorgedrungen, so sehr, dass es fast unmöglich ist, einen Tag ohne auszukommen. Trotz aller guten Absichten, die ihr zu Beginn des Tages hattet, haben eure wichtigen Aufgaben gegen das Internet oft nicht die geringste Chance.

Die meiner Meinung nach beste Methode, um zu verhindern, dass das Internet meine Zeit vergeudet, besteht darin, einfach die Verbindung zum Internet zu trennen, wenn ich an einer anspruchsvollen oder unattraktiven Aufgabe arbeite. Das ist zwar nicht immer realistisch, doch jede Person, die ich kenne, hat jeden Tag gewisse Zeitfenster, in denen sie offline gehen kann. Wenn ihr den Entzug, der im Verlauf der ersten paar Wochen eintreten wird, erst einmal überstanden habt, werdet ihr eine Ruhe und Produktivität erfahren, die mit nichts anderem zu vergleichen ist.

Während ich diese Worte schreibe, befindet sich mein Smartphone in einem anderen Zimmer, und der Computer, auf dem ich genau diese Worte schreibe, hat keinen Zugang zum Internet. Es ist jetzt kurz nach 11 Uhr. Ich wachte heute Morgen kurz vor 7 Uhr von ganz alleine auf, und in den letzten vier Stunden war ich insgesamt eine Stunde lang mit dem Internet verbunden. Es ist nicht so, dass ich das Internet nicht mag – ganz im Gegenteil, das Internet ist eines meiner Lieblingsdinge auf diesem Planeten. Ich schätze meine Produktivität nur zu sehr, um andauernd online zu sein, besonders wenn ich an etwas Wichtigem arbeite.

Eine kürzlich durchgeführte Studie des amerikanischen Marktforschungsunternehmens IDC ergab, dass 80 Prozent der 18- bis 44-Jährigen innerhalb der ersten 15 Minuten nach dem Aufwachen auf ihre Smartphones schauen. Ich machte das früher auch, wenn auch noch um einiges extremer. Nachdem ich aufgewacht war, griff ich sofort nach meinem Telefon und sprang dann etwa 30 Minuten lang gedankenlos in einer reizüberfluteten Feedback-Schleife zwischen Twitter, E-Mail, Facebook, Instagram und verschiedenen Nachrichten-Websites hin und her, bis ich aus meiner Trance erwachte.

Heute könnte mein Morgen kaum unterschiedlicher bzw. produktiver sein. Jeden Tag zwischen 20:00 Uhr und 8:00 Uhr schalte ich mein Smartphone komplett aus – eines meiner liebsten täglichen Rituale –, damit ich meinen Tag entspannt beginnen und beenden kann, ohne wertvolle Zeit zu verlieren. Dies wirkt besonders am Ende des Tages Wunder, wenn ich weniger Willenskraft habe, Ablenkungen zu widerstehen. Und wann immer ich kann, schalte ich mein Smartphone und meinen Laptop in den Flugmodus, um mich voll und ganz auf meine unbequemsten und wichtigsten Aufgaben zu konzentrieren.

Das Internet ist zweifelsohne eine der einflussreichsten Erfindungen und wird in den kommenden Jahren und Jahrzehnten unsere Art zu leben und zu arbeiten weiterhin in einer Weise prägen, die wir uns noch gar nicht vorstellen können. Doch trotz seines Potenzials und seiner Fähigkeit, euch mit einem nicht enden wollenden Strom von Katzenfotos zu versorgen, ist das Internet, was Produktivität anbelangt, ein Gericht, das man am besten in kleinen Häppchen genießt.

Der größte Süßwarenladen der Welt

In derselben Umfrage von Salary.com, in der 26 Prozent der Befragten offen zugaben, jeden Tag mindestens zwei Stunden zu verschwenden, nannten die Teilnehmer mit großem Abstand das Internet als ihren allergrößten Zeitverschwender. (Die Nächstplatzierten: zu viele Meetings und Telefonkonferenzen, lästige Arbeitskollegen und das Beantworten sinnloser E-Mails.) Doch auch wenn euch diese Zahl vielleicht nicht überrascht, die wohl vernichtendste Statistik stammt aus einer Studie von Tim Pychyl, in der er herausfand, dass Teilnehmer durchschnittlich 47 Prozent der Zeit, die sie online waren, das deswegen taten, um nicht an anderen Aufgaben arbeiten zu müssen. In seinem Buch nennt er diese Zahl eine „konservative Schätzung".

Es ist leicht zu verstehen, warum wir so viel Zeit online verschwenden: Das Internet ist im Grunde der weltweit größte Süßwarenladen für euer limbisches System. Mit jedem Tippen und Klicken erhält euer limbisches System einen stetigen Strom an Stimulation. Wie Nicholas Carr es in seinem aufschlussreichen Buch *The Shallows: What the Internet Is Doing to Our Brains* formuliert: „Das Netz spricht all unsere Sinne an", und was noch schlimmer ist, „Es spricht sie gleichzeitig an." Unsere Hände sind beschäftigt, wenn wir auf unseren Smartphones wischen oder wenn wir tippen und unsere Maus über den Schreibtisch bewegen. Unsere Ohren sind mit den Geräuschen unserer Tastatur und Maus sowie mit den Geräuschen, die aus den Lautsprechern vor uns kommen, beschäftigt. Und unsere Augen werden permanent stimuliert, während aktuelle Texte, Bilder und Videos auf dem Bildschirm erscheinen. Das Internet kapert euer limbisches System durch Überwältigung.

Eine höhere Ebene

Obwohl uns Studien wie die von Tim zeigen, wie viel Zeit wir jeden Tag im Internet verschwenden, fehlt dazu ein wichtiger Aspekt in Bezug auf eure Produktivität: Das Internet verleitet uns dazu, an weniger produktiven Aufgaben zu arbeiten. Obwohl wir genau genommen arbeiten, wenn wir z. B. ständig unsere E-Mails abrufen, sind wir nicht so produktiv, weil wir durch diese Aufgaben nicht so viel erreichen. Wenn ihr offline geht, hält euch dies nicht nur davon ab, Zeit zu verschwenden, sondern auch davon, der Versuchung zu erliegen, an weniger produktiven Aufgaben zu arbeiten, die im Internet stattfinden, wie E-Mail, Instant Messaging und soziale Medien.

Dies macht das Abschalten des Internets doppelt so wichtig: Ihr könnt nicht nur die Zeit (und Aufmerksamkeit) zurückgewinnen, die ihr sinnlos verschwendet, sondern euch auch leichter auf eure wichtigeren Aufgaben fokussieren.

Nachdem ich den Internet-Süßwarenladen verlassen hatte, stellte ich fest, dass ich ohne die ständigen Versuchungen automatisch mehr an meinen wichtigeren Aufgaben arbeitete. Während ich weniger Zeit verschwendete und viel weniger abgelenkt war, hörte ich auch auf, meine E-Mails so oft abzurufen, hörte auf, Twitter zu aktualisieren, und griff stattdessen nach einem Buch, plante ein Interview oder schrieb Artikel für meine Website. Wenn ich mit meiner Arbeit für den Tag fertig war und offline blieb, meditierte ich mehr oder machte Tee für meine Freundin, um die Lücke in meinem Terminkalender zu füllen, wo ich zuvor noch gedankenlos Zeit online vergeudet hatte. Und wenn ich nach der Arbeit müde war, ergriff ich tatsächlich Maßnahmen, um meine Energie zu kultivieren (Teil Sieben), anstatt in den Autopilot-Modus zu schalten.

Offline zu gehen, machte mein Arbeits- und Privatleben zunächst langweiliger – mein limbisches System war an den ständigen Zuckerrausch des Internet-Süßwarenladens gewöhnt. Ich brauchte einige Wochen, um mich an das neue, niedrigere Niveau an Stimulation zu gewöhnen. Doch nachdem ich mich daran gewöhnt hatte, hatte ich viel mehr Zeit und Aufmerksamkeit für das, was eigentlich wichtig war.

Was man dagegen tun kann

Wenn ihr nicht gerade ein Börsenhändler im Kokainrausch seid, ist das Internet wahrscheinlich das stimulierendste Element eures Arbeitstages. Auch auf die Gefahr hin, wie eine kaputte Schallplatte zu klingen: Von den drei Bestandteilen von Produktivität – Zeit, Aufmerksamkeit und Energie – ist eure Zeit die limitierteste. Es gibt keine Möglichkeit, mehr davon zu bekommen. Das Internet abzuschalten, mag zunächst erschreckend klingen – und ich will ehrlich sein, anfangs ist es das auch –, aber es ist auch eines der besten Dinge, die ihr für eure Produktivität tun könnt. Offline zu gehen führt nicht nur dazu, dass ihr weniger Zeit verschwendet, sondern ihr könnt euch auch auf die ertragreichsten und bedeutsamsten Aufgaben in eurer Arbeit und eurem Leben fokussieren.

Untersuchungen zeigen, dass von allen Charaktereigenschaften, die wir haben, Impulsivität diejenige ist, die am stärksten mit Prokrastination in Bezug steht. Je impulsiver ihr seid, desto mehr prokrastiniert ihr, denn euer limbisches System ist so viel stärker als euer präfrontaler Cortex. (Piers Steel, der *The Procrastination Equation* schrieb, nennt Impulsivität den „Eckpfeiler der Prokrastination" und erwähnt, dass es „ohne Impulsivität so etwas wie chronische Prokrastination nicht geben würde.") Obwohl es eine großartige Möglichkeit zur Überwindung von Prokrastination ist, euren präfrontalen Cortex zu aktivieren – indem ihr entweder eine unattraktive Aufgabe auflöst oder mit eurem zukünftigen Ich in Verbindung tretet –, ist eine ebenso großartige Möglichkeit, weniger Zeit zu verschwenden, Zeitverschwender von vornherein auszuschalten. Das Internet abzuschalten ist meine bevorzugte Methode, und es wird euch produktiver machen, als ihr denkt.

Um produktiver zu werden, ist es meiner Erfahrung nach wichtig, das Internet als eine nette Sache anzusehen, nicht als eine Notwendigkeit.

Die Offline-Challenge

Benötigte Zeit: 30 Minuten
Benötigte Energie/Konzentration: 1/10
Wert: 10/10
Spaß: 4/10
Was ihr davon haben werdet: Ihr werdet viel weniger Zeit verschwenden und häufiger an euren wichtigen und bedeutsamen Aufgaben arbeiten, sowohl am Arbeitsplatz als auch zu Hause.

Hier ist meine einfache Challenge in diesem Kapitel für euch: Trennt morgen für 30 Minuten die Verbindung zum Internet. Ganz gleich, ob das bedeutet, dass ihr euer Telefon in den Flugmodus schaltet, während ihr in Gesellschaft zu Abend esst, oder ob ihr die Verbindung zum Wi-Fi unterbrecht, während ihr an einer eurer drei täglichen Aufgaben arbeitet, oder ob ihr offline geht, wenn ihr weniger Energie habt, damit ihr nicht in Versuchung kommt, Zeit zu verschwenden – verzichtet auf das Internet und beobachtet, wie viel Arbeit ihr erledigt. Nachdem ihr erst einmal bemerkt habt, wie viel ihr schafft, wenn ihr offline seid, werdet ihr diese Strategie vermutlich sehr oft anwenden. Vielleicht kommt ihr sogar in Versuchung, ein abendliches Abschaltritual einzuführen.

Es ist nicht immer leicht zu bemerken, wenn ihr im Autopilot-Modus im Internet surft, doch irgendwann – wenn ihr euch plötzlich dabei ertappt, wie ihr bereits das 27. Profilbild von jemandem auf Facebook anstarrt – werdet ihr es feststellen. Wenn ihr realisiert, dass ihr im Autopilot surft, habe ich es als hilfreich empfunden, dies als Auslöser zu nehmen, offline zu gehen. Das wird euch darin hindern, noch mehr Zeit zu verschwenden, und ihr könnt leichter wieder in den Arbeitsmodus zurückkehren und einen Schritt von dem zurücktreten, was ihr gerade tut, um bewusster zu arbeiten.

Wenn ich euch jedoch einen Ratschlag geben darf: Wenn ihr offline geht, kann es sein, dass ihr euch ein wenig langweilt, während sich euer Gehirn auf das neue, niedrigere Niveau an Stimulation einstellt. Das ist schlicht und einfach euer limbisches System, das um den Kick bettelt, den euch das Internet früher gegeben hat.

Um weniger Zeit zu verschwenden, hört einfach nicht darauf.

DAS ENDE VOM ZEIT-MANAGEMENT

Die Zeitökonomie

Take-away: Als die Zeit vor 13,8 Milliarden Jahren durch den Urknall „erschaffen" wurde, hatte das Universum zum ersten Mal eine Vergangenheit, eine Gegenwart und eine Zukunft. Zeitmessung wurde zum ersten Mal während der Industriellen Revolution wichtig, als Fabrikbesitzer darauf bedacht waren, dass ihre Arbeiter pünktlich erschienen. Wenn ihr heute, in der Wissensökonomie, produktiver werden wollt, solltet ihr euch mehr darauf konzentrieren, eure Energie und Aufmerksamkeit zu managen als eure Zeit.

Geschätzte Lesedauer:
8 Minuten

Der Beginn der Zeit

Seit dem Urknall hat das Universum eine deutlich ausgeprägte Vergangenheit, Gegenwart und Zukunft. Es gebar, der Reihe nach, die ersten Atomkerne, Atome, Galaxien und Sterne und dann unser eigenes Sonnensystem.

Heute existiert in dem uns bekannten Universum eine unvorstellbar große Zahl von Galaxien – nach den meisten Schätzungen etwa 100 Milliarden –, von denen viele in Größe und Form unserer Milchstraße ähneln.

Für mich ist der faszinierendste Teil unserer kosmischen Geschichte jedoch nicht die schiere Anzahl der Galaxien. Es ist die Tatsache, dass diese Galaxien nicht stillstehen – mit fortschreitender Zeit dehnen sie sich immer weiter aus, weg voneinander.

Zeit ist eine Möglichkeit, genau zu bestimmen und zu beschreiben, wann etwas relativ zu etwas anderem geschieht. Solange es Abfolgen von Ereignissen einzuordnen gibt, wird es Zeit geben. Oder mit anderen Worten: Ohne eine Abfolge von Ereignissen, die eine eigene Vergangenheit, Gegenwart und Zukunft haben, gäbe es keine Zeit.

Als Zeit wichtig wurde

Wenn ihr vor dem Ende der Industriellen Revolution Anfang des 19. Jahrhunderts gelebt hättet, hättet ihr die Zeit nicht auf die Minute genau gemessen, und zwar nicht nur, weil ihr gar nicht über die Technologie dazu verfügt hättet, sondern auch, weil es nicht notwendig gewesen wäre. Vor der Industriellen Revolution war die Zeitmessung nicht wichtig, und die meisten von uns arbeiteten in der Landwirtschaft, wo wir viel weniger Termine, Meetings und Veranstaltungen unter einen Hut bringen mussten als heute. Tatsächlich waren bis zu den ersten, maschinell für den Massenmarkt gefertigten Uhren in den 1850er Jahren Zeitmesser für so gut wie jeden außer den Superreichen unbezahlbar, und die meisten von uns verfolgten den Tagesverlauf anhand des Sonnenstands. Da wir die Zeit nicht mit einer Uhr maßen, unterhielten wir uns über Ereignisse im Verhältnis zu anderen Ereignissen. In der malaysischen Sprache gibt es sogar den Ausdruck „pisan zapra", was grob übersetzt so viel bedeutet wie „in etwa die Zeit, die man braucht, um eine Banane zu essen".

Doch Mitte des 19. Jahrhunderts schritt die Technologie immer schneller voran und es setzte ein grundlegender Wandel ein, der die Zeit sehr viel relevanter machte: Die Eisenbahnen begannen, sich über die Vereinigten Staaten und Kanada sowie in vielen anderen Teilen der Welt auszubreiten. Während sie expandierten, kam ein interessantes Problem zu Tage: Keine zwei Städte lebten nach der gleichen Uhrzeit. Und warum sollten sie auch? Die Zeit in jeder einzelnen Stadt war in sich konsistent, und da Städte nicht miteinander verbunden waren, gab es auch keinen Grund, warum sie synchron sein sollten.

Während die Eisenbahnen jedoch zunehmend Städte miteinander verbanden, gab es oft Dutzende von Zeitzonen in einem einzigen Staat, was zu allen möglichen Problemen für die Eisenbahngesellschaften führte. Nach mehreren Unfällen und Beinahezusammenstößen hatten die Eisenbahnen schließlich die Nase voll und beschlossen, dass die Sonne als Zeitmesser ausgedient hatte. Und das war der Zeitpunkt, im Jahr 1883, als sich die Eisenbahngesellschaften zusammenschlossen, um für die Vereinigten Staaten und Kanada vier einfache Zeitzonen festzulegen. Diese Zeitzonen wurden ursprünglich geschaffen, damit die Eisenbahnen sie intern nutzen konnten. Um die Sache noch komplizierter zu machen, hatten die Eisenbahnen selbst bis 1883 53 verschiedene Zeitzonen, um ihre Züge nachzuverfolgen. In den Vereinigten Staaten und Kanada gingen die Eisenbahnen am 18. November 1883 genau um 12:00 Uhr mittags zur Verwendung von nur vier Zeitzonen über.

35 Jahre später, im Jahr 1918, stiegen auch die Vereinigten Staaten offiziell um und verwendeten fortan nicht mehr Hunderte von Zeitzonen, sondern nur noch vier, und die Zeitzonen wurden in einem Bundesgesetz festgeschrieben.

Ich finde das faszinierend. Obwohl es den Menschen schon seit 200.000 Jahren gibt, leben wir erst seit 175 Jahren nach der Uhr.

Auch für die Zeitzonen ist das eine gute Sache. Versucht, euch vorzustellen, wie schwierig es wäre, ein Treffen zu koordinieren oder alle für eine Veranstaltung an einem Ort zusammenzubringen, wenn jede Stadt nach einer anderen Uhrzeit leben würde.

In den frühen 1900er Jahren, etwa zur gleichen Zeit, als die Zeitzonen gesetzlich festgeschrieben wurden, befanden wir uns in Nordamerika inmitten zweier weiterer einschneidender Veränderungen: Immer mehr Menschen begannen, in Fabriken zu arbeiten, und Gewerkschaften in den Vereinigten Staaten kämpften für kürzere, 8-Stunden-Arbeitstage (und waren auch erfolgreich).

Innerhalb weniger Jahrzehnte gingen wir vom Verkauf selbst hergestellter Waren dazu über, bei der Herstellung von Massenprodukten in Fabriken zu helfen, was auch bedeutete, dass wir begannen, unsere Zeit gegen einen Gehaltsscheck einzutauschen. Während die Zeit seit Milliarden von Jahren vor sich hin tickte, begannen wir erst mit der Industriellen Revolution, sie bis auf die Minute genau zu messen, weil wir endlich einen Grund dafür hatten: Zeit war Geld, und es bestand ein direkter Zusammenhang zwischen der Anzahl der Minuten und Stunden, die wir arbeiteten und dem, was wir produzierten. Wir hatten schon immer für Geld gearbeitet, doch erst im Zeitalter der Fabriken begann man genau zu messen, wie lange wir arbeiteten.

Nahezu über Nacht war Zeitmanagement zu einem wesentlichen Bestandteil des Lebens in einer postindustriellen Welt geworden, und die Zeitökonomie war geboren.

Heute

Natürlich wisst ihr bereits, was als Nächstes kommt. So wie wir von der Arbeit auf dem Bauernhof zur Arbeit in der Fabrik übergingen, so haben seit den 1950er Jahren viele von uns den Schritt von der Arbeit in Fabriken zur Arbeit in Büros gemacht.

In den letzten 60 Jahren ist der Anteil des verarbeitenden Gewerbes in den Vereinigten Staaten von 28 Prozent des BIP auf nur noch 12 Prozent zurückgegangen – und dieser Rückgang erfolgte angesichts fortschreitender Automatisierung. Im gleichen Zeitraum war der Sektor der US-Wirtschaft, der bei weitem am stärksten gewachsen ist, der professionelle Dienstleistungssektor, ein schicker Name für den Teil der Wirtschaft, der jedes Hightech-, Ingenieur-, Rechts-, Beratungs- und Wirtschaftsprüfungsunternehmen umfasst – Unternehmen wie Apple, Google, Boeing, General Electric, McKinsey & Company und Deloitte. Während die verarbeitende Industrie im Verlauf der letzten sechs Jahrzehnte immer weiter schrumpfte, wuchs dieser Sektor um das Dreifache.

Mit dem Übergang zur Zeitökonomie begannen wir, unsere Zeit gegen einen Gehaltsscheck einzutauschen. Doch mit dem Übergang zur Wissensökonomie begannen wir so viel mehr als nur unsere Zeit einzutauschen. Die meisten Menschen, die nicht in Fabriken arbeiten, tauschen eine gewisse Kombination aus ihrer Zeit, ihrer Aufmerksamkeit, ihrer Energie, ihrer Fähigkeiten, ihres Wissens, ihrer sozialen Intelligenz, ihrer Netzwerke und letztlich ihrer Produktivität gegen einen Gehaltsscheck ein.

Heute ist Zeit nicht länger Geld. Produktivität ist Geld.

Eine verrückte Idee

Da stellt sich die Frage: Wie sieht Zeitmanagement in der Wissensökonomie aus?

Ich werde euch eine verrückte Idee vorstellen, die immer mehr Sinn ergeben wird, je tiefer ihr in diesen Teil des Buches eintaucht:

Wenn ihr produktiver werden wollt, solltet ihr euch mehr darauf konzentrieren, eure Energie und Aufmerksamkeit zu managen als eure Zeit.

Versteht mich nicht falsch: Zeit ist immer noch wichtig – wir leben schließlich nicht in einer Fantasiewelt, in der Zeit nicht existiert –, aber sie ist einfach nicht mehr so wichtig wie früher, als die Mehrheit von uns in Fabriken arbeitete, in denen unsere traditionellen Ansichten über den Umgang mit Zeit entstanden.

Seitdem es Ereignisse aufzuzeichnen gibt, tickte die Zeit einfach weiter und es gibt keine Möglichkeit, sie aufzuhalten. Solange wir vorhersagen können, wird die Zeit im gleichen Rhythmus weiterticken, doch was tatsächlich von Tag zu Tag schwankt, ist, wie viel Energie und Aufmerksamkeit ihr habt. In der Wissensökonomie entscheidet dies darüber, wie produktiv man ist, und noch wichtiger: Es ist etwas, was man tatsächlich kontrollieren kann. Zeit ist eine Notwendigkeit der Arbeit und Natur, doch was Produktivität anbelangt, sollte sie lediglich der Hintergrund sein, vor dem man arbeitet.

Nehmt zum Beispiel das größte Überbleibsel aus der Zeitökonomie: den Arbeitstag von 9:00 Uhr bis 17:00 Uhr. In der Zeitökonomie ergab diese ganze Idee noch sehr viel Sinn: Wir hatten eine Menge Maschinen und Menschen zu koordinieren, Zeit war Geld, und eine effiziente Fabrik zu betreiben, bedeutete, Maschinen und Angestellte am selben Ort zur selben Zeit zusammenzubringen. Es ergab Sinn, Menschen nach Stunden zu bezahlen, da sich die von den Angestellten geleistete Arbeit nicht allzu sehr von der Arbeit unterschied, die Maschinen leisteten.

Heutzutage, wo es bei Produktivität darum geht, was man erreicht und nicht wie viel man produziert, ist ein Arbeitstag von 9:00 Uhr bis 17:00 Uhr ebenso sinnvoll als würden wir draußen auf dem Bauernhof unsere Zeit gewissenhaft protokollieren. Denn was, wenn deine Biologische Primetime in den Zeitraum fällt, in dem du nicht arbeitest und du die meiste Energie von 6:00 Uhr bis 9:00 Uhr morgens oder zwischen 19:00 Uhr und 23:00 Uhr abends hast? Oder was, wenn du Schwierigkeiten hast, dich zu konzentrieren, weil du versuchst, eine Million Dinge auf einmal zu erledigen? Oder was, wenn du ständig mit Ablenkungen und Unterbrechungen bombardiert wirst?

Zeit ist immer noch wichtig – und wir werden wahrscheinlich nicht so schnell wieder zu dem Vergleich zurückkehren, wie lange es dauert, eine

Banane zu essen –, doch heutzutage ist Zeit nur noch einer von drei Teilen in der Produktivitätsgleichung.

Smarter arbeiten

Ich finde es faszinierend, dass es unmöglich ist, über Zeitmanagement zu sprechen, ohne auch darüber zu sprechen, wie man seine Aufmerksamkeit und Energie managt. Wenn das für euch klingt, als wäre ich auf Crack, überlegt mal Folgendes: Wenn wir Zeit für etwas einplanen, entscheiden wir doch eigentlich nur, wann wir unsere Aufmerksamkeit und Energie in diese Aufgabe investieren wollen. An dieser Stelle sollte Zeitmanagement in die Produktivitätsgleichung passen. Zeit für etwas einzuplanen, ist eigentlich nur ein Weg, eine Aufgabe in Bezug auf Aufmerksamkeit und Energie einzugrenzen – und aus diesem Grund sind eure Zeit, Aufmerksamkeit und Energie untrennbar miteinander verbunden.

Zeitmanagement wird erst dann wichtig, wenn ihr versteht, wie viel Energie und Fokus ihr im Laufe des Tages haben werdet, und festlegt, was ihr erreichen wollt.

Wenn ihr nicht gerade selbständig oder Geschäftsführer/in seid, habt ihr wahrscheinlich keine vollständige Kontrolle über eure Zeit. Wenn ihr mit mehr als einer Person arbeitet, lassen sich Meetings nicht vermeiden, ebenso wie ein gewisses Zeitmanagement, zumindest bis zu einem gewissen Grad. Da ihr keine vollständige Kontrolle über die Abfolge der Ereignisse habt, die euren Arbeitstag ausmachen – und das haben nur wenige –, ist es unumgänglich, dass ihr euch Zeit für die Koordination mit anderen Personen nehmt. Doch wenn ihr nicht gerade in einer Fabrik arbeitet, habt ihr zumindest ein gewisses Maß an Kontrolle über eure Zeit und über das, woran ihr arbeitet.

An manchen Tagen plane ich meinen ganzen Tag, und ich habe die Erfahrung gemacht, dass ich dadurch unglaublich produktiv werde – vor allem, wenn ich mir fest vornehme, was ich erledigen möchte. Aber ich plane meinen Tag immer erst dann, wenn ich erfasst habe, wie viel Aufmerksamkeit und Energie ich haben werde und vor allem, was ich zu erreichen gedenke.

Während meines Projekts lernte ich, smarter zu arbeiten, statt nur härter. Das half mir, Dinge zu erreichen, so wie dieses Buch, das ihr gerade in den Händen haltet. Es ist nicht so, dass ich klüger oder begabter wäre – ich habe einfach auf die harte Tour gelernt, wie ich aus der Zeit- in die Wissensökonomie übergehen muss, um produktiver zu werden.

Hier folgen einige der besten Methoden, um genau das zu erreichen.

Weniger arbeiten

Take-away: Wenn ihr andauernd lange arbeitet oder zu viel Zeit für Aufgaben aufwendet, ist das normalerweise kein Zeichen dafür, dass ihr zu viel zu tun habt – es ist ein Zeichen dafür, dass ihr eure Energie und Aufmerksamkeit nicht vernünftig einsetzt. Während meines Experiments, 90 Stunden in der Woche zu arbeiten, stellte ich zum Beispiel fest, dass ich nur ein wenig mehr erreichte als in einer 20-Stunden-Arbeitswoche.

Geschätzte Lesedauer: 10 Minuten

Die 90-Stunden-Arbeitswoche

Einer der aufregendsten Aspekte meines Projekts war, dass ich theoretisch 168 Stunden pro Woche (24 x 7) arbeiten konnte, sollte ich das wirklich wollen, da ich die meiste Zeit mit Lesen, Recherchieren, Interviews, Experimenten und Schreiben verbrachte. Meine Arbeit konnte sich ausdehnen, je nachdem, wie viel oder wie wenig Zeit ich dafür hatte. Abgesehen von dem Druck, den ich mir selbst machte, jeden Tag möglichst viel zu erledigen, hatte ich völlige Freiheit und Flexibilität, wie lange ich arbeitete, was Produktivitätsexperimente wie die 90-Stunden-Woche ermöglichten. (Zum Vergleich: Den größten Teil meines Projekts über arbeitete ich durchschnittlich 46 Stunden pro Woche.)

Bevor ich mit *AYOP* begann, legte ich immer dann, wenn ich mehr Arbeit als Zeit hatte – und das war so ziemlich immer der Fall – Extraschichten ein, damit ich meine Aufgaben erledigen konnte.

Wenn man das Gefühl hat, dass sich die To-do-Liste schneller ausdehnt als das Universum, dann scheinen längere Arbeitstage nahezu immer die beste Option zu sein, um alles zu schaffen. Oberflächlich betrachtet ergibt das absolut Sinn: Je länger man arbeitet, desto mehr Zeit hat man auch, um alles zu erledigen.

Doch in der Praxis bedeutet eine längere Arbeitszeit, dass man weniger Zeit hat, sich neu zu konzentrieren und Kraft zu tanken, was zu mehr Stress und weniger Energie führt.

Und das machte mich neugierig, zumal sich meine Arbeit während meines Projekts schnell aufzutürmen begann: Gibt es einen besseren und smarteren Weg, um alles zu erledigen? Oder ist länger zu arbeiten ganz einfach die einzige Möglichkeit?

Glücklicherweise hatte ich die perfekte Testumgebung geschaffen, um das herauszufinden.

Um dem Zusammenhang zwischen der Anzahl von Arbeitsstunden und Produktivität auf den Grund zu gehen, überlegte ich mir ein Produktivitätsexperiment, um herauszufinden, wie meine Produktivität durch vollkommen irrsinnige bzw. lockere Arbeitszeiten beeinflusst wurde. Vier Wochen lang arbeitete ich abwechselnd 90 Stunden in der einen und 20 Stunden in der nächsten Woche, um zu sehen, wie sich solch extreme Arbeitszeiten darauf auswirkten, wie viel ich jeden Tag erreichte.

Während des Experiments stellte ich mir am Ende jedes Tages und jeder Woche dieselben drei Fragen:

- Wie viel Energie und Fokus hatte ich noch übrig?
- Wie leicht hatte ich mich ablenken lassen?
- Habe ich erreicht, was ich mir vorgenommen hatte?

Jeden Tag und jede Woche erstellte ich auch eine Liste von allem, was ich erreicht hatte, damit ich vergleichen konnte, wie sich meine Arbeitsstunden auf meine Produktivität auswirkten.

Als Wissenschaftsfreak muss ich zugeben, dass dieses Experiment alles andere als wissenschaftlich war. Doch rasch begannen sich zwei bedeutende, überraschende Lektionen herauszukristallisieren.

Zwei bedeutende Lektionen

Nachdem ich mich durch eine 90- und eine 20-Stunden-Woche geplagt hatte, entdeckte ich beim Durchsehen meiner Versuchsprotokolle etwas, was mir den Atem raubte: In der 90-Stunden-Woche schaffte ich nur ein wenig mehr als in der 20-Stunden-Woche.

Dies war die mit Abstand überraschendste Erkenntnis, zu der ich während meines Projekts kam. Sie stand im Widerspruch zu allem, was ich über Produktivität wusste; ich war immer davon ausgegangen, dass man durch längere Arbeitszeiten mehr Zeit hat, um alles zu erledigen, was man erledigen muss.

Oberflächlich betrachtet ergab es wenig Sinn – bis ich meinen Blick nicht mehr nur darauf richtete, wie viel Zeit ich in meine Arbeit investierte, sondern auch wie viel Energie und Aufmerksamkeit.

Als ich während meiner irrsinnigen Arbeitswochen mehr Zeit in meine Arbeit investierte, wurde meine Arbeit weitaus weniger dringlich; von Minute zu Minute investierte ich immer weniger Energie und Konzentration in die Aufgaben, die ich zu erledigen beabsichtigte. Doch als ich in meiner 20-Stunden-Woche nur begrenzt Zeit zur Verfügung hatte, zwang ich mich, in dieser kürzeren Zeit deutlich mehr Energie und Konzentration aufzuwenden, damit ich alles erledigen konnte, was ich zu tun hatte. Natürlich stammte der ganze Druck, den ich während dieses Experiments verspürte, von mir selbst – ich hatte keinen Chef, kein Team und auch keine anstehenden Deadlines. Doch die Lektion ist nicht minder stark:

Indem ihr kontrolliert, wie viel Zeit ihr für eine Aufgabe aufwendet, kontrolliert ihr auch, wie viel Energie und Aufmerksamkeit ihr darauf verwendet.

Die zweite unschätzbare Lektion, die ich aus dem Experiment mitnahm, war die, dass ich mich doppelt so produktiv fühlte, wenn ich länger arbeitete, obwohl ich auf dem Papier sowohl in langen als auch in kurzen Wochen ungefähr dasselbe erreichte. Auch wenn ich meine Aufmerksamkeit und Energie nicht vernünftig einsetzte, so fühlte ich mich doch auf jeden Fall produktiv.

Es ist schwer, sich nicht produktiv zu fühlen, wenn man den ganzen Tag beschäftigt ist. Aber Geschäftigkeit ist nicht gleich Produktivität, wenn sie nicht dazu führt, dass man etwas erreicht.

Als ich vor Beginn meines Projekts darüber nachdachte, wie produktiv ich am Ende eines jeden Tages und einer jeden Woche war, unterlief mir für gewöhnlich ein kritischer Fehler: Ich schaute mir an, wie beschäftigt ich war, anstatt wie viel ich erreichte. Produktivität ist eine diffuse Idee; da es schwer zu greifen ist, wie viel genau man jeden Tag erreicht, schauen wir gerne darauf, wie beschäftigt wir sind, was jedoch eine schnelle, hemdsärmelige und zumeist auch ungenaue Patentlösung ist, um zu sehen, wie produktiv wir sind.

Nach der Hälfte meiner 20-Stunden-Woche konnte ich nicht anders, als mich schuldig zu fühlen, dass ich nicht so beschäftigt war, wie ich dachte, dass ich sein sollte. Weil ich weniger Stunden arbeitete, hielt ich mich für weniger produktiv und war dadurch unnötig hart zu mir selbst – obwohl ich eine Menge Energie und Fokus für das aufbrachte, was ich zu tun hatte, und ich in etwa das gleiche Pensum an Arbeit schaffte.

Das ist eine Falle, in die wir beinahe alle tappen. Wenn man mehr Arbeit hat als Zeit dafür zur Verfügung steht, ist es leicht, sich vorzumachen, dass man nur zwei Möglichkeiten hat: Entweder man arbeitet weiter sein normales Pensum und gerät in Rückstand, oder man beginnt, mehr Stunden zu investieren, um alles zu erledigen.

Doch wie ich während dieses Experiments herausfand, gibt es eine dritte, weniger offensichtliche Möglichkeit, die viel wirkungsvoller ist, als länger zu arbeiten: Lernt, mehr Energie und Aufmerksamkeit in eure Arbeit zu investieren, damit ihr das gleiche Pensum in einem Bruchteil der Zeit erledigen könnt.

Für wichtige Dinge, wendet weniger Zeit auf

Als ich 20 Stunden pro Woche arbeitete, begann etwas Magisches zu geschehen: Ich zwang mich, mehr Energie über einen kürzeren Zeitraum aufzuwenden, damit ich meine Arbeit schneller erledigen konnte.

Wenn man die Zeit für eine wichtige Aufgabe begrenzt, geschieht Folgendes:

- Man setzt eine künstliche Deadline, was einen dazu motiviert, mehr Energie und Konzentration über einen kürzeren Zeitraum aufzuwenden.

- Man verleiht der Aufgabe Dringlichkeit, weil man nur wenig Zeit hat, sie zu erledigen.
- Man kehrt einige Auslöser für Prokrastination ins Gegenteil um, weil das Begrenzen der Zeit für eine Aufgabe diese strukturierter und weniger langweilig, frustrierend oder schwierig macht.

Und wenn ihr dann auch noch während eurer Primetime an der Aufgabe arbeitet? Ahhh... Dann habt ihr euren „Sweet Spot" getroffen.

Es ist übrigens auch eine gute Möglichkeit, sich für schwierige Aufgaben zu erwärmen, die man sonst so gerne auf die lange Bank schiebt, wenn man die Zeit dafür begrenzt. Zum Beispiel verkürze ich an Tagen, an denen ich wirklich keine Lust auf Sport oder Meditation habe, in meinem Kopf ganz einfach die Zeit, wie lange ich meditieren oder trainieren werde, bis ich keinen Widerstand mehr verspüre. Zum Beispiel: Kann ich eine Stunde lang Sport treiben? Nein, dagegen verspüre ich großen Widerstand. 30 Minuten? Besser, aber immer noch zu viel. Wie wäre es mit 20 Minuten? Perfekt, ich werde 20 Minuten Sport treiben! Eine Aufgabe zu schrumpfen wirkt jedes Mal Wunder – und der Hack ist auch hilfreich, um sich neue tägliche Gewohnheiten anzueignen. Darüber hinaus stehen die Chancen gut, dass ihr, habt ihr erst einmal angefangen, über euren ursprünglichen Widerstand hinaus weitermachen werdet.

Wann immer ich nach der Durchführung dieses Experiments einen wichtigen Artikel schreiben, einen Vortrag vorbereiten oder ein Projekt fertigstellen musste, plante ich anstatt eines ganzen Nachmittags nur zwei oder drei Stunden für die Arbeit an dieser Aufgabe ein, für gewöhnlich exakt während meiner Biologischen Primetime. Und wann immer ich ziemlich genau wusste, wie viel Zeit, Aufmerksamkeit und Energie eine Aufgabe erforderte, erledigte ich sie.

Mit einem begrenzten Zeitrahmen hatte ich keine andere Wahl.

Die genaue Anzahl der Stunden, die ihr jede Woche arbeiten solltet

Wenn ihr die Zeit, die ihr für eine Aufgabe aufwendet, begrenzt und dies euch dann ermöglicht, sie effizienter zu erledigen, gilt das Gleiche dann auch für weniger Arbeitsstunden im Allgemeinen?

Interessanterweise legen mehrere Studien nahe, dass genau dies der Fall ist.

Wenn ihr nur eine Stunde pro Woche arbeiten würdet, wärt ihr nicht wirklich produktiv, ganz egal wie gut ihr eure Energie und Aufmerksamkeit während dieser Stunde einsetzen würdet. Eine Stunde Arbeit pro Woche reicht einfach nicht aus, um irgendetwas Wichtiges zu erledigen.

Doch eure Produktivität wird auch beeinträchtigt, wenn ihr zu lange arbeitet. 90 Stunden pro Woche für mehr als eine Woche zu arbeiten, ist ein Garant für Burn-out. Denn dann bleibt euch kaum Zeit, eure Energiereserven aufzutanken und euch zu konzentrieren. So wie man zu wenig Stunden arbeiten kann, kann man auch einfach zu viel arbeiten.

Wo liegt also der „Sweet Spot", also wie viele Stunden pro Woche sollte man arbeiten?

Über den Verlauf meines Projekts pendelte ich mich bei einem schönen Mittelmaß ein, in dem ich 46 Stunden pro Woche arbeitete. Das war genug Zeit für mich, um alles zu erledigen, während ich die nötigen Pausen einlegte, um meine Energiereserven und Aufmerksamkeit im Laufe des Tages wieder aufzuladen. Studien zeigen jedoch, dass die ideale Wochenarbeitszeit sogar noch geringer ist. Sie legen nahe, dass die optimale Anzahl etwa 35 bis 40 Stunden beträgt.

Oberflächlich betrachtet scheinen 35 bis 40 Stunden wenig zu sein. Wenn eure To-do-Liste permanent länger ist als die Anzahl der Stunden, die euch am Tag zur Verfügung stehen, könntet ihr euch schuldig fühlen, wenn ihr plötzlich anfangen würdet, nur 40 Stunden pro Woche zu arbeiten, vor allem, wenn die Menschen um euch herum weiterhin 50, 60 oder sogar noch mehr arbeiten.

Studien zeigen jedoch, dass eure Produktivität nach etwa 35 oder 40 Stunden rapide abzunehmen beginnt.

Kurzfristig sind enorme Produktivitätszuwächse durch Überstunden durchaus möglich, vor allem, wenn Deadlines immer schneller näher rücken. Manchmal gibt es einfach eine Menge Arbeit und ihr müsst dafür mehr Zeit aufwenden. Doch auf lange Sicht führen Überstunden direkt in die Katastrophe – vor allem, wenn sie dazu führen, dass man weniger Zeit dafür hat, sich um seine Aufmerksamkeit und Energie zu kümmern, wie ich in den nächsten Kapiteln erläutern werde. Nach 35 bis 40 Stunden Arbeit, das zeigen Studien, beginnt eure Produktivität zu sinken, bis „nach etwa acht 60-Stunden-Wochen die gesamt geleistete Arbeit etwa die gleiche ist, wie sie in acht 40-Stunden-Wochen geleistet worden wäre“. Dieselbe Studie kam zu dem Ergebnis, dass man bei 70- bzw. 80-Stunden-Wochen denselben Break-even-Point in nur drei Wochen erreicht. Bei einer Wochenarbeitszeit von 90 Stunden stieß ich nach nur zwei Wochen an diesen Punkt, obwohl diese beiden Wochen durch eine komfortable 20-Stunden-Woche unterbrochen waren.

Doch oft kann auch auf kurze Sicht eine längere Arbeitszeit eure Produktivität beeinträchtigen. In einer Studie wurde festgestellt, dass man bei einer 60-Stunden-Woche zwei Überstunden machen muss, um eine weitere Stunde Arbeit zu leisten. Eine weitere Studie ergab, dass eure Produktivität „nach 55 Stunden abstürzt – und zwar so sehr, dass jemand, der 70 Stunden arbeitet, in diesen zusätzlichen 15 Stunden nichts mehr produziert“.

Ab einem gewissen Punkt beginnt man ganz einfach, sich mehr auf sinnlose Beschäftigungen zu stürzen als wichtige oder bedeutsame Arbeit zu leisten. Ihr werdet euch um einiges weniger schuldig fühlen, so wie ich, als ich 90 Stunden pro Woche arbeitete; ihr werdet jedoch auch um einiges weniger produktiv sein.

In der Zeitökonomie, in der Arbeit viel weniger Energie und Aufmerksamkeit erforderte und ein direkter Zusammenhang zwischen der Anzahl der geleisteten Arbeitsstunden und dem Output bestand, wäre man durch irrsinnige Arbeitszeiten viel produktiver geworden. Heutzutage ist die Gleichung jedoch gekippt. Da eure Zeit, Aufmerksamkeit und Energie allesamt zu eurer Produktivität beitragen, können lange Arbeitszeiten eure Produktivität zerstören, weil sie eure Energie und Konzentration kompromittieren.

In der Wissensökonomie managen die produktivsten Menschen nicht nur ihre Zeit gut – sie managen auch ihre Energie und Aufmerksamkeit gut. Die Zeit zu begrenzen, die ihr für eure Arbeit aufwendet – sei es für eine wichtige Aufgabe oder für eure Arbeit im Allgemeinen –, ist eine großartige Möglichkeit, eure Zeit, Aufmerksamkeit und Energie vernünftig einzusetzen. Je nachdem, wie viel Kontrolle ihr darüber habt, wann ihr arbeitet, mag es vielleicht nicht realistisch sein, Grenzen für die Dauer eurer Arbeitszeit im Allgemeinen festzulegen – selbst vernünftige Grenzen wie etwa 35 Stunden. Doch wann immer es möglich ist, lohnt es sich, Grenzen zu setzen, wie lange ihr arbeitet, damit ihr mehr Energie für das aufwendet, was ihr zu tun habt, und nicht mehr wertvolle Zeit.

Die „Begrenzt-Eure-Arbeit"-Challenge

Benötigte Zeit: 1 Minute
Benötigte Energie/Konzentration: 4/10
Wert: 8/10
Spaß: 8,5/10
Was ihr davon haben werdet: Ihr werdet lernen, mehr Energie und Aufmerksamkeit für eure Arbeit aufzubringen, um Dinge in einem Bruchteil der Zeit zu erledigen.

Die Challenge für dieses Kapitel ist einfach: Begrenzt morgen die Zeit, die ihr für eine wichtige Aufgabe aufwenden wollt, und haltet euch an dieses Limit.

Meine Lieblingsmethode dafür ist, einfach einen Countdown-Timer auf meinem Handy auf etwa die Hälfte der Zeit zu stellen, von der ich denke, dass ich sie für eine Aufgabe benötige. Wenn ich glaube, vier Stunden für eine wichtige Präsentation zu benötigen, plane ich dafür nur zwei ein – wenn möglich während meiner Biologischen Primetime.

Diese Taktik wird nicht bei jedem einzelnen Punkt auf eurer Aufgabenliste funktionieren, aber sie wirkt Wunder bei Aufgaben, die wichtig sind und deren Abgabetermin immer schneller näher rückt.

Sobald ihr beginnt, die Zeit zu begrenzen, die ihr für bestimmte Aufgaben aufwenden wollt, wette ich, dass ihr auch beginnen werdet, eure Arbeitszeit im Allgemeinen zu begrenzen. Wenn ihr ständig mehr als 35 oder 40 Stunden pro Woche arbeitet, werdet ihr mit der Zeit weniger produktiv sein, weil ihr dadurch mehr Fehler macht und schlechtere Entscheidungen trefft, deren Korrekturen viel Zeit in Anspruch nehmen können. Es führt auch dazu, dass ihr neue Ideen, Abkürzungen und Gelegenheiten verpasst, um smarter anstatt einfach nur härter zu arbeiten.

Wenn ihr andauernd lange arbeitet oder zu viel Zeit für Aufgaben aufwendet, ist das normalerweise kein Zeichen dafür, dass ihr zu viel zu tun habt – es ist ein Zeichen dafür, dass ihr eure Energie und Aufmerksamkeit nicht vernünftig einsetzt.

Energie-Erleuchtung

Take-away: Ein gewisses Maß an Zeitmanagement ist unvermeidlich, doch ihr werdet viel mehr erreichen, wenn ihr an euren wichtigsten und sinnvollsten Aufgaben arbeitet, wenn ihr die meiste Energie habt – und nicht, wenn ihr die meiste Zeit habt. Findet heraus, wann eure Primetime ist; sie ist heilig, und es lohnt sich, sie mit Bedacht zu verbringen.

Geschätzte Lesedauer:
11 Minuten

Eure Primetime in Aktion

Nachdem mein Projekt so um die Zeit herum, als TED mein Interview veröffentlichte, langsam bekannter wurde, wollten sich immer mehr Menschen mit mir über Produktivität unterhalten. In fast allen Fällen wurde ich gefragt, wie mein typischer Tag aussieht. Zuerst hatte ich nicht erwartet, diese Frage so oft gestellt zu bekommen, doch dann ergab es absolut Sinn: Ich hatte etwa ein Jahrzehnt lang mit meinem Tagesablauf experimentiert, bis ich mich für denjenigen entschied, der für mich am produktivsten war.*

Nachdem ich im Verlauf meines Projekts mit einer Reihe von Routinen

*Außerdem sind tägliche Routinen „Produktivitätspornos“ im wahrsten Sinne des Wortes: Sie sind leicht zu verstehen, unterhaltsam und wieder leicht zu vergessen. Keine Sorge: Ich werde mein Bestes tun, um dieses Kapitel so praktikabel wie möglich zu gestalten! Außerdem muss ich es wieder gutmachen, weiter vorne im Buch über den kosmischen Ursprung der Zeit geschrieben zu haben.

experimentiert hatte – einschließlich der erbärmlichen, jeden Morgen um 5:30 Uhr aufzustehen –, entschied ich mich für die, bei der ich am meisten erreichte:*

- 6:30 Uhr - 7:00 Uhr: Von alleine aufwachen
- 7:00 Uhr - 9:00 Uhr: Frühstücken, Sport, Meditieren, Duschen
- 9:00 Uhr - 13:00 Uhr: Schreiben
- 13:00 Uhr - 15:00 Uhr: Pause
- 15:00 Uhr - 20:00 Uhr: Lesen, Interviews und Meetings
- 20:00 Uhr - 23:00 Uhr: Freizeit, Bett

Obwohl diese Routine oberflächlich betrachtet ziemlich einfach ist, steckt eine Menge Überlegung dahinter.

Es ist zugegebenermaßen ziemlich nervig, seine Zeit- und Energiereserven über ein paar Wochen zu verfolgen – vor allem, wenn man dabei auf Koffein, Alkohol und Zucker verzichtet –, doch die Erkenntnisse, die man durch die Challenge erhält, die ich in Kapitel 4 vorschlage, sind unfassbar und werden Jahrzehnte anhalten. Wenn ihr dieses Experiment absolut nicht durchstehen könnt, stellt zumindest eine stündliche Erinnerung auf eurem Handy ein und beobachtet, wie euer Energiehaushalt im Laufe des Tages schwankt.

Nachdem ich mein Meditationsexperiment beendet hatte, wurde mir klar, dass ich hauptsächlich drei wichtige Aufgaben hatte, die für mein Projekt den größten Mehrwert brachten: Artikel schreiben, Produktivitätsexperimente durchführen und über Produktivität lesen und forschen.

Die bei weitem beste Tageszeit, um an euren Aufgaben mit der größten Wirkung zu arbeiten, ist während eurer Biologischen Primetime. Der Grund dafür liegt auf der Hand: Während eurer BPT stehen euch mindestens die doppelte Energie und Konzentration für das zur Verfügung, an dem ihr gerade arbeitet. Wenn ihr an euren Aufgaben mit der größten Wirkung während eurer Primetime arbeitet, erledigt ihr sie schneller, seid mehr auf sie konzentriert, macht dabei einen spürbar besseren Job, arbeitet mit größerer Resilienz und beginnt schließlich, smarter statt härter zu arbeiten.

Meine BPT liegt zwischen 10:00 Uhr und Mittag und zwischen

* Mein Tagesablauf, während ich dies ein Jahr später schreibe, hat sich praktisch nicht geändert.

17:00 Uhr und 20:00 Uhr, und jeden Tag während meines Projekts tat ich in dieser Zeit vor allem zwei Dinge: Artikel für meine Website schreiben und über Produktivität recherchieren. Einige Produktivitätsexperimente konzipierte ich so, dass sie einfach im Hintergrund liefen, während ich arbeite (z. B. mein Smartphone nur eine Stunde pro Tag benutzen), während andere eine oder zwei Wochen lang mein Hauptaugenmerk waren (z. B. mein Meditationsexperiment). Wann immer ich ein Experiment durchführte, integrierte ich es auch in meinen Tagesplan.

Nachdem ich herausgefunden hatte, wann ich die meiste Energie hatte, stellte ich sicher, dass ich meine BPT jeden Tag in meinem Kalender blockte, nicht nur, um diese Zeit für wichtige Aufgaben zu reservieren, sondern auch, um diese Zeit offen zu halten, falls eine andere wichtige Aufgabe aufschlug. Wann immer ich ein Interview mit einem Produktivitätsexperten führte, selbst ein wichtiges Interview gab, einen Vortrag hielt, mich in eine meiner drei täglichen Aufgaben vertiefte oder so viel wie möglich von mir selbst in eine Verpflichtung einbringen wollte, die bedeutsam war, wie zum Beispiel ein Abendessen mit meiner Freundin, tat ich alles in meiner Macht Stehende, um die Aktivität während meiner Primetime einzuplanen.

Obwohl es immer wieder Unterbrechungen gibt – niemand hat die perfekte Kontrolle über den gesamten Arbeitstag –, wurde mir schnell klar, dass es sich lohnte, meine BPT intelligent zu verbringen und sie vehement zu verteidigen.

Je mehr wichtige und bedeutsame Aufgaben und Verpflichtungen ihr während eurer BPT einplant, desto einflussreicher und bedeutungsvoller werden eure Arbeit und euer Leben.

Hier ein schneller Produktivitätsgewinn:
Springt auf der Stelle in Outlook, iCal, Google Calendar, oder was auch immer der Kalender eurer Wahl ist, und blockiert eure BPT für die nächsten paar Wochen. Vergesst nicht, 30 und 15 Minuten vor Beginn eurer Primetime eine Erinnerung zu setzen, und nutzt diese als Hinweis, dass ihr euch gleich in eine eurer wichtigsten und wirkungsvollsten Aufgaben hineinknien werdet.

Im Moment

Wahrscheinlich habt ihr bereits einige Tage, an denen ihr euch mühelos durch eure Aufgabenliste arbeitet und mehr erledigt als an anderen Tagen. Und wahrscheinlich gibt es auch Tage, an denen ihr, obwohl ihr alles nach Plan macht, einfach nicht in der Lage seid, euch zu konzentrieren oder etwas zu erledigen. Das ist einer der seltsamsten Aspekte von Produktivität, und noch etwas, was sie so schwer zu fassen macht: An manchen Tagen macht ihr alles richtig und dennoch habt ihr nicht genug Energie oder Konzentration, um gute Arbeit zu leisten.

Mit dem Tagesablauf, auf den ich mich gegen Ende meines Projekts festlegte (und den ich auch heute noch einhalte), würde ich meditieren, offline gehen, mit Bedacht arbeiten, Sport treiben, genug schlafen und mich nach der Arbeit entspannen. Und dennoch, an manchen Tagen standen die Sterne günstig und ich schrieb Tausende von Wörtern und las Hunderte von Seiten, während ich an anderen Tagen an meinem Schreibtisch saß und auf einen leeren Bildschirm starrte, ohne jede Energie, Willen oder Fokus, irgendetwas zu tun.

Es ist wichtig, seine Hochphasen zu kennen, doch gleichzeitig schwanken Energie und Konzentration auf eine Art und Weise, wie man es nicht erwartet. Vielleicht springt ein Mitarbeiter schnell zu Starbucks und bringt euch einen Überraschungskaffee oder ihr werdet befördert und habt das Gefühl, für den Rest des Tages nicht mehr aufzuhalten zu sein. Oder vielleicht lädt euch euer Team zu einem großen Geburtstagsessen ein, und euer Energiehaushalt bricht für den Rest des Nachmittags zusammen. Unabhängig vom Grund, Dinge geschehen und eure Energie und Konzentration sind nicht zu 100 Prozent vorhersehbar.

An Tagen, an denen ich feststelle, dass ich mehr bzw. weniger Energie habe als gewöhnlich, schreibe ich einfach auf, wie viel Energie (auf einer Skala von 1-10) jede meiner drei täglichen Aufgaben in Anspruch nehmen wird. Das macht es mir leichter, meine Arbeit an die Menge von Energie und Fokus anzupassen, die ich gerade habe.

Gestern hatte ich meinen Tag bis ins kleinste Detail geplant, doch als es dann an der Zeit war, die Arbeit für den Tag zu beenden, stellte ich fest, dass ich einen Lauf hatte und einen konstanten Strom an Wörtern für dieses Buch ausspuckte. Ich wollte nicht aufhören – also tat ich es auch nicht. Ich hatte mehr Energie, als ich erwartet hatte, also beschloss ich, länger wach zu bleiben, bis spät in die Nacht zu schreiben und heute Morgen auszuschlafen. Wenn ihr einen Lauf habt und mit viel Energie und Konzentration an einem Projekt arbeitet und es ist 22:00 Uhr, warum solltet ihr auch nicht etwas länger arbeiten, um produktiver zu werden, wenn ihr die nötige Flexibilität habt?

Andererseits, wenn es 22:00 Uhr ist und ihr keine Energie und Konzentration mehr habt, solltet ihr eure Zeit wohl am besten damit verbringen, früh ins Bett zu gehen, damit ihr dann weiterarbeiten könnt, wenn ihr am Morgen mehr Energie und Konzentration habt. Das sagt einem natürlich der gesunde Menschenverstand, doch auch hier gilt: Gesunder Menschenverstand bedingt nicht immer vernünftiges Handeln. Achtsamkeit ist der Schlüssel, um bewusster zu arbeiten. Es ist unabdingbar, dass ihr euch eurer Energiereserven bewusst werdet, damit ihr eure Energie im Laufe des Tages klug einsetzen könnt. (Wenn euch eine Zen-artige Achtsamkeit nicht von Natur aus mitgegeben wurde, keine Sorgen: Später im Buch widme ich einen ganzen Abschnitt dem Thema Achtsamkeit und Produktivität.

In der Regel versuche ich, meine Zeit so wenig wie möglich zu managen, und da ich so wenige Verpflichtungen wie möglich eingehe, kann ich im Laufe des Tages flexibel reagieren. Auf diese Weise kann ich an meinen Aufgaben mit der größten Wirkung arbeiten, wenn ich die meiste Energie habe, und an meinen weniger wichtigen Aufgaben, wenn ich am wenigsten Energie habe.

Im Laufe der Zeit habe ich festgestellt, dass die meisten Tage zwar dem natürlichen Auf und Ab meines täglichen Energiezyklus' folgen, viele Tage jedoch nicht. Je mehr ich an diesen Tagen das, woran ich arbeite, an meine Energiereserven anpasse, desto produktiver werde ich.

Zeitmanagement wird erst dann wichtig, wenn ihr definiert habt, was ihr erreichen wollt und versteht, wie viel Energie und Konzentration ihr im Laufe des Tages habt.

So wie eure Energiereserven im Laufe des Tages schwanken, so schwankt auch eure Aufmerksamkeit. Während ich zwar festgestellt habe, dass unsere Konzentrationsfähigkeit parallel zu unserer Energie steigt und fällt, so gibt es auch Tageszeiten, zu denen wir mehr oder weniger Aufmerksamkeit für unsere Arbeit aufwenden müssen, z. B. wenn weniger Leute im Büro sind oder wenn wir nicht durch eine Flut von Meetings und Telefonaten unterbrochen oder abgelenkt werden. Es lohnt sich, euch bewusst zu machen, wie viel Aufmerksamkeit ihr im Laufe des Tages habt, vor allem, wenn sie stark schwankt, etwa wenn ihr Kinder zu Hause oder Teamprojekte in der Arbeit habt.

Das perfekte Maß an Struktur

Während meiner *Mission Produktivität* hatte ich nicht nur die Kontrolle darüber, wie lange ich jede Woche arbeiten wollte, sondern auch darüber, wie ich jeden Tag strukturierte. Im Gegensatz zu den geregelteren Bürojobs, die ich gehabt hatte, konnte ich bei meinem Projekt meine Tage nach Belieben einteilen und ausprobieren, wie deren Struktur mich mehr oder weniger produktiv machte.

So wie bei der Anzahl der Stunden, die ihr arbeitet, gibt es auch eine Zone, in der euer Tag das perfekte Gleichgewicht zwischen Struktur und Freiheit aufweist, wo ihr genug Struktur habt, um produktiv sein zu können, aber nicht so viel Struktur, dass sich euer Tag starr und außerhalb eurer Kontrolle anfühlt.

Laut Paul Graham, Mitbegründer des Risikokapitalunternehmens Y Combinator, haben Menschen in der Wissensökonomie zwei Arten von Terminplänen: den eines „Machers" und den eines „Managers". Wie Paul in einem Artikel auf seinem Blog schrieb: „Der Terminplan des Managers ist für Chefs. Er ist im traditionellen Terminkalender verankert, wo jeder Tag in einstündige Intervalle aufgeteilt ist. Ihr könnt bei Bedarf mehrere Stunden für eine einzige Aufgabe blockieren, doch standardmäßig ändert ihr stündlich, was ihr gerade tut." Der Terminplan des Managers setzt sich hauptsächlich aus Meetings, Terminen, Anrufen und E-Mails zusammen. Doch wenn ihr ein Macher seid, ist das Gegenteil der Fall – eure Tage sind von Haus aus viel weniger strukturiert, weil ihr keine Menschen oder Projekte zu managen habt.

Die Antwort auf die Frage, ob ihr ein Macher oder ein Manager seid, wird euch die Grundlinie vorgeben, d. h., das Maß an Struktur, das ihr aufgrund der Art eurer Arbeit erwarten könnt. Es kann sein, dass ihr irgendwo dazwischen liegt. Während meines Projekts erstellte ich einerseits viel Content, hatte gleichzeitig aber auch viele Meetings, sodass ich morgens den Terminplan eines Machers einhielt und nachmittags alle meine Meetings und Interviews um meine BPT herum ansetzte. Wenn ihr wisst, wo ihr steht, könnt ihr herausfinden, wie wichtig Zeitmanagement für eure Arbeit ist und wie viel Struktur ihr jeden Tag erwarten könnt.

Unabhängig davon, ob ihr Macher oder Manager seid, eine gewisse Struktur ist unerlässlich. Struktur hilft euch, eure BPT im Auge zu behalten, leitet euch, an dem zu arbeiten, was ihr zu erreichen beabsichtigt und gibt euch Unterstützung, euch um eure Aufmerksamkeit und Energie zu kümmern, damit ihr den ganzen Tag über mit vollem Tank arbeiten könnt. Doch abgesehen davon, dass ihr eure Primetime, Ziele und die Art eurer Arbeit im Auge behalten könnt, wird jede zusätzliche Struktur euren Tag eher starr machen und euch das Gefühl geben, weniger Kontrolle über euren Tag zu haben. Und je mehr Struktur ihr habt, desto schwieriger wird es, euch während des Tages an eure Arbeit anzupassen.

Dasselbe gilt für die Strukturierung eurer Freizeit und Wochenenden. Es mag sich vielleicht kontraintuitiv anhören (und definitiv nicht nach Spaß), die Zeit außerhalb der Arbeit zu strukturieren, doch Untersuchungen haben ergeben, dass ihr dadurch fokussierter, kreativer, aktiver, motivierter und glücklicher werdet, mehr in dem aufgeht, was ihr tut und viel eher in den „Flow" kommt; dieser magische Zustand, in dem die Zeit so schnell zu vergehen scheint, als ob sie gar nicht existierte. Ich glaube nicht an eine strikte Strukturierung von Arbeit oder Freizeit (wo bleibt da der Spaß?), aber etwas Struktur ist hilfreich. Während meines Projekts stellte ich zum Beispiel fest, dass ich immer dann mehr Energie hatte, wenn ich mich hinsetzte und einen groben Zeitplan erstellte, wie ich meine Zeit am Wochenende verbringen wollte, auch wenn das bedeutete, Zeit dafür einzuplanen, meine Füße hochzulegen und absolut nichts zu tun.

Die „Arbeiten während der Primetime"-Challenge

Benötigte Zeit: 5 Minuten
Benötigte Energie/Konzentration: 4/10
Wert: 8/10
Spaß: 7/10
Was ihr davon haben werdet: Ihr werdet eure wichtigsten täglichen Aufgaben effizienter erledigen, weil ihr an ihnen dann arbeiten werdet, wenn ihr die meiste Energie habt – und nicht erst dann, wenn sie dringlich werden oder sich wichtiger anfühlen.

Eine der wirkungsvollsten Methoden, die ich in meinem Jahr des Experimentierens herausgefunden habe, um in kürzerer Zeit mehr zu erledigen, besteht darin, meine Zeit so wenig wie möglich zu managen und strategisch an Aufgaben zu arbeiten, wenn ich die meiste Energie und den größten Fokus habe – wobei beide im Laufe des Tages in etwa parallel zueinander steigen bzw. fallen.

Wenn ihr zu Beginn des Tages plant, wie ihr arbeiten werdet, kostet euch diese Planung nur fünf Minuten, doch diese Zeit werdet ihr um das Zehnfache wieder zurückgewinnen.

Versucht morgen, euch von eurer Biologischen Primetime und euren Energiereserven diktieren zu lassen, woran ihr arbeitet.*

Hier noch ein paar zusätzliche Hinweise, die ihr vielleicht hilfreich findet:

- Plant während eurer BPT Zeit in eurem Kalender, um an euren drei wichtigsten Aufgaben zu arbeiten – vor allem an denjenigen, die die meiste Energie und Konzentration erfordern.
- Verteidigt eure BPT – diese Zeit ist für euch, um wahnsinnig produktiv zu sein.

* Ich persönlich habe die Uhr auf meinem Computer deaktiviert. Mein Kalender informiert mich, wenn es Zeit ist, vor dem Beginn von Meetings den Modus zu wechseln, damit ich mich auf sie vorbereiten kann, und ich habe immer meinen ganzen Tag im Blick, wenn ich plane, was ich erreichen möchte

- Blockt eure BPT in eurem Kalender, damit euch niemand während dieser Zeit bucht und um euch daran zu erinnern, wann es Zeit ist, euch reinzuknien.
- Improvisiert. Während euch eure BPT zwar zeigt, wie eure Energie im Verlauf eines durchschnittlichen Tages schwankt, werdet ihr sicher auch einige Tage haben, die Ausreißer sind, Tage, an denen ihr mehr oder weniger Energie habt. Akzeptiert das einfach. Schreckt nicht davor zurück, an dem, woran ihr gerade arbeitet, zu rütteln, wenn ihr mehr oder weniger Energie als gewöhnlich habt.
- Wenn ihr den Terminplan eines Machers verfolgt, solltet ihr eure Meetings und Termine so zusammenlegen, dass ihr alle auf einmal in Angriff nehmen könnt.

Eure Produktivität pro Stunde wird nicht konstant sein — sie hängt davon ab, wie viel Energie und Aufmerksamkeit ihr habt. So wie nicht alle Aufgaben gleich viel wert sind, so sind auch nicht alle Stunden des Tages gleich viel wert.

Ein gewisses Maß an Zeitmanagement ist unvermeidlich, doch ihr werdet viel mehr erreichen, wenn ihr an euren bedeutsamsten Aufgaben arbeitet, wenn ihr die meiste Energie habt – und nicht, wenn ihr die meiste Zeit habt.

Eure Primetime ist heilig, also nutzt sie weise.

Hausputz

Take-away: Wenn ihr eure Wartungsarbeiten zusammenfasst und sie alle auf einmal in Angriff nehmt, ist dies das perfekte Gegenmittel, ein Perfektionist in Bezug auf die falschen Dinge zu sein. Nichtsdestotrotz sind Wartungsarbeiten bzw. Wartungstage unerlässlich, wenn ihr ein gesundes und produktives Leben führen wollt.

Geschätzte Lesedauer:
9 Minuten

Die schlimmste Art von Aufgabe

Seit Jahren schon habe ich die Nase voll von Wartungsarbeiten – Aufgaben wie Pflanzen gießen, E-Mails abarbeiten, Nägel schneiden, die Post durchgehen, Mittagessen vorbereiten und Lebensmittel einkaufen. Wartungsarbeiten sind unvermeidlich, da sie euer Privatleben und eure Arbeit unterstützen, doch Minute für Minute bringen sie euch im Vergleich zu euren wichtigsten und bedeutsamsten Aufgaben eine miserable Rendite.

Da Wartungsarbeiten ein wesentlicher Teil des Lebens sind, lassen sie sich in der Regel nur sehr schwer eindampfen, auslagern oder ganz eliminieren, so wie die Aufgaben in eurer Arbeit mit nur geringem Ertrag (Teil Vier). Es ist jedoch auch unmöglich, ein funktionierendes Mitglied der Gesellschaft zu sein, wenn ihr nicht grundlegende Dinge tut, wie zum Beispiel eure Wohnung sauber halten, Essen zubereiten, den Müll rausbringen, abwaschen oder die Wäsche machen. Ich halte das für eine Schande, denn diese Aufgaben beanspruchen viel von der begrenzten Zeit, die einem zur Verfügung steht.

Doch sie tragen wesentlich zur Unterstützung dessen bei, was ihr erreichen wollt. Es ist schwer, sich gesund zu ernähren, wenn man kein gesundes Essen zubereitet; es ist schwer, gut auszusehen, wenn man sich nicht alle paar Tage rasiert oder seine Haare wäscht; und es ist schwer, sich darauf zu freuen, nach Hause zu kommen, wenn in deinem Haus oder deiner Wohnung Chaos herrscht.

In einem meiner seltsameren Experimente während meines Projekts wurde ich eine Woche lang zum totalen Schlamper. Ich bestellte mir jeden Tag etwas zum Essen, duschte nur dreimal in der Woche, trug jeden Tag Jogginghose oder Pyjama und versuchte natürlich weiterhin, unter diesen Bedingungen so produktiv wie möglich zu sein. Nach der Hälfte des Experiments begann ich, mich schrecklich zu fühlen, während ich gleichzeitig so viele Wartungsarbeiten wie möglich aus meinem Leben zu entfernte. Und ich erkannte, dass Wartungsarbeiten unerlässlich sind, wenn man ein gesundes, glückliches, sozial engagiertes und produktives Leben führen möchte.

Wartungstag

Als ich zu meiner College-Zeit meinen ersten eigenen Haushalt gründete, begannen sich meine Wartungsarbeiten schnell aufzutürmen. Plötzlich war meine Wäsche nicht mehr wie von Zauberhand gewaschen, frische Lebensmittel tauchten nicht mehr einfach so in der Küche auf und meine Pflanzen wurden plötzlich auch nicht mehr einmal pro Woche gegossen. Ich hatte auf einmal jeden Tag viel mehr Wartungsarbeiten zu erledigen. Doch gleichzeitig wollte ich nicht die wenige, wertvolle Zeit, die ich jeden Tag hatte, an Aufgaben verschwenden, die nichts weiter für mich taten als das Leben, das ich hatte, am Laufen zu halten.

Eines Sonntagmorgens, als ich mir den Kopf darüber zerbrach, wie ich solche Aufgaben effizienter erledigen könnte, hatte ich eine Eingebung: Was wäre, wenn ich diese niederen Aufgaben alle zusammenwerfen und so viele auf einmal erledigen würde, wie ich konnte, anstatt sie über die ganze Woche verteilt zu erledigen?

Als Experiment ignorierte ich in der darauffolgenden Woche meine

Wartungsarbeiten absichtlich die ganze Woche über. Stattdessen machte ich eine Liste der anstehenden Aufgaben und nahm sie alle am nächsten Sonntagmorgen in Angriff. Und es funktionierte. Ich erledigte mehr in weniger Zeit.

Seitdem pflege ich dieses Ritual. Ich nenne es meinen „Wartungstag".

Mein Wartungstag-Ritual ist unglaublich einfach und unglaublich effektiv: Die Woche über sammle ich einfach alle meine Wartungsarbeiten mit geringem Ertrag auf einer Liste – alles von Einkaufen gehen bis Nägel schneiden – und statt sie über die Woche verteilt zu erledigen, mache ich sie alle auf einmal.

Endlich hatte ich das Gefühl, nicht länger auf der Stelle zu treten, indem ich die ganze Woche über an Aufgaben arbeitete, die mein Leben nicht voranbrachten. Zudem hatte ich während der Woche viel mehr Zeit, Aufmerksamkeit und Energie für Aufgaben, die tatsächlich wichtig und bedeutsam waren.

Was ich am Wartungstag mache

Wenn ihr neugierig seid: Hier ist eine vollständige Liste all dessen, was ich erst am Sonntagmorgen in Angriff nehmen werde – wofür ich bei gemächlichem Tempo vier bis sechs Stunden brauche:

- Lebensmittel einkaufen
- Haus und Büro putzen
- Einen Essens- und Trainingsplan erstellen
- Bart stutzen und rasieren
- Wäsche waschen
- Mittagessen für eine Woche in Tupperware-Behältern vorbereiten
- Pflanzen gießen
- Artikel lesen, die sich im Laufe der Woche angesammelt haben
- Meine Projekte durchgehen und die nächsten Schritte festlegen
- Meine „Warten auf"-Liste durchgehen
- Drei Ziele für die kommende Woche festlegen
- Alle meine Posteingänge abarbeiten
- Meine Hotspots überprüfen
- Meine Liste mit Errungenschaften durchgehen

Euer eigenes Ritual für den Wartungstag wird logischerweise anders aussehen. Wenn ihr zum Beispiel Kinder habt, ist es wahrscheinlich nicht realistisch, nur am Sonntagmorgen aufzuräumen. Aber vielleicht könnt ihr das Putzen auf zwei oder drei Tage in der Woche verteilen und so den Großteil eurer Tage für Aufgaben mit höherer Priorität freihalten. Unabhängig von eurem Lebensstil – alleinstehender Unternehmer oder Büroangestellter mit Familie – habt ihr zweifellos Wartungsarbeiten, die ihr zusammenlegen und auf einmal erledigen könnt.

Es liegt in der Natur der Sache, dass ihr mit euren Wartungsarbeiten Schritt halten müsst. Ihr könnt sie nicht immer eindampfen, delegieren, auslagern oder ganz eliminieren, so wie andere Aufgaben mit geringem Ertrag, doch ihr habt die Kontrolle darüber, wann ihr sie erledigt. Indem ihr sie zusammenfasst und dann bei Wartungsarbeiten einen Gang hochschaltet, schafft ihr den Raum, um euch während der Woche auf größere Dinge zu konzentrieren.

Wenn ein Wartungstag zu unrealistisch für euch ist, versucht, eine Liste der Wartungsarbeiten zusammenzustellen, die ihr während der Woche erledigt, und erstellt so eine Wartungsliste. Das wird euch dabei helfen, einige eurer Wartungsarbeiten zusammenzufassen, sodass ihr viele auf einmal aus dem Weg räumen könnt, wenn ihr wenig Energie habt und euch nicht auf wirkungsvollere oder sinnvollere Aufgaben konzentrieren könnt.

Das Kuriose an Wartungsarbeiten ist, dass sie zwar viel Zeit in Anspruch nehmen, doch so gut wie keine Energie oder Aufmerksamkeit verbrauchen. Tatsächlich könnt ihr die meisten eurer Wartungsarbeiten automatisch und ohne viel Nachdenken erledigen.

Während Multitasking euch zwar weniger produktiv macht, während ihr versucht, euch auf zwei Dinge zu konzentrieren, die viel Aufmerksamkeit erfordern, ist es durchaus möglich, durch Multitasking bei Wartungsarbeiten produktiver zu werden, einfach weil sie fast keine Aufmerksamkeit und Energie erfordern. Wenn ihr eure Wartungsarbeiten erledigt, habt ihr Aufmerksamkeit und Energie übrig.

Hier sind meine Lieblingsmethoden, um meine Zeit sinnvoll zu nutzen, wenn ich die Aufgaben auf meiner Wartungsliste abarbeite:

- Ich mache sie mit jemand anderem zusammen, zum Beispiel mit meiner Freundin, um die Aufgaben interessanter und sinnvoller zu gestalten.
- Ich höre mir einen Podcast oder ein Hörbuch an. An meinem Wartungstag arbeite ich so viele Aufgaben ab, dass ich in der Regel die Hälfte eines Buches schaffe, bis ich fertig bin.
- Ich rufe jemanden an, damit ich während der Erledigung der Aufgaben eine sinnvolle Unterhaltung führen kann.
- Ich mache die Aufgaben mit Bedacht, um meinen „Aufmerksamkeitsmuskel“ zu trainieren.
- Ich denke während meiner Wartungsarbeiten absichtlich an nichts, um meinem Geist die Möglichkeit zu geben, sich auszuruhen und umherzuwandern .

Ihr wollt mehr erreichen, während ihr eure Wartungsarbeiten erledigt? Die Möglichkeiten sind endlos: Ihr könnt einen Podcast herunterladen, um eine neue Sprache zu lernen, oder einen Urlaub planen, Sport machen oder eine neue Fertigkeit üben.

Obwohl es zwar nicht möglich ist, all die lästigen Wartungsarbeiten aus eurem Leben zu streichen, so ist es definitiv möglich, eure Zeit mit ihnen um einiges intelligenter und fruchtbarer zu verbringen.

Versucht, die Zeit für eure Wartungsarbeiten zu begrenzen, um in kürzerer Zeit mehr zu erreichen. Achtet nur darauf, dass ihr nicht während eurer BPT an ihnen arbeitet – diese Zeit ist heilig.

Das Streben nach Unvollkommenheit

In den Jahren nach meinem ersten Wartungstag wurden mir eine Menge Vorteile bewusst, die weit darüber hinausgehen, unter der Woche mehr Zeit für wichtige und sinnvolle Aufgaben zu haben. Ein Wartungstag hilft euch, sowohl physische als auch geistige Unordnung zu beseitigen, sodass ihr jede neue Woche mit mehr Klarheit und Energie angehen könnt. Außerdem fühlt es sich verdammt gut an, zehn oder fünfzehn Dinge auf einmal zu erledigen und sie von eurer To-do-Liste streichen zu können.

Einer der größten versteckten Vorteile, wie ich mit der Zeit erkannt habe, ist der, dass ich dadurch weniger Zeit vergeude. Es liegt in der Natur der Sache, dass Wartungsarbeiten nicht perfekt ausgeführt werden sollten. Sie sind wenig rentabel. Sie unterstützen eure Arbeit, sind jedoch nicht so wichtig wie die wichtigen und wertvollen Aufgaben, die sie unterstützen.

Viele Menschen – auch ich – sind Perfektionisten. Wir neigen dazu, weiterhin an Aufgaben zu arbeiten, die über den Punkt hinausgehen, an dem sie „gut genug" sind, wo der Ertrag aus der Investition von mehr Zeit rapide abnimmt. Picasso verbrachte sein ganzes Leben damit, die Kunst der Malerei zu perfektionieren; jede kleine Verbesserung machte sein Werk um so viel prächtiger.

Doch kaum rentable Wartungsarbeiten bringen nicht dieselbe Rendite. Ab einem bestimmten Punkt verkürzt sich durch die zu intensive Beschäftigung mit eher niederen Aufgaben ganz einfach die Zeit, die ihr sonst in sinnvollere oder ertragreichere Tätigkeiten hättet investieren können.

Durch das Zusammenlegen eurer Wartungsarbeiten – sei es an einem Wartungstag oder mit einer Wartungsliste –, verhindert ihr, zu viel Zeit für diese Aufgaben aufzuwenden. Und ihr habt weniger Aufgaben mit geringerem Ertrag, mit denen ihr während der Woche Zeit verschwenden müsst, sodass ihr euch auf das eigentlich Wichtige konzentrieren könnt.

Es gibt eine Zeit und einen Ort für Perfektion – eure Wartungsarbeiten sind es jedoch nicht. Die zusätzliche Zeit, die ihr für sie aufwendet, ist schlicht und einfach verschwendet. Ihr könnt euer Haus immer 10 Prozent sauberer machen, aber interessiert das wirklich irgendjemanden?

Wenn ihr eure Wartungsarbeiten zusammenfasst, ist das das perfekte Gegenmittel, ein Perfektionist in Bezug auf die falschen Dinge zu sein.

Das Ende vom Zeitmanagement

In einem Buch über Produktivität mag es seltsam erscheinen, dass ich dem Thema Zeitmanagement nur drei Kapitel gewidmet habe. Doch wie ich bereits erwähnte, ist Zeitmanagement in der Wissensökonomie einfach nicht mehr so wichtig wie damals in der Zeitökonomie.

In der Wissensökonomie betrachten die produktivsten Menschen Zeit als den Hintergrund, vor dem sie arbeiten. Ein gewisses Maß an Koordination ist unerlässlich, um eure Zeit um die Arbeit anderer Menschen herum zu managen und um smarter zu arbeiten. Doch wann immer es möglich ist, stellen die produktivsten Menschen Zeitmanagement hinter die Art und Weise zurück, wie sie ihre Energie und Aufmerksamkeit managen. Früher war Zeit die einzige Ressource, die wir zu managen hatten. Heutzutage sind eure Zeit, Aufmerksamkeit und Energie so eng miteinander verbunden wie nie zuvor und die produktivsten Menschen managen alle drei.

Zeitmanagement ist unmöglich. Es ist jedoch möglich, zu bestimmen, wann man an Dingen arbeitet. Man kann Zeit nicht managen oder kontrollieren – sie tickt seit 13,8 Milliarden Jahren vor sich hin und zeigt keinerlei Anzeichen, damit aufzuhören.

Die Wartungs-Challenge

Benötigte Zeit: 10 Minuten während der Woche; ein paar Stunden für das Ritual, je nachdem, wie viele Aufgaben ihr zusammenpackt.
Benötigte Energie/Konzentration: 2/10
Wert: 7/10
Spaß: 8/10
Was ihr davon haben werdet: Ihr werdet mehr Aufmerksamkeit und Energie darauf verwenden, während der Woche an wichtigen Dingen zu arbeiten. Ihr werdet auch weniger prokrastinieren, mehr geistige Klarheit spüren und euch großartig fühlen, wenn ihr ein Dutzend eurer Wartungsarbeiten auf einmal erledigt.

Die Einführung eines Wartungstages ist eine der wirkungsvollsten Maßnahmen, die ihr ergreifen könnt, um während der Woche Aufmerksamkeit und Energie freizusetzen.
Hier ist die Challenge für dieses Kapitel: Erledigt nächste Woche eure Wartungsarbeiten weiterhin über die ganze Woche verteilt, notiert sie dabei jedoch auf eurer Wartungsliste, wenn ihr glaubt, dass ihr sie problemlos später in der Woche erledigen könnt. (Pflanzen gießen, zum Beispiel, oder das Entleeren des Katzenklos kann möglicherweise nicht warten.) Wenn ihr so seid wie ich, werdet ihr überrascht sein, wie viele Aufgaben ihr nicht unter der Woche erledigen müsst, sondern sie an einem Wartungstag oder auf einer Wartungsliste zusammenfassen könnt. Für die nächste Woche plant ihr dann einen Wartungstag ein, oder auch nur einen halben Tag, um alle Aufgaben auf einmal zu erledigen. Um diese Zeit noch produktiver zu nutzen, verwendet die überschüssige Energie und Aufmerksamkeit für etwas noch Wichtigeres und Sinnvolleres, wie z. B. eine neue Sprache lernen oder euren Lieblings-Podcast anhören. Achtet nur darauf, dass ihr Wartungsarbeiten nicht während eurer BPT erledigt – denn diese Zeit ist heilig!

PRODUKTIVITÄT UND ZEN

Produktivität und Zen

Take-away: Support-Aufgaben wie das Lesen und Schreiben von E-Mails sind wahrscheinlich ein notwendiges Übel in eurem Arbeitstag, doch die Zeit, Aufmerksamkeit und Energie zu minimieren, die ihr dafür aufwendet, ist ein Schlüssel zur Steigerung eurer Produktivität. Indem ihr mehr Zeit und Raum für eure Aktivitäten mit dem höchsten Ertrag schafft, werdet ihr kreativer, fokussierter und produktiver.

Geschätzte Lesedauer:
5 Minuten

Zen im Mai

Solltet ihr mal im Mai in Ottawa sein und ein oder zwei Stunden Zeit haben, dann fahrt zum „Dows Lake“, einem künstlich angelegten See mitten in der Stadt. Der See selbst ist zwar hübsch – vor allem im Winter, wenn er zufriert und zu einer der längsten Eislaufbahnen der Welt wird –, jedoch noch attraktiver sind die Tulpen, die den See im Mai umgeben. Jedes Jahr im Mai stehen die rund 300.000 Tulpen, die rund um den Rideau-Kanal – in den der Dows Lake fließt – gepflanzt werden, in voller Blütenpracht. Ob ihr nun Blumen mögt oder nicht, es ist ein großartiger Ort, um sich zu entspannen oder um eine Gruppe dankbarer Touristen auszuführen.

Als ich mir neulich die Bilder ansah, die ich während meines Projekts aufgenommen hatte, blieb ich bei einem Bild hängen, das ich am Sonntag, dem 5. Mai, aufgenommen habe, nur vier Tage, nachdem ich mit meinem Projekt begonnen hatte. Das Bild zeigt ein paar grün-belaubte Bäume, sein

Fokus liegt jedoch auf einem Buch, das ich im Vordergrund hochhalte: *Rapt* von Winifred Gallagher – das erste Buch, das ich für mein Projekt las.

Das Foto verkörpert perfekt meine Emotionen zu Beginn meines Projekts: eine Zen-artige Ruhe, eine engagierte Neugier, gleichzeitig unglaublich fokussiert auf das Thema Produktivität.

Vor dem explosionsartigen Interesse an meinem Projekt ein paar Monate später war die simple Aussicht, ein Jahr lang ruhig, neugierig und konzentriert mit Produktivität zu experimentieren, verlockender für mich als selbst ein lukratives Jobangebot (oder zwei).

Die Gelegenheit klopft an

Doch als mein Projekt voranschritt, begann sich sein Charakter sehr schnell zu verändern.

Acht kurze Monate, nachdem ich mein Projekt gestartet hatte – fünf Monate nach meinem Produktivitätsexperiment, bei dem ich 35 Stunden meditierte, und nur zwei Monate, nachdem die TED-Organisatoren ihr Interview mit mir veröffentlicht hatten –, begann mein Projekt plötzlich, nun ja, viel größer zu werden. Scheinbar über Nacht gewann es an Schwung und meine Website erzielte nicht mehr nur ein paar Hundert Zugriffe pro Tag, sondern mehrere Tausend. Mein Blog erhielt nun plötzlich Dutzende Kommentare pro Woche statt nur eine Handvoll. Aus etwa 30 E-Mails pro Tag wurden ein paar Hundert pro Tag und ich begann rasch, mehr Anfragen für Interviews, Meetings und Produktivitätscoachings zu erhalten, als mir lieb war.

Die Zen-artige Natur meines Projekts wurde schnell gestört – doch auf die bestmögliche Art und Weise. Da ich mein Projekt von Grund auf so konzipiert hatte, dass ich mit Produktivität experimentieren konnte, war das ein ziemlich cooles Problem.

Seltsamerweise waren die Aufgaben in meinem Projekt, die zu explodieren begannen, alles Aufgaben, die meine Arbeit unterstützten. E-Mails beantworten, an Meetings teilnehmen und in den sozialen Medien auf dem Laufenden bleiben sind die „Wartungsarbeiten" der Arbeitswelt; sie unterstützen die fruchtbarsten Aufgaben eures Jobs, und genau wie Wäsche waschen und Rechnungen bezahlen sind sie nur sehr schwer loszuwerden. Für mich sind Support-Aufgaben fast ebenso lästig wie Wartungsarbeiten, denn genau wie eure Wartungsarbeiten können sie eine Unmenge eurer wertvollen Zeit, Aufmerksamkeit und Energie auffressen – die ihr sonst für wertvollere und sinnvollere Dinge eingesetzt hättet.

Doch es gibt noch einen differenzierteren Kostenfaktor bei Aufgaben mit geringem Ertrag: An ihnen zu arbeiten ist so viel einfacher. Sie sind das „Netflix schauen" der Arbeitswelt. Euer limbisches System wehrt sich kaum dagegen, nur noch einmal eure E-Mails abzurufen, einen weiteren Telefonanruf zu arrangieren oder an einem weiteren Meeting teilzunehmen. Es ist ziemlich einfach, euch im Moment davon zu überzeugen, dass eure weniger produktiven Aufgaben wichtiger sind als eure eigentliche Arbeit, auch wenn sie euch auf lange Sicht einen viel geringeren Ertrag einbringen.

Das Zen von weniger

Der Grund, warum die Vereinfachung der weniger produktiven Aufgaben in eurer Arbeit so wirkungsvoll sein kann, ist einfach: Je weniger Zeit und Aufmerksamkeit ihr auf sie verwendet, desto mehr Zeit und Aufmerksamkeit könnt ihr in das investieren, was wichtig ist. Euer Ziel sollte sein, eure Arbeit zu vereinfachen, damit ihr die meiste Zeit für eure produktivsten Aufgaben einsetzt.

Erinnert ihr euch an die 16-teiligen Schiebepuzzles aus 4 x 4 Quadraten, mit denen ihr als Kind gespielt habt, bei denen ein Quadrat leer war und ihr die anderen Teile herumgeschoben habt, um das Puzzle zu lösen? So sieht eure Zeit aus. Je mehr Freiraum ihr in eurem Terminkalender habt, desto mehr Flexibilität habt ihr, wann ihr an euren Aufgaben arbeitet. Wenn ihr reduziert, welche Arbeiten ihr annehmt, könnt ihr besser auf die Aufgaben und Projekte reagieren, die euch zugetragen werden und die eure Aufgaben mit dem höchsten Ertrag sind. Gleichzeitig jedoch kann alles Mögliche geschehen. In der Arbeit bricht eine Krise aus. Euer Kind erkrankt an Grippe. Eure Vorgesetzten beraumen ein dringendes Meeting an.

Gezieltes Reduzieren, gepaart mit mehr Puffer für eure Aufgaben mit hohem Ertrag gibt euch den Spielraum, zu reagieren und dann mit jeder unerwarteten Aufgabe fertig zu werden, die auf euch zukommt.

Darüber hinaus verschafft euch diese Reduzierung von Aufgaben den ganzen Tag über eine wunderschöne Zen-artige, geistige Klarheit – was sich absolut unglaublich anfühlt. Laut Stadtplanern – vielleicht sogar denselben, die die Idee der Wunschpfade entwickelt haben – ist es für den Verkehrsfluss auf der Autobahn nicht entscheidend, wie viele Autos unterwegs sind oder wie schnell sich die Autos bewegen. Entscheidend ist, wie viel Platz zwischen den Autos besteht. Dasselbe gilt für die Aufgaben, an denen ihr den ganzen Tag über arbeitet. Es ist schwierig, produktiv zu sein, wenn man versucht, so viel wie möglich in den Tag zu packen, weil man dann unweigerlich einen mentalen Stau verursacht, wenn unerwartete Aufgaben auftauchen. Indem ihr limitiert, wie viel ihr übernehmt, schafft ihr mehr Raum für Aufmerksamkeit rund um eure Aktivitäten mit dem höchsten Ertrag, sodass ihr euch viel besser auf sie konzentrieren könnt. Aufgaben sind die Autos auf der „Produktivitäts-Autobahn"*.

Indem ihr mehr Raum für Aufmerksamkeit rund um eure Aktivitäten mit dem höchsten Ertrag schafft, wird dies auch dazu führen, dass ihr bessere Ideen habt. Der Grund dafür, dass wir unter der Dusche viel mehr großartige Einfälle haben als wenn wir auf unsere Smartphones starren, ist einfach: Wenn wir duschen, schaffen wir genug Raum für Aufmerksamkeit, sodass unsere Gedanken wandern und neue Ideen und Gedanken an die Oberfläche dringen können. Einen ähnlichen Effekt hat auch die Reduzierung von Aufgaben mit geringem Ertrag. Dadurch könnt ihr nicht nur mehr Zeit und Aufmerksamkeit in eure Aufgaben mit dem höchsten Ertrag investieren, sondern auch mehr großartige Ideen für genau diese Aufgaben entwickeln.

Indem ihr für mehr Raum zwischen euren Aufgaben und Verpflichtungen mit hohem Ertrag sorgt, könnt ihr tiefer in sie eintauchen, smarter arbeiten und ihnen die Zeit und Aufmerksamkeit widmen, die sie verdienen.

Die nächsten beiden Kapitel enthalten die meiner Meinung nach allerbesten Methoden, um dies zu erreichen.

* Das ist vielleicht das Kitschigste, was ich je geschrieben habe. Ich werde es jedoch stehen lassen, damit ich mich später über mich selbst lustig machen kann.

Das Unwichtige eindampfen

Take-away: Jede einzelne Support-Aufgabe in eurer Arbeit kann entweder eingedampft, delegiert oder, in einigen seltenen Fällen, sogar ganz eliminiert werden. Nachdem ihr erst einmal einen besseren Überblick darüber habt, wie viel Zeit und Aufmerksamkeit ihr in eure Problemaufgaben steckt, sind die Wartungsarbeiten viel einfacher in den Griff zu bekommen.

Geschätzte Lesedauer:
12 Minuten

Das Unwichtige

Obwohl ich mir zu Beginn meines Projekts die Zeit nahm, meine Aufgaben mit der größten Wirkung herauszufinden, unternahm ich nichts gegen die Aufgaben mit geringerem Ertrag, bis es fast zu spät war, bis ich von meinen Support-Aufgaben so überwältigt war, dass meine Produktivität total einbrach.

Etwas musste geschehen.

Eine überraschende Entdeckung, die ich machte, nachdem ich mir mein erstes Zeitprotokoll angesehen hatte – zusätzlich zu der Zeit, die ich mit Prokrastinieren verbrachte –, war, wie viel Zeit ich die ganze Woche über mit Wartungsarbeiten mit geringem Ertrag verbracht hatte. Obwohl ich mich produktiv fühlte, weil ich so sehr mit ihnen beschäftigt war, trugen sie nicht dazu bei, dass ich etwas Sinnvolles erreichte.

Das „Parkinsonsche Gesetz“ besagt, dass sich eure Arbeit entsprechend der Zeit, die euch dafür zur Verfügung steht, ausdehnt. In meinem Projekt stellte ich fest, dass dieses Gesetz vor allem für Aufgaben gilt, die wenig Ertrag abwerfen. Da sich euer limbisches System so sehr gegen die Arbeit an euren anspruchsvolleren Aufgaben mit dem höchsten Ertrag wehrt, fungieren die Aufgaben mit geringer Wirkung, die eure Arbeit lediglich unterstützen, fast schon als „Crack" oder wie Süßigkeiten. Ihr fühlt euch produktiv, wenn ihr an ihnen arbeitet – schließlich seid ihr unglaublich beschäftigt. Doch sie führen dazu, dass ihr weniger erreicht.

Beim Durchsehen meiner Liste von Aufgaben in meinem Zeitprotokoll filterte ich die Problemaufgaben in meiner Arbeit heraus, die die meiste Zeit in Anspruch genommen hatten; diejenigen, die sich entsprechend der mir zur Verfügung stehenden Zeit ausdehnten. Diese waren, in der Reihenfolge, wie viel Zeit und Aufmerksamkeit sie beanspruchten:

- Beantworten von E-Mails
- Teilnahme an Meetings
- Hochladen von Blog-Artikeln und Newslettern
- Pflege meines Kalenders
- Coaching von Einzelpersonen und Unternehmen zum Thema Produktivität
- Reisen recherchieren und planen
- Koordinierung von und Teilnahme an Telefonkonferenzen
- Aktualisierung meiner Website
- Aktualisierung meiner Social-Media-Konten

Wahrscheinlich habt auch ihr ähnliche Wartungsarbeiten, die eure eigentliche Arbeit unterstützen – jeder Wissensarbeiter auf diesem Planeten wird mit E-Mails überschwemmt und zu zu vielen Meetings und Veranstaltungen eingeladen.

Doch wie ich herausfand, gibt es gute Nachrichten: Jede einzelne Support-Aufgabe kann eingedampft, delegiert oder vielleicht komplett gestrichen werden.

Eure tief hängenden Früchte

Je nachdem, wie defensiv oder protektionistisch ihr mit eurer Zeit umgeht, werdet ihr vielleicht feststellen, dass ihr einige weniger produktive Aufgaben habt, die ihr komplett eliminieren könnt. Meiner Erfahrung nach ist es jedoch sehr schwierig, alle diese Aufgaben zu eliminieren. In den Jobs, in denen ich in der Vergangenheit gearbeitet hatte, wurde ich dafür bezahlt, an vielen Aufgaben zu arbeiten, bei denen meine Zeit nicht immer am besten eingesetzt war. Und obwohl es mich produktiver gemacht hätte, mich gegen viele von ihnen zu wehren, hätte ich dabei auch wie ein Idiot ausgesehen oder wäre gefeuert worden.

Vielleicht findet ihr jedoch Aufgaben und Verantwortlichkeiten, die ihr ganz streichen könnt. Aufgaben wie:

- Sich wiederholende, wenig ertragreiche Meetings
- Wenig ertragreiche Telefongespräche und die Produktivitätskiller der sozialen Medien und Nachrichten-Websites
- Aufgaben und Projekte, die eure Zeit oder eure einzigartigen Talente oder Fähigkeiten wenig in Anspruch nehmen
- Aufgaben und Projekte, zu denen ihr wenig Mehrwert beisteuert, die aber viel Zeit in Anspruch nehmen

Ich habe festgestellt, dass die Aufgaben, die eure Arbeit unterstützen, fast immer die Anzahl der Aufgaben übersteigen, die ihr problemlos eliminieren könnt. Wenn ihr jedoch tief hängende Früchte auf eurer Liste von wenig ertragreichen Aufgaben habt, die ihr pflücken und eliminieren könnt, lohnt es sich, sich darum zu bemühen, um wertvolle Zeit und Aufmerksamkeit freizusetzen, die ihr besser für eure wichtigsten Aufgaben einsetzen könnt.

In meinem Produktivitätsprojekt stellte ich fest, dass ich nur einen Punkt von meiner Liste vollständig streichen konnte: Coaching von Einzelpersonen und Unternehmen. Obwohl die Arbeit angemessen bezahlt wurde, trug sie nicht direkt zu meinem Projekt bei oder ermöglichte es mir, mit meiner Arbeit mehr Menschen zu erreichen.

Den Rest musste ich leider auf die harte Tour eindampfen.

Massive Schrumpfung

Nachdem ich mich ein oder zwei Monate lang in der E-Mail- und Meeting-Hölle befand, beschloss ich schließlich, damit zu experimentieren, wie ich meine Support-Aufgaben schrumpfen könnte, um mir mehr Zeit und Raum für Aufmerksamkeit zu verschaffen und echte Arbeit zu erledigen. Nach vielen Versuchen, Irrtümern und langen Nächten fand ich heraus, dass die effektivste Antwort auf das Schrumpfen von Support-Aufgaben mit geringem Ertrag darin bestand

- mir bewusst zu machen, wie viel Zeit und Aufmerksamkeit ich für Support-Aufgaben aufwendete und
- die Aufgaben einzudampfen, indem ich ihnen Grenzen setzte.

Das einfache Führen eines Zeitprotokolls führt euch deutlich vor Augen, woran ihr täglich arbeitet. Doch Zeit ist nur ein Teil der Geschichte. Aufgaben mit geringem Ertrag nehmen auch eine Menge eurer Aufmerksamkeit in Anspruch.

Man nehme zum Beispiel die E-Mail: Nachdem ich während meines Projekts mit E-Mails überschwemmt worden war, bat ich mehrere Freunde in einer informellen Umfrage darum, eine Woche lang zu protokollieren, wie oft sie jeden Tag in der Arbeit ihre E-Mails abriefen. Der Durchschnitt? Erstaunliche 41 Mal. Eine andere (wissenschaftlichere) Studie ergab, dass die meisten Menschen etwa alle 15 Minuten E-Mails abrufen – das sind insgesamt 32 Mal an einem 8-Stunden-Tag. Wenn ihr 32 Mal am Tag eure E-Mails checkt, wird eure Aufmerksamkeit 32 Mal von dem abgelenkt, woran ihr eigentlich arbeiten solltet.

Unter diesen Bedingungen ist es ziemlich schwer, sich auch nur annähernd geistige Klarheit zu bewahren. E-Mails mögen eine wichtige Support-Aufgabe sein, doch ihr müsst sie auch nicht 32 Mal am Tag checken. (Mir erging es auch nicht besser – sogar während ich versuchte, so bewusst wie möglich zu arbeiten, rief ich 36 Mal am Tag neue Nachrichten ab.)

Nachdem ihr eure Problemaufgaben identifiziert habt, überlegt, wie oft ihr euch im Laufe des Tages auf sie konzentriert, indem ihr ein oder zwei Tage lang eine formelle Strichliste führt.

Nachdem ihr erst einmal einen Überblick habt, wie viel Zeit und Aufmerksamkeit ihr in Problemaufgaben steckt, werdet ihr feststellen, dass sie viel einfacher in den Griff zu bekommen sind. Die beste Lösung, die ich gefunden habe, um meine eigenen zu verringern, war, Grenzen zu setzen, sowohl dafür, wie viel Zeit ich für die Aufgabe aufwende, als auch dafür, wie oft ich mich auf die Aufgabe konzentriere.

Aufmerksamkeitsfresser

Einige Support-Aufgaben in eurer Arbeit nehmen unverhältnismäßig viel eurer Aufmerksamkeit in Anspruch – nicht eurer Zeit. Beispielsweise dauert es meistens nur ein oder zwei Minuten, eine E-Mail zu beantworten, doch wenn ihr eure E-Mails dutzende Male am Tag abruft, sind das unzählige Male, in denen ihr aus eurer Konzentration gerissen werdet. (Die mit Multitasking verbundenen Kosten können so enorm sein, dass ich ihnen ein ganzes späteres Kapitel gewidmet habe.) Hinzu kommt natürlich auch noch die damit einhergehende Unsicherheit, ob ihre neue Nachrichten habt, was euch noch mehr Raum für Aufmerksamkeit kostet, ganz zu schweigen davon, wie oft E-Mail-Benachrichtigungen euch unterbrechen, während ihr versucht, an etwas Produktiverem zu arbeiten.

Bei Aufgaben wie E-Mails habe ich festgestellt, dass sich ihre Auswirkungen auf meine Zeit und Produktivität am besten dadurch verringern lassen, dass ich mir ein Limit setze, wie oft ich mich im Laufe des Tages auf sie fokussiere. Ich schalte meine E-Mail-Benachrichtigungen aus und checke E-Mails nur zu einigen bestimmten Zeiten – morgens, vor dem Mittagessen und am Ende des Tages. Und ich habe festgestellt, dass ähnliche Beschränkungen bei Aufgaben wie der Aktualisierung sozialer Medien, Telefonieren oder Chats Wunder wirken können.

> **Nichtsdestotrotz sind einige E-Mails es wert,** mehr Zeit auf sie zu verwenden. Wenn man sich zwingt, mit der Beantwortung zu warten, hat der Geist Zeit, sich zu sammeln und eine sorgfältige Antwort zu formulieren. Und ihr erspart es euch vielleicht, am Ende einen Haufen an E-Mails hin und her zu schicken.

Nachfolgend einige Beispiele für die Beschränkungen, die ich mir während meines Projekts setzte:

- Ich plante täglich nur drei 30-Minuten-Blöcke für E-Mails ein.
- Ich beschränkte mich auf fünf Social Media-Updates pro Tag.

- Ich fasste ähnliche Aufgaben zusammen, damit ich mich weniger häufig auf sie konzentrieren musste (z. B. indem ich alle meine Telefonate auf einmal führte).
- Ich beschränkte mich darauf, jeden Tag maximal fünf neue Chats zu beginnen.
- Ich rief neue E-Mails nur dann ab, wenn ich die Zeit, den Fokus und die Energie hatte, auf alles zu antworten, was eventuell eingetroffen war.

Wenn ihr im Voraus festlegt, wann ihr eine Aufgabe wie E-Mails in Angriff nehmt – und nicht erst dann, wenn sie eintrifft oder ihr den Drang dazu verspürt –, passieren folgende Dinge gleichzeitig: Es hilft euch, mehr Raum für Aufmerksamkeit zu schaffen; es hilft euch, bewusster zu arbeiten und es hilft euch, nicht mehr den ganzen Tag über an eure Support-Aufgaben zu denken, weil ihr im Voraus entschieden habt, wann ihr euch auf sie fokussieren werdet.

Ich brauchte einige Wochen, um mich an diese neue Routine zu gewöhnen und Nachrichten weniger häufig abzurufen. Doch nachdem ich mich erst einmal in diese neue Routine eingewöhnt hatte, in der ich mich weniger häufig auf meine weniger produktiven Aufgaben konzentrierte, hatte ich mehr geistige Klarheit, um mich meiner eigentlichen Arbeit zu widmen, als seit langer, langer Zeit.

Zeitfresser

Viele Support-Aufgaben nehmen mehr Zeit in Anspruch als Aufmerksamkeit. Nehmt zum Beispiel Meetings. Obwohl einige Meetings sicherlich wichtig sind, vergeudet die durchschnittliche Person unglaublich viel Zeit mit ihnen: 37 Prozent der Zeit eines durchschnittlichen Büroangestellten wird in Meetings verbracht. Eine Umfrage unter 150 Führungskräften ergab, dass sie 28 Prozent der Meetings für unnötige Zeitverschwendung halten (Ich würde behaupten, dass diese Zahl bei den meisten Arbeitnehmern bei über 50 Prozent liegt, da leitende Angestellte zu den sinnlosesten Meetings gar nicht erst eingeladen werden). Unproduktive Meetings sind das Gegenteil von Support-Aufgaben wie E-Mails: Sie verbrauchen eine Menge eurer Zeit, aber kaum Aufmerksamkeit oder Energie.

Hier sind ein paar Beispiele dafür, wie ich Meetings während meines Projekts zeitlich begrenzte (zugegeben, ich habe mehr Kontrolle über meinen Tag als die meisten Büroangestellten und Manager):

- Ich beschränkte mich auf vier Stunden Meetings pro Woche – und verschob alle darüber hinausgehenden oder sagte sie ganz ab.
- Ich nahm „Urlaub“ von Support-Aufgaben (z. B. nahm ich für ein oder zwei Tage Urlaub von E-Mails, indem ich einen temporären Autoresponder einrichtete, damit ich an einem wichtigeren Projekt arbeiten konnte).

Diese Beschränkungen motivierten mich nicht nur, Aufgaben schneller zu erledigen, sie zwangen mich auch zu cleveren Ideen, um smarter zu arbeiten, weil ich nur eine bestimmte Zeit für diese hatte. Bei Support-Aufgaben, die viel Zeit und Aufmerksamkeit beanspruchen, halte ich es für hilfreich, ein Zeit- und Aufmerksamkeitslimit für die Aufgabe festzulegen. Während meiner *Mission Produktivität* stellte ich fest, dass E-Mails eine Unmenge meiner Zeit in Anspruch nahmen. Deshalb blockierte ich nicht nur drei Zeiten pro Tag, zu denen ich mich darauf konzentrierte, meinen Posteingang abzuarbeiten, sondern stellte auch die Regel auf, dass jede einzelne E-Mail, die ich verschickte, höchstens fünf Sätze lang sein durfte. Ich vermerkte das ganz einfach in meiner E-Mail-Signatur („Zu eurem und meinem Nutzen beschränke ich jede E-Mail, die ich verschicke, auf fünf oder weniger Sätze“), um so transparent wie möglich zu sein. Die Empfänger meiner E-Mails schienen das zu verstehen und ich hatte umgehend das Gefühl, meinen Posteingang so schnell wie nie zuvor abarbeiten zu können. Wenn es mir schwer fiel, eine Antwort kürzer als fünf Sätze zu formulieren, deutete ich das als Hinweis, dass ein Anruf in der Regel die produktivere Art und Weise war, die Angelegenheit zu regeln.

Einige „Zeitfresser“, wie oberflächlicher Bürotratsch, sind von Natur aus schwieriger in den Griff zu bekommen. Obwohl tiefergehende Bürofreundschaften eurer Produktivität durchaus zuträglich sein können, lohnt es sich, darüber nachzudenken, ob euch oberflächlicher Bürotratsch nicht wertvolle Zeit kostet. Wenn dies der Fall ist, macht einen Plan, wie ihr das Geplänkel vermeiden könnt, zum Beispiel, indem ihr bei der Arbeit an kritischen Aufgaben Kopfhörer tragt, Klatsch und Tratsch wie die Pest meidet, an einem anderen Ort als in eurem Büro Pause macht, die Person, die euch unterbricht, bittet, euch bei der Arbeit zu helfen oder eure Bürotür während eurer BPT geschlossen haltet. Das wird euch helfen, noch mehr Zeit für eure wichtigsten Aufgaben freizuschaufeln.

So wie ein Wartungstag Struktur um die Support-Aufgaben in eurem Leben schafft, so verhindern Limits für Support-Aufgaben in eurer Arbeit, dass sie sich ausdehnen und mehr von eurer Zeit oder Aufmerksamkeit in Anspruch nehmen als wirklich nötig.

Ihr könnt die Ablenkungen durch E-Mails auch dadurch verringern, indem ihr ein E-Mail-Plug-In für eine spätere Zustellung installiert.

Zurück zum Zen

Nachdem mein Projekt auf soliden Beinen stand, arbeitete ich langsam aber stetig daran, die Zeit zu limitieren, in der ich neue E-Mails abrief, anstatt unzählige Male pro Tag, so wie früher. Heute checke ich meine E-Mails dreimal pro Woche.

Jeden Montag-, Mittwoch- und Freitagnachmittag um 15:00 Uhr – also zu der Zeit, zu der ich vom Macher zum Manager werde, wenn ich weniger Energie habe – öffne ich meinen E-Mail-Posteingang und gehe ihn durch. Und an diesen Zeitplan halte ich mich nun schon seit langer Zeit. Ich schätze meine Zeit und möchte sie für die Aufgaben verwenden, mit denen ich am meisten erreichen kann. Ich habe einen Posteingang mit zweiter Priorität, von dem nur etwa zehn Personen wissen, den ich ein paar Mal am Tag überprüfe, so dass mich die Menschen, die mir am meisten am Herzen liegen und mit denen ich am engsten zusammenarbeite, schneller erreichen können. Wie die meisten Menschen erhalte ich nach wie vor eine Menge E-Mails, doch dadurch, dass ich meine Herangehensweise geändert habe, konnte ich mehr Zeit und Aufmerksamkeit für das gewinnen, was jeden Tag wirklich wichtig ist.

Auch wenn ihr wahrscheinlich nicht die Flexibilität habt, eure E-Mails nur dreimal pro Woche abzurufen, lohnt es sich, eure Aufmerksamkeit zu respektieren und euren Posteingang weniger häufig zu checken als ihr es heute tut. Wenn ihr mehr erreichen wollt, ist zusätzlicher Raum für Aufmerksamkeit von entscheidender Bedeutung. Wenn ihr auf jede E-Mail innerhalb weniger Minuten nach Erhalt antwortet, setzt ihr eure Aufmerksamkeit wahrscheinlich nicht sinnvoll ein.

Gegen Ende meines einjährigen Produktivitätsprojekts wurde ich zusehends rücksichtsloser, wenn es darum ging, meine Zeit gegen Meetings zu verteidigen, obwohl diese Änderung etwas schwieriger zu bewerkstelligen war. Wenn ein Meeting kein klares Ziel oder keine klare Tagesordnung hatte oder ich nicht gebraucht wurde, begann ich, mich dagegen zu wehren, um die Zeit zurückzugewinnen, die ich sonst verschwendet hätte. Das ist nicht immer einfach. Doch immer, wenn ich einen Grund dafür angab, warum ich nicht teilnehmen würde, zeigten die Leute für gewöhnlich Verständnis. Wenn ich unbedingt an einem Meeting teilnehmen muss, schlage ich oft auch vor, das Meeting etwas zu verkürzen – was alle dazu motiviert, mehr Energie und Konzentration in dieser kürzeren Zeit aufzuwenden, um die Tagesordnung schneller abzuarbeiten. Da Outlook standardmäßig vorschlägt, Meetings jeweils zur Viertelstunde zu beenden, halten sich Menschen auch an diese Standardoption. Warum nicht zehn Minuten früher aufhören? Und wenn ihr einen Besprechungsteilnehmer nach dem Meeting um eine einminütige Zusammenfassung bitten könnt, ist es eure Zeit wahrscheinlich nicht wert, daran teilzunehmen. Wenn ihr es nett angeht und einen guten Grund nennt, sind die Leute normalerweise verständnisvoll.

Eine aufschlussreiche Studie fand heraus, dass „in der Mehrzahl der [E-Mail-Sessions] Benutzer ihre E-Mails einfach nur abriefen, ohne entsprechend darauf zu reagieren". Lest eure E-Mails nur dann, wenn ihr genügend Zeit, Konzentration und Energie habt, um auch auf alles, was so eintrudelt, antworten zu können.

Obwohl es unmöglich ist, E-Mails und Meetings vollständig aus dem Weg zu gehen, ist es dennoch möglich, zu kontrollieren, wie intelligent ihr eure Zeit und Aufmerksamkeit darauf verwendet. Die Reduzierung eurer Support-Aufgaben mit geringem Ertrag ist der beste Weg, den ich dafür gefunden habe.

(Nun, einer der beiden besten Wege, aber dazu komme ich gleich noch.)

Die „Zen-Out"-Challenge

Benötigte Zeit: 15 Minuten
Benötigte Energie/Konzentration: 7/10, obwohl dies von der Stärke eures limbischen Systems abhängt
Wert: 8/10
Spaß: 4,5/10
Was ihr davon haben werdet: Was ihr davon haben werdet: Ihr werdet jede Woche wesentlich mehr Zeit für eure wichtigsten und bedeutsamsten Aufgaben aufwenden, anstatt bei der Arbeit an Support-Aufgaben auf der Stelle zu treten.

Die Challenge für dieses Kapitel ist wieder einmal einfach: Wählt eine oder zwei wenig produktive Support-Aufgaben in eurer Arbeit aus, die ihr nur schwer in den Griff bekommt, und schrumpft sie, indem ihr ein Limit setzt, wie viel Zeit ihr für sie aufwendet, wie oft ihr euch auf sie konzentriert oder beides.

Eine kurze Warnung jedoch: Wenn ihr eure wenig produktiven Wartungsarbeiten schrumpft, wird etwas passieren, das euch mittlerweile vielleicht schon bekannt sein dürfte: Euer limbisches System wird zu Höchstform auflaufen. Wenn ihr eure Arbeit vereinfacht, um euch während der Woche auf größere und anspruchsvollere Dinge zu konzentrieren, wird euer limbisches System rebellieren. Ihr werdet euch fragen, ob ihr wichtige E-Mails erhalten habt, und euch schuldig fühlen, weil ihr euch gegen unwichtige Meetings sträubt oder gegen den Drang ankämpft, nur noch einmal kurz soziale Medien zu checken. Widersteht diesem Drang! So wie anfangs, als ihr offline gegangen seid, verschwindet dieses Gefühl unangebrachter Schuldgefühle mit der Zeit – nach der ihr euch leichter auf das konzentrieren könnt, was wirklich wichtig ist.

Scheut euch auch nicht, euch selbst zu belohnen, nachdem ihr eure Aufgaben mit geringem Ertrag erfolgreich geschrumpft habt! Als ich mich während meines Projekts mit Charles Duhigg unterhielt (dem Autor des gefeierten Bestsellers *The Power of Habit*), betonte er, wie wichtig es ist, sich selbst zu belohnen, wenn man neue Gewohnheiten entwickelt. Laut Charles: „[Wenn eine

Gewohnheit] und eine Belohnung neurologisch miteinander verknüpft werden, entwickelt sich ein neuronaler Pfad, der diese [Dinge] in unserem Kopf miteinander verbindet." Belohnt euch also mit etwas, das ihr wirklich lohnend findet, wenn ihr eure wenig rentablen Support-Aufgaben erfolgreich reduziert habt, damit die Herausforderung mehr Spaß macht. Das wird euch wahrscheinlich langfristig aus der Klemme helfen.

Das Unwichtige entfernen

Take-away: Das Wort „Nein" ist ein mächtiges Werkzeug in eurem Produktivitätswerkzeugkasten. Während Zeit in der Wissensökonomie zwar nicht länger Geld ist, so kann man doch mit Geld Zeit kaufen, wenn man es intelligent ausgibt. Für jede wenig produktive Aufgabe, jedes Projekt und jede Verpflichtung, zu der ihr Nein sagt, sagt ihr Ja zur Arbeit an euren wertvollsten Aufgaben.

Geschätzte Lesedauer: 14 Minuten

Nachdem ich alles, was ich nur konnte, gestrichen oder eingedampft hatte – einschließlich meiner Coachingtätigkeit, E-Mails, Meetings, soziale Medien und Vorträge –, setzte ich eine Menge Zeit und Aufmerksamkeit frei, um mich auf größere Dinge zu konzentrieren. Aber wie üblich war ich noch immer nicht zufrieden.

Ich hatte immer noch eine Reihe von lästigen, wenig ertragreichen Aufgaben zu erledigen, die ich einfach nicht abschütteln konnte. Dazu gehörten:

- Pflege meines Kalenders
- Telefonkonferenzen mit vielen verschiedenen Teilnehmern
- Hochladen von Blog-Artikeln und Newslettern
- Reisen recherchieren und planen
- Aktualisierung meiner Website

Diese Aufgaben nahmen alle viel Zeit und Aufmerksamkeit in Anspruch und das war Zeit, die mir für die meiner Meinung nach wichtigeren oder sinnvolleren Aufgaben fehlte.

Da wir durch unsere Aufgaben mit geringer Wirkung nur einen begrenzten Wert beitragen, tragen wir oft auch nichts Einzigartiges bei. Diese Aufgaben sind somit erstklassige Kandidaten, die man an andere Menschen delegieren kann. Und das ist die dritte und letzte Methode, wie ihr mit den Aufgaben mit dem geringsten Ertrag in eurer Arbeit umgehen könnt.

Aufgaben zu delegieren ist zugegebenermaßen nicht für jeden eine realistische Option, doch sie ist viel leichter zu bewerkstelligen als ihr vielleicht denken mögt.

Was ist eure Zeit Wert?

Eine der aufschlussreichsten Berechnungen, die ihr anstellen könnt, ist die, wie viel euch eure Zeit wert ist – nicht nur allgemein, sondern in harter Währung.

Das ist eine Berechnung, die ich in den letzten Jahren regelmäßig gemacht habe, und zwar immer dann, wenn sich meine Lebensumstände geändert haben. Die Art und Weise meiner Berechnung erfordert für gewöhnlich ein wenig Nachdenken. Doch es ist ganz einfach. Von Zeit zu Zeit frage ich mich: **Wie viel wäre ich bereit zu zahlen, um eine Stunde meines Lebens zurückzukaufen?**

Als ich Student war und fast kein Geld verdiente, war ich nur bereit, sehr wenig zu bezahlen. Da ich kaum Geld hatte, um meine Zeit zurückzukaufen, hatte ich nicht die finanzielle Freiheit, Leute einzustellen, die meine Arbeit für mich erledigten. Damals schätzte ich, dass meine Zeit etwa 5 Dollar pro Stunde wert war. Aus diesem Grund erstellte ich meine Steuererklärung selbst und war bereit, für einen Mindestlohn zu arbeiten, weil meine Zeit nicht mehr wert war. Zu Beginn des Jahres meiner *Mission Produktivität* war ich bereit, eine Stunde meines Lebens für etwa 10 Dollar zurückzukaufen.

Gegen Ende meines Projekts begann meine Zeit deutlich mehr wert zu sein – etwa 50 Dollar pro Stunde. Zu diesem Zeitpunkt hatte ich bereits ein kleines Unternehmen gegründet, das langsam ein tragfähiges Einkommen erwirtschaftete und ich dachte darüber nach, ein Team aufzubauen, an das ich meine weniger produktiven Aufgaben delegieren konnte.

Je nachdem, wie ihr eure Zeit wertschätzt, ist es auch möglich, Aufgaben in eurem Zuhause zu delegieren. Aufgaben wie Rasen mähen, Schnee schaufeln oder das Haus putzen sind Aufgaben, die sich relativ leicht delegieren lassen und mit denen ihr Stunden eures Lebens zurückkaufen könnt. (Oder bringt sie einfach euren Kindern bei.)

Wie bei den meisten Taktiken in diesem Buch, geht es beim Zurückkaufen von Zeit nicht darum, weniger zu tun; es geht darum, smarter zu arbeiten, um mehr von den Dingen zu tun, die ihr für bedeutsam haltet.

Ich habe festgestellt, dass sich der Wert meiner Zeit um vier Dinge dreht:

- Wie viel Geld ich verdiene
- Wie wertvoll mir meine Zeit ist
- Wie wertvoll Geld für mich ist
- Wie überfordert ich mich fühle

Wenn ihr darüber nachdenkt, eine Person oder ein Team einzustellen, ist es unerlässlich, den Wert eurer Zeit zu berechnen. Möglicherweise stellt ihr fest, dass ihr eure Zeit doch nicht so sehr schätzt und an euren weniger produktiven Aufgaben selbst arbeiten solltet. Oder vielleicht erkennt ihr den Wert, jemanden damit zu beauftragen, eure Aufgaben mit geringem Ertrag für euch zu erledigen. Unabhängig davon, wo ihr steht, lohnt es sich, den Wert eurer Zeit zu berechnen.

> Wenn ihr die Zahlen überschlagen habt und zu dem Schluss gekommen seid, dass es euer Budget sprengen würde, jemanden einzustellen, an den ihr Aufgaben delegieren könnt, dann springt gleich weiter zu „Das produktivste Wort in eurem Vokabular"; ihr werdet nichts verpassen. Ihr könnt jederzeit zu diesem Abschnitt zurückkehren, wenn ihr so produktiv geworden seid, dass ihr jemanden einstellen müsst.

Meine erste Assistentin

Als Experiment stellte ich gegen Ende meines Projekts eine virtuelle Assistentin ein. Oberflächlich betrachtet war das Experiment perfekt: Indem ich die mir verbliebenen weniger produktiven Aufgaben delegierte, konnte ich mehrere Fliegen mit einer Klappe schlagen.

Auf einmal wäre ich in der Lage

- meine verbliebenen Aufgaben mit geringem Ertrag zu eliminieren, indem ich sie an jemand anderen delegiere, und
- wertvolle Zeit und Aufmerksamkeit für wichtigere Dinge freizusetzen.

Nicht jeder hat die Möglichkeit, sich Assistenz zu leisten. Doch als ich mir die Stundensätze virtueller Assistenten/innen ansah, war ich ziemlich begeistert. Ich wäre in der Lage, meine Aufgaben mit geringer Wirkung an wen auch immer ich mochte zu delegieren – sowie alle wenig produktiven Aufgaben, die im Laufe der Woche hinzukamen –, und der durchschnittliche Stundensatz lag bei etwa 5 bis 10 Dollar pro Stunde; weit unter den 50 Dollar/Stunde, die mir meine Zeit wert war. Einige verlangten natürlich viel mehr, aber die ignorierte ich.

Doch meine erste virtuelle Assistentin war absolut schrecklich.

Nicht, dass ich sie den Wölfen zum Fraß vorwerfen will, doch bevor ich sie einstellte, ließ ich nicht genug Sorgfalt walten. Nicht nur, dass sie in Indien war – was die Kommunikation über viele Zeitzonen hinweg schwierig machte –, sie war auch unzuverlässig, brauchte ewig, um neue Aufgaben zu lernen, und ich bin mir ziemlich sicher, dass sie stark auf Google Translate setzte, um Englisch zu sprechen. Da die meisten Aufgaben, die ich ihr stellte, digitaler Natur waren, war das Problem mit den Zeitzonen nicht ganz so schwerwiegend. Doch da sie nicht gut Englisch sprach und so lange brauchte, um selbst die kleinsten Aufgaben zu lernen, hätte ich Zeit und Aufmerksamkeit gespart, wenn ich die Arbeit einfach selbst erledigt hätte.

Meine zweite Assistentin

Glücklicherweise lernte ich einige Monate später – nachdem ich immer wieder mal mit verschiedenen VAs gearbeitet hatte – Luise kennen.

Als ich einen TEDx-Vortrag über mein Produktivitätsprojekt hielt, stolperte Luise Jørgensen, eine VA aus Dänemark, zufällig über meinen Vortrag und beschloss, einen Blog-Beitrag darüber zu schreiben. Nachdem ich wiederum über ihren Artikel gestolpert war, dauerte es nicht lange, bis ich sie fragte, ob sie Zeit hätte, mir zu helfen. In gewisser Weise hatte ihr Blog-Beitrag einen Wunschpfad vorgezeichnet, der sie direkt zu meinem Projekt führte.

Wie ich schnell feststellte, war Luise in so ziemlich jeder Hinsicht das Gegenteil meiner ersten, kostengünstigen virtuellen Assistentin. Sie war verdammt klug, konnte schnell so ziemlich alles lernen und hatte eine Menge Erfahrung sowohl mit der Art von Aufgaben, die ich ihr übertrug, als auch mit Produktivität im Allgemeinen. Sie arbeitet auch heute noch für mich, während sie in Thailand studiert.

Zuerst stellte ich Luise ein, um einfach Anrufe zu koordinieren und Blog-Beiträge und E-Mail-Newsletter hochzuladen. Doch schon bald begann ich auch andere Aufgaben mit geringem Ertrag an sie zu delegieren: Sie kümmerte sich um meinen Kalender, buchte Termine, recherchierte und buchte meine Reisen und aktualisierte sogar meine Website oder engagierte und koordinierte anderer Dienstleister für diese Wartungsarbeiten.

Ich zahlte ihr 25 US-Dollar pro Stunde – wesentlich mehr als meiner ersten Assistentin –, aber sie war es locker wert. Es fühlte sich großartig an, den ganzen Tag an einem Projekt zu arbeiten, es ihr abends zu übergeben und sie daran arbeiten zu lassen, während ich schlief, damit ich am nächsten Morgen weiter vorankommen konnte. Im Laufe der Zeit begann ich, Luise mehr und mehr Aufgaben mit geringerem Ertrag anzuvertrauen. So konnte ich Punkte von meiner To-do-Liste streichen und mehr Zeit und Aufmerksamkeit für größere und bessere Dinge freimachen.

Endlich hatte ich die Vorteile entdeckt, die ich mir von meiner ersten Assistentin erhofft hatte. Hier sind die Vorteile, wenn man eine VA engagiert, in Luises eigenen Worten:

„Es verschafft dir Zeit, damit du dich auf die Aktivitäten konzentrieren kannst, die den Kern deines Unternehmens ausmachen, und damit du dein Geschäft weiter ausbauen kannst", sagt sie. „Je mehr ein Unternehmen wächst, desto mehr Aufgaben stehen auf der To-do-Liste; daher ist es sehr hilfreich, einige dieser zeitraubenden Aufgaben an einen VA zu delegieren."

Ich stellte fest, dass ich mehr Zeit hatte, um zu schreiben, zu recherchieren, mehr Bücher zu lesen und interessante Menschen zu interviewen – meine einträglichsten und sinnvollsten Aufgaben. Ich begann auch, viel mehr Raum für Aufmerksamkeit zu haben, um intensiv über meine Aufgaben mit dem höchsten Ertrag nachzudenken und sie besser zu erledigen.

Ist ein VA für jedermann? Und worauf solltet ihr achten? Auch hier hat Luise einen klugen Rat:

> „Zuerst solltet ihr wissen, welche Art von Fähigkeiten ihr sucht. Braucht ihr vor allem jemanden, der sich um eure administrativen Aufgaben kümmert? Oder braucht ihr jemanden, der sich um eure Korrespondenz z. B. mit Team-Mitgliedern kümmert? Wenn ihr wisst, welche Aufgaben ihr erledigt haben müsst, könnt ihr jemanden suchen, der über die entsprechenden Fähigkeiten verfügt. Ich glaube auch, dass es ertragreicher, einfacher und angenehmer ist, wenn ihr jemanden findet, mit dem ihr auch persönlich gut auskommt – deshalb spreche ich im Vorfeld auch immer mit einem potenziellen Kunden, um zu sehen, ob unsere Arbeitsstile zusammenpassen. Auf diese Weise sind am Ende alle zufriedener."

Fehler, die ihr vermeiden solltet

Obwohl ich einige Lektionen auf die harte Tour lernen musste, habe ich wichtige Dinge erkannt, die man beachten sollte, wenn man sich entscheidet, jemanden einzustellen:

- **Scheut euch nicht, etwas mehr für jemanden zu bezahlen, der viel qualifizierter ist.** Je weniger qualifiziert jemand ist, desto mehr Zeit und Aufmerksamkeit werdet ihr täglich für das Einlernen dieser Person aufwenden müssen – und das sind Kosten, die ihr nicht vernachlässigen solltet. Aus diesem Grund empfehle ich, für jemanden, der qualifizierter ist, etwas mehr zu zahlen, wenn ihr das könnt. Erwartet zum Beispiel von einer guten virtuellen Hilfe, dass sie zwischen 15 und 30 US-Dollar pro Stunde verlangt.

- **Jemanden in einer anderen Zeitzone einzustellen, kann oft eine gute Sache sein.** Je nach Art eurer Arbeit und der Aufgaben, die ihr delegieren möchtet, kann es für eure Arbeit sogar von Vorteil sein, jemanden in einer anderen Zeitzone zu engagieren. Zum Beispiel lasse ich Luise viele Blog-Artikel und E-Mail-Newsletter hochladen, und da sie im Ausland wohnt, kann ich einen Beitrag abends fertig stellen, sie lädt ihn über Nacht hoch und schickt ihn mir morgens zur Freigabe. Wenn ihr jemanden außerhalb eurer Zeitzone engagiert, vergewissert euch, dass die Person, die ihr einstellt, qualifiziert ist und dass es sich um jemanden handelt, dem ihr vorbehaltlos vertrauen könnt.

- **Prüft stets Referenzen.** Gute virtuelle Assistenten/innen haben in der Regel Referenzen von Personen, die mit ihrer Arbeit zufrieden sind. Scheut euch nicht, Referenzen anzufordern – das kann euch am Ende eine Menge Zeit sparen.

Wenn ihr nicht nach jemandem sucht, der/die euch permanent bei der Arbeit unterstützt, überlegt, ob ihr eure Arbeit eventuell je nach Aufgabe vergebt, wenn ihr die Flexibilität oder das Budget dafür habt.

Das produktivste Wort in eurem Vokabular

Das produktivste Wort in eurem Wortschatz ist eines der ersten Wörter, die ihr als Kleinkind gelernt habt. Es steht auch auf Platz 56 der häufigsten Wörter der englischen Sprache: Nein.

Als mein Projekt langsam begann, Fahrt aufzunehmen, und ich merkte, dass ich mir mehr aufgeladen hatte, als ich bewältigen konnte, machte ich es mir zur Gewohnheit, jeden Tag bewusst Nein zu Dingen zu sagen, die wenig Ertrag abwerfen. Für mich spielte es keine Rolle, ob es sich um große oder kleine Aufgaben handelte, wie z. B. einen Podcast anhören, der mich nicht interessierte, auf eine gemeine E-Mail zu antworten oder den Kommentarteil auf einer Nachrichten-Website zu lesen. Nein zu Dingen zu sagen, die nicht wertvoll waren, anstatt einfach zu akzeptieren, was eben so gerade an mich herangetragen wurde, sparte mir viel Zeit.

Es ist eine Sache, Aufgaben und Verpflichtungen, die man bereits hat, zu streichen, zu verkleinern oder zu delegieren, doch die Anzahl der Aufgaben und Verpflichtungen, die man übernimmt, ist nicht statisch. Sie schwankt im Laufe der Zeit. Wenn ihr eure Zeit und Aufmerksamkeit nicht ständig gegen Aufgaben, Projekte und Verpflichtungen mit geringem Ertrag verteidigt, kann eurer Leben leicht von Aktivitäten mit geringem Ertrag überschwemmt werden.

Als Greg McKeown 2014 sein fantastisches Buch *Essentialism* veröffentlichte (ein Buch darüber, bewusst weniger zu tun), traf es den Nerv der Zeit. Als ich Greg fragte, was es mit seinem Buch auf sich hat, dass es bei so vielen Menschen ankommt, drückte er es einfach aus: „Wir alle leiden."

Er fuhr fort: „Die Menschen fühlen sich bei der Arbeit und zu Hause überfordert. Die Menschen fühlen sich ausgelastet, aber nicht produktiv. Die Menschen fühlen sich ständig durch das Triviale abgelenkt und aus der Bahn geworfen." Der Versuch, ständig mehr zu tun – anstatt die richtigen Dinge zu tun – führt zu mehr Stress, schlechterer Arbeitsqualität und geringerer Produktivität. Die Antwort darauf ist, sich auf die wesentlichsten Aufgaben in der Arbeit und im Leben zu fokussieren.

Vielleicht meine Lieblingsregel, um Aufgaben zu eliminieren und abzulehnen – Greg bezeichnet diese Art von Aufgaben als „unwesentlich" –, ist seine 90-Prozent-Regel. Er argumentiert, dass wir nicht nur zu sinnlosen Aufgaben Nein sagen und sie loswerden sollten; wir sollten auch viele der „ziemlich guten" Aufgaben in unserem Leben und unserer Arbeit eliminieren, wenn wir das können, weil sie uns wertvolle Zeit von unseren wesentlichsten Aufgaben wegnehmen. Die 90-Prozent-Regel ist einfach: Wenn ihr eine neue Gelegenheit betrachtet, bewertet auf einer Skala von 1-100, für wie wertvoll oder sinnvoll ihr sie haltet. Wenn sie nicht bei mindestens 90 liegt, lasst die Finger davon.

Greg drückt es so aus: „Euer Job besteht nicht darin, alles hineinzustopfen, eure Energie in viele gute Dinge zu stecken. Eure Energie ist am besten für die großartigsten Dinge eingesetzt."

Für jede wenig produktive Aufgabe, jedes Projekt und jede Verpflichtung, zu denen ihr Nein sagt, könnt ihr Ja zur Arbeit an euren wertvollsten Aufgaben sagen.

> Das ist übrigens ein weiterer guter Grund dafür, bewusster zu arbeiten, statt schneller und härter. Wenn ihr langsamer arbeitet, arbeitet ihr auch bewusster und achtsamer, und es ist viel einfacher, über den Ertrag der Dinge, die euch zugetragen werden, nachzudenken.

In ähnlicher Weise sollten die Verpflichtungen, die ihr eingegangen seid, dort liegen, wo eure wichtigsten Aufgaben und Projekte verankert sind.

Jede Verpflichtung, die ihr in eurem Arbeits- und Privatleben eingeht, nimmt eine gewisse Zeit und Aufmerksamkeit in Anspruch. Und jede macht euch weniger produktiv, wenn sie nicht wertig oder von großer Bedeutung für euch ist. Nehmt zum Beispiel den Kauf eines Eigenheims. Ich habe das Glück, dass ich im Alter von 26 Jahren über den Besitz eines Eigenheims nachdenken kann, wenn ich das wollte. Aber vor einigen Jahren habe ich die Entscheidung getroffen, es nicht zu tun. Es ist nicht so, dass ich nicht irgendwann einmal ein Haus besitzen möchte – ich liebe die Idee, ein Haus zu besitzen, einen Garten zum Grillen und Raum für mich. Aber genau wie um 5:30 Uhr aufzustehen, ist die Idee einfach nicht die Zeit wert, die sie in der Praxis zu diesem Zeitpunkt meines Lebens in Anspruch nehmen würde. In einer Miet- oder Eigentumswohnung muss ich nicht den Rasen mähen, den Müll wegbringen, Schnee schaufeln oder gar meine Haushaltsgeräte reparieren, wenn sie kaputt gehen. Ein Haus zu besitzen ist eine Verpflichtung, die mir nicht so wichtig ist, dass ich die Zeit, die ich jetzt für bessere Dinge einsetzen kann, dafür opfern möchte.

Wenn ihr die Verpflichtungen, die ihr eingeht, überprüft und über ihren Ertrag nachdenkt, könnt ihr eure Arbeit und euer Leben vereinfachen und noch mehr Zeit und Aufmerksamkeit für die Verpflichtungen freisetzen, die euch am wichtigsten sind. Zu diesen Verpflichtungen gehören Dinge wie die folgenden:

- Voll- und Teilzeitbeschäftigungen
- Branchenverbände, in denen ihr Mitglied seid
- Eine Wohnung oder Zweitwohnung besitzen und unterhalten
- Weiterbildungsmaßnahmen (z. B. Besuch einer Universität oder Hochschule oder Teilnahme an Teilzeitkursen)
- Beziehungen und Freundschaften
- Vereine, in denen ihr Mitglied seid
- Fähigkeiten oder Hobbys, mit denen ihr aktiv Zeit verbringt

Ich denke, eine besonders wirkungsvolle Methode, eure Verpflichtungen zu identifizieren, besteht darin, euch eure wenig produktiven Aufgaben anzusehen und dann darüber nachzudenken, zu welchen Verpflichtungen sie gehören. Jede Aufgabe oder jedes Projekt, das ihr habt, entspringt einer größeren Verpflichtung. Wenn ihr aktiv darüber nachdenkt, mit welcher Verpflichtung jede Aufgabe oder jedes Projekt verbunden ist, könnt ihr relativ leicht die Verpflichtungen mit den höchsten und niedrigsten Erträgen in eurem Leben identifizieren.

Ich glaube, dass einer der Hauptgründe dafür, dass meine *Mission Produktivität* anfing, auf soliden Beinen zu stehen, darin bestand, dass ich die Zahl der anderen Verpflichtungen, mit denen ich in der gleichen Zeit zu tun hatte, auf ein Minimum reduzierte. Als ich mit *AYOP* begann, reduzierte ich die Anzahl der Verpflichtungen, die ich übernahm, und kündigte meinen Teilzeitjob (und lehnte andere Stellenangebote ab). Ich löschte sogar mein Facebook-Konto, um Zeit und Aufmerksamkeit für mein Projekt freizusetzen – was mehr Nutzen brachte und sinnvoller für mich war. Auch wenn es oberflächlich betrachtet so klingen mag, als ob mein Leben weniger erfüllend gewesen wäre, weil ich diese Verpflichtungen losgeworden war, war genau das Gegenteil der Fall. Für mich war mein Projekt eine viel sinnvollere und wertvollere Art und Weise, meine Zeit zu verbringen, und die Reduzierung der Verpflichtungen, die ich einging, ließ mich viel tiefer in das Projekt eintauchen.

Yo-Yo Ma wurde nicht der größte Cellist der Welt, indem er versuchte, Cello-Unterricht und Fußballtraining, Salsa-Unterricht und ein paar Teilzeitjobs unter einen Hut zu bringen. Er wurde ein großer Cellist, indem er so viel Zeit und Aufmerksamkeit in sein Cellospiel investierte, wie er nur konnte.

Auf ähnliche Weise ist Apple eines der produktivsten und erfolgreichsten Unternehmen der Welt geworden. Während andere Unternehmen neue Produktlinien wie Pokémon-Karten sammeln, besitzt Apple einen laserartigen Fokus, der es zum wertvollsten Unternehmen der Welt gemacht hat. Das Unternehmen hat nur vier Hauptproduktlinien – iPhone, iPad, Mac und Apple Watch – und jede Linie besteht aus nur wenigen Produkten und wird nur etwa einmal pro Jahr aktualisiert. Apple ist, gemessen am Börsenwert. eines der weltweit größten Unternehmen, doch jedes Produkt, das das Unternehmen herstellt, würde auf einen kleinen Tisch passen. Nein zu sagen, hat Apple so weit gebracht.

Wenn ihr euch umseht, findet ihr unzählige Beispiele dafür, wie ihr durch die Vereinfachung eurer Verpflichtungen fokussierter und produktiver werden könnt. Wenn ihr das tut, könnt ihr eure Zeit, Aufmerksamkeit und Energie besser für ausgewählte Verpflichtungen einsetzen, die den größten Ertrag bringen – und so mehr Zeit und Raum für Aufmerksamkeit für diese wertvollen Verpflichtungen schaffen.

Die produktivsten Menschen nehmen sich nicht nur die Zeit, um zu verstehen, was wichtig ist, sondern sie vereinfachen auch alles andere.

Die Delegierungs-Challenge

Benötigte Zeit: 10 Minuten
Benötigte Energie/Konzentration: 8,5/10
Wert: 7/10
Spaß: 8,5/10
Was ihr davon haben werdet: Ein tieferes Verständnis dafür, wie viel eure Zeit genau wert ist, was euch eure Toleranzgrenze für das Delegieren und Auslagern von Aufgaben in eurem Arbeits- und Privatleben aufzeigt.

Meine Challenge für euch in diesem Kapitel besteht darin, den Wert eurer Zeit zu berechnen. Denkt intensiv darüber nach, wie viel ihr zahlen würdet, um eine Stunde eures Lebens zurückzukaufen – in Anbetracht der Höhe eures Einkommens, wie beschäftigt ihr seid und wie wertvoll Geld und Zeit für euch sind —, und schaut euch dann die Kosten an, die ihr für jemanden aufbringen müsstet, der euch bei euren Projekten, eurer Arbeit oder in einem anderen Bereich eures Lebens hilft.
Das könnte die produktivste Kalkulation sein, die ihr je anstellen werdet. Und wenn ihr noch einen Schritt weiter gehen wollt, dann hier noch zwei weitere Challenges:

- Sagt morgen bewusst „Nein" zu fünf Dingen, unabhängig davon, wie groß oder klein sie sind, und

- Denkt über die Verpflichtungen nach, die mit euren Aufgaben mit dem geringsten Ertrag zusammenhängen, und fragt euch, welchen Mehrwert sie für euer Leben bringen. Solltet ihr in Betracht ziehen, einige davon loszuwerden?

Von den drei wesentlichen Bestandteilen von Produktivität ist eure Zeit die limitierteste. Es lohnt sich also, sie so intelligent wie möglich zu verbringen.

BERUHIGT EUREN GEIST

Entleert euer Gehirn

Take-away: Eure Aufgaben auszulagern und sie aufzuschreiben, ist eine wirkungsvolle Methode, um geistigen Freiraum zu schaffen und euch zu organisieren. Wenn ihr einen „Braindump" durchführt, reduziert das nicht nur Stress und hilft dabei, euch zu konzentrieren, sondern motiviert euch auch zum Handeln.

Geschätzte Lesedauer:
18 Minuten

Schneeballideen

Es ist schwer vorstellbar (zumindest für mich), doch es gab eine Zeit, als Bücher, Zeitungen und dergleichen noch nicht existierten – als es noch keine Möglichkeit gab, seine Ideen aufzuschreiben und an andere Menschen weiterzugeben.

Mit dem Aufkommen der Druckerpresse um 1440 wurde das Buch zum ersten Vorstoß der Zivilisation, Wissen und Informationen in großem Maßstab auszulagern, wodurch die Menschheit als Ganzes produktiver werden konnte. Wir mussten nicht mehr mit unserem kollektiven Wissen in unseren Köpfen herumlaufen. Stattdessen konnten wir es in eine riesige Sammlung von Büchern auslagern und dann auf diesen Ideen aufbauen, um neuere und bessere zu formulieren.

Natürlich gab es auch Menschen, die das für eine schreckliche Sache hielten – zumindest anfangs. Lange bevor der Buchdruck erfunden war, sprach sich Sokrates gegen das Schreiben aus und argumentierte, dass es unser Gedächtnis zerstöre und unseren Verstand schwäche und ging sogar so weit zu behaupten, dass es „unmenschlich" sei. Es ist nicht ungewöhnlich, dass man heute Menschen genau dasselbe über Wikipedia und Google sagen hört. Doch so leistungsfähig unser Gehirn auch ist, aktuelle neurologische Forschungen zeigen, dass unser Gehirn schrecklich darin ist, mehr als nur ein paar Gedanken auf einmal bewusst zu verarbeiten. Um die jahrzehntelange komplexe neurologische Forschung in einem Satz zusammenzufassen: Unser Gehirn ist dafür gemacht, Probleme zu lösen, Punkte zu verbinden und neue Ideen zu formen – und nicht dafür, Informationen zu speichern, die wir ganz einfach auslagern können.

Hier sind ein paar Beispiele:

- Wir können Aufgaben, die wir zu erledigen haben, auslagern, indem wir sie auf eine To-do-Liste schreiben, damit sie keinen Platz in unserem Kurzzeitgedächtnis einnehmen und wir uns nicht überfordert fühlen.
- Wir können Termine und Meetings in unseren Kalender eintragen, damit wir nicht an sie denken müssen, und damit wir an sie erinnert werden, wenn die Zeit gekommen ist.
- Wir können Dinge wie unsere Einkaufsliste auslagern, damit wir beim nächsten Einkauf nicht die Hälfte von dem vergessen, was wir hätten einkaufen müssen, oder plötzlich feststellen, dass wir vergessen haben, Melonen zu kaufen, weil wir uns auf etwas Wichtiges konzentrieren.

So wie die ersten Bücher unser Gedächtnis nicht schwächten, wird auch das Auslagern von Aufgaben, Terminen und Informationen aus unserem Kopf unseren Verstand nicht leeren. Es bewirkt sogar das Gegenteil, indem es uns mehr geistige Bandbreite zur Verfügung stellt. Es schafft Platz, sodass unser Gehirn das tun kann, wofür es gemacht ist: Neue Gedanken, Ideen und Verbindungen zu formen.

Unser Verstand ist eine unglaublich effektive Denkmaschine, doch der falsche Ort, um alles zu speichern, was wir erledigen müssen, denn er ist einfach nicht für diesen Zweck gemacht. Je mehr ihr aus eurem Kopf herausbekommt, desto klarer werdet ihr denken.

Mein erster Braindump

Das allererste Produktivitätsbuch, das ich vor etwa einem Jahrzehnt kaufte, war David Allens *Getting Things Done* (*GTD*). Die Prämisse dieses Buches beruht auf dem gleichen Prinzip: Dass unser Verstand nicht der beste Ort ist, um alles zu speichern, was wir zu erledigen haben. Allen leistete Pionierarbeit bei der Entwicklung eines Systems, bei dem man alle Aufgaben und Projekte aus dem Kopf in ein externes System überträgt – unglaublicherweise noch bevor im Laufe des folgenden Jahrzehnts eine Fülle von Forschungsergebnissen veröffentlicht wurde, die bestätigten, wie effektiv es sein kann, ungelöste offene Schleifen aus dem Kopf zu bekommen. Wie David Allen mir sagte: „Dein Kopf ist nicht dazu da, Ideen festzuhalten – er ist dazu da, Ideen zu haben."

Ich kann mich kaum noch daran erinnern, was ich heute Morgen zum Frühstück gegessen habe, ganz zu schweigen von den Produktivitätsbüchern, die ich in der Highschool gelesen habe – doch zum Glück sind mir einige Erinnerungen bis heute geblieben. Mein erster Braindump ist eine davon.

Wenn ihr jemals eine To-do-Liste erstellt habt, wisst ihr wahrscheinlich, wie toll es sich anfühlt, alles, was man zu tun hat, aus dem Kopf zu bekommen. Als ich *Getting Things Done* zum ersten Mal aufschlug, war dies eine der ersten Aktivitäten, zu denen mich Davids maßgebliches Produktivitätsbuch veranlasste – jedoch um einiges extremer. Ich war damals in der Highschool und hatte daher nicht annähernd so viele Verantwortlichkeiten und Verpflichtungen wie jetzt, aber dem Vorschlag des Buches folgend, setzte ich mich nur mit einem Stift und einem Notizbuch hin und listete jede einzelne Sache auf, die ich zu erledigen hatte und die in meinem Kopf herumschwirrte. Ich erinnere mich noch gut daran, wie fassungslos ich war, wie viel ich zu erledigen hatte; während meines ersten Braindumps schrieb ich wahrscheinlich etwa hundert To-dos auf, Projekte, die ich gerade am Laufen hatte, Dinge, die durch das Raster gefallen waren und die ich vergessen hatte und noch mehr – all das, was ich in meinem Kopf speicherte und dem ich nicht die Zeit oder den Raum gegeben hatte, an die Oberfläche zu kommen. Alles, was mich auch nur im geringsten belastete, hielt ich in meinem Notizbuch fest.

Wie Allen erklärt: „Das erste, was zu tun ist, ist aufzuschreiben, was deine Aufmerksamkeit fordert, dann zu entscheiden, ob man etwas unternehmen muss oder nicht, und wenn ja, zu entscheiden, was der nächste Schritt ist, und diesen Schritt dann, wenn möglich, auf der Stelle auszuführen."

Das Gefühl, das ich danach hatte, war, gelinde ausgedrückt, befreiend: Ich fühlte mich, als wäre mir eine Last von den Schultern genommen worden.

Mein Geist war endlich klar.

Wie Allen in seinem Buch schreibt: „Jede nur in der Psyche festgehaltene ‚Würde'-, ‚Könnte'- und ‚Sollte'-Verpflichtung erzeugt irrationalen und unlösbaren Druck, 24 Stunden am Tag.

Was ihr tun müsst, ist, all diese Dinge zu nehmen und, eins nach dem anderen, euch diszipliniert zu fragen: Ist das etwas, mit dem ich tatsächlich etwas machen werde?", erklärt er. „Wenn ja, was müsst ihr als nächstes tun, um das voranzubringen? Diese Entscheidung kommt nicht unbedingt von selbst. Man muss nachdenken, um zu entscheiden, was der nächste Schritt ist, ob nun im Internet surfen, einen Anruf tätigen, oder einen ersten Dokumentenentwurf auf dem Computer erstellen. Diese Granularität, alles auf die nächste physische, sichtbare Handlung zu reduzieren, ist eine wirklich machtvolle Sache."

Dies ist das Ergebnis dessen, was Bluma Zeigarnik in den späten 1920er Jahren den „Zeigarnik-Effekt" nannte: Unvollständige oder unterbrochene Aufgaben belasten unseren Geist viel mehr als erledigte Aufgaben. Nachdem ich meinen Geist von allem, was ihn belastete, befreit hatte, wurde mir klar, wie wahr das doch war, denn ich spürte mehr Raum und Klarheit und fühlte weniger Stress als je zuvor. Mein Geist fühlte sich befreit – obwohl ich anmerken sollte, dass ich zu jenem Zeitpunkt weder Mädchen, Whiskey noch Kosmologie für mich entdeckt hatte.

Eintreffend!

Doch Davids Buch leitete mich nicht nur an, während dieses ersten Braindumps die Aufgaben in meinem Kopf auszulagern, es lehrte mich auch, wie wichtig es war, die Aufgaben, die neu hinzukamen, laufend zu erfassen, vor allem dann, wenn ich einen klaren Verstand behalten wollte. Es ist eine Sache, jede ungelöste Verpflichtung aus dem Kopf zu bekommen und auf eine Aufgabenliste zu schreiben, doch erst wenn man Aufgaben mit geringem

Ertrag zurückweist, kann man sich diesen klaren Geisteszustand bewahren.

Von da an fügte ich jedes Mal, wenn ich eine noch nicht realisierte Idee oder einen unverwirklichten Gedanken hatte, diese zu meinem Notizbuch hinzu, das ich stets mit mir herumtrug und mit der Zeit durch ein Smartphone ersetzte. Immer wenn mir etwas einfiel, was ich im Laden besorgen musste, schrieb ich es auf, bevor mir der Gedanke entwischte. Und wenn ich auch nur die kleinste Sache bemerkte, die meine Psyche belastete, lagerte ich sie aus, um mehr Raum und Aufmerksamkeit für größere und bessere Dinge zu schaffen.

Wenn das zwanghaft klingt, dann deswegen, weil es das auch ist. Doch abgesehen von Meditation hat mir nichts mehr geholfen, klarer zu denken.

Zehn Jahre später ist fast jeder Gedanke, den ich habe, neu, weil ich mir alles Wichtige sofort notiere, damit ich mich später damit befassen oder darauf aufbauen kann. Jeder kann und sollte dasselbe tun. Ihr werdet verblüfft sein, wie viele Aufgaben, Projekte und Verpflichtungen ihr da oben speichert, und wie klar euer Kopf sich anfühlen wird, wenn ihr erst einmal alles an einem Ort gesammelt habt. Euer Gehirn ist viel besser in der Lage, sich auf die anstehenden Aufgaben zu konzentrieren, wenn ihr einen klaren Verstand habt.

Das System, das ich liebe

Natürlich reicht es nicht aus, eure Aufgaben und Projekte einfach nur aufzuschreiben. Wenn ihr mit dem, was ihr aufgeschrieben habt, hinterher nichts tut, werdet ihr auch keinen geistigen Freiraum schaffen, weil ihr sofort wieder damit anfangen werdet, euch zu stressen, was ihr noch zu tun habt.

In den letzten zehn Jahren oder so, und vor allem während meines Projekts, experimentierte ich mit Dutzenden von To-do- und Aufgabenmanagement-Apps, und obwohl viele recht gut funktionierten, gibt es keine, die ich mehr als andere empfehlen würde. Meiner Erfahrung nach spielt es keine Rolle, wie ihr eure Aufgaben und Projekte organisiert, solange ihr es hilfreich und benutzerfreundlich findet.

Heute verwende ich eine relativ einfache Methode, um alles, was ich zu erledigen habe, zu erfassen und zu organisieren. Im Laufe des Tages, wenn Aufgaben, Ideen und andere offene Schleifen an meiner Aufmerksamkeit zerren, notiere ich sie in der Notizen-App des Geräts, das ich gerade zur Hand habe. (Die Notizen-App, die ich verwende, synchronisiert sich mit allen meinen Geräten.) Und jeden Montag, Mittwoch und Freitag, nachdem ich meine E-Mails gecheckt habe, gehe ich meine angesammelten Notizen durch und füge sie zu meiner To-do-Liste oder meinem Kalender hinzu.

Auch meine To-do-Liste könnte kaum simpler sein: Es ist einfach eine weitere Notiz, die ich an den Anfang meiner Notizenliste geheftet habe, die meine drei täglichen und wöchentlichen Aufgaben oben und meine Aufgabenliste darunter enthält. Ich führe auch einen Kalender, in dem ich versuche, so wenig wie möglich einzutragen.

Nachdem ich mit jeder Aufgabenmanagement-App unter der Sonne experimentiert habe, ist der Workflow, den ich mir angewöhnt habe, einfach. Da meine App meine Notizen zwischen meinen Geräten synchronisiert, ist es kinderleicht, Aufgaben, Gedanken und Ideen zu sammeln, wann immer und wo immer sie zu mir kommen. Wenn ich meine Geräte gerade nicht zur Hand habe – etwa nach meinem Abschaltritual um 20:00 Uhr –, trage ich einfach einen kleinen Stift und ein Notizbuch in meiner Tasche mit mir herum. Da die von mir verwendeten Apps und Geräte häufig wechseln, greife ich oft auch wieder auf Papier zurück.

Jedoch unabhängig davon, wie ich alles organisiert habe, ist mein grundsätzlicher Workflow, alle meine Aufgaben zu erfassen und zu organisieren, seit Jahren derselbe geblieben und der gesamte Prozess mittlerweile wie aus einem Guss.

Wie man alles organisiert

Da jeder Mensch eine andere Arbeitsweise hat, werde ich kein bestimmtes Werkzeug zur Organisation empfehlen. Es geht nicht darum, welche Methode zur Organisation eurer Aufgaben die beste ist, sondern was für euch am besten ist. Ein großer Prozentsatz der produktivsten Menschen, die ich kenne, benutzen Stift und Papier, und es ist wichtig, diese Option nicht abzutun. Doch wenn ihr auf der Suche nach einem System seid, lohnt es sich, nach etwas Ausschau zu halten, das beinahe unsichtbar für euch ist, weil es sich so gut in eure Arbeitsweise integriert. Es sollte euch auch ermöglichen, alles, was ihr zu tun habt, leicht im Auge zu behalten, zu managen und zu priorisieren, sodass ihr mühelos Ideen, Ereignisse, Aufgaben und Projekte zusammenführen könnt.

Als ich damit experimentierte, die offenen Schleifen in meinem Kopf unter Kontrolle zu bekommen, entdeckte ich zusätzlich zu To-dos und Kalenderereignissen eine Reihe anderer Dinge, die es wert sind, aufgeschrieben zu werden. Zwei davon stammen direkt aus *Getting Things Done* – eine „Warten auf“-Liste und „Projekt“-Notizen.

Eine „Warten auf“-Liste

Mein absoluter Lieblings-Hack aus *Getting Things Done*, abgesehen von der Macht, Dinge aus seinem Kopf auszulagern, ist die „Warten auf“-Liste. Ich stelle mir die „Warten auf“-Liste gerne als die Verbündete eurer To-do-Liste vor. Sie ist so ziemlich genau das, wonach es sich auch anhört: Eine Liste mit allem, worauf ihr wartet, und die ihr – wie eine To-do-Liste – regelmäßig durchgeht, um sicherzustellen, dass nichts durchs Raster fällt.

Ich kann mit an Sicherheit grenzender Wahrscheinlichkeit sagen, dass ihr in genau diesem Moment auf verschiedene Dinge wartet, die ihr einfach in eurem Kopf aufbewahrt, Dinge, die durchs Raster fallen könnten, wenn ihr sie nicht im Auge behaltet. In jeder beliebigen Woche enthält meine „Warten auf“-Liste eine Reihe von Dingen, angefangen bei Paketen, die ich von Amazon erwarte, über wichtige E-Mails, auf deren Beantwortung ich warte, bis hin zu Geld, das ich verliehen habe, und wichtige Anrufe und Briefe, auf die ich warte. Ich schreibe so ziemlich alles auf meine Liste.

Eine weitere gute Möglichkeit, um festzuhalten, worauf ihr wartet: Nachdem ihr eine wichtige E-Mail versendet habt, die eine Antwort erfordert, verschiebt ihr die Nachricht in einen „Warten auf“-Ordner. Auf diese Weise könnt ihr auch alle wichtigen E-Mail-Antworten erwischen, die sonst eventuell in eurem Spam-Ordner landen.

Da ich Zeit einplane, um meine Liste dreimal pro Woche durchzugehen (während meines Projekts begann ich auch, meine „Warten auf“-Liste zu überprüfen, nachdem ich meine E-Mails gecheckt habe), ist mir in den letzten Jahren, nachdem ich mir angewöhnt hatte, die Dinge, auf die ich warte, aufzuschreiben, nichts mehr durch die Lappen gegangen, und ich mache mir viel weniger Gedanken über die Dinge, die ich im Auge behalten muss. Sobald ihr etwas aufgeschrieben habt, könnt ihr umgehend aufhören, euch Sorgen darüber zu machen. Ich führe meine „Warten auf"-Liste ebenfalls in meiner Notizen-App, damit alles an einem Ort ist, und gruppiere die Punkte auf der Liste nach ihrem Kontext (d. h. zu Hause, Verliehen, E-Mail, Telefon usw.).

Individuelle Projektnotizen

Separate Notizen zu „Projekten" zu erstellen, ist ein weiterer wertvoller Hack aus *Getting Things Done*. Während eine einfache Aufgabe – wie nach der Arbeit ein paar Dinge im Laden zu besorgen – eine einmalige Angelegenheit ist, ist ein Projekt etwas, was zur Fertigstellung mehr als ein paar einfache Schritte erfordert und ein End- oder Fälligkeitsdatum hat. In meiner Notizen-App bewahre ich auch für jedes Projekt, das ich in Angriff nehme, eine separate Notiz auf.

Im Moment habe ich individuelle Notizen für Reisen, die ich plane, für Vorträge, auf die ich mich vorbereite, und sogar eine für das Schreiben dieses Buches. Jede Projektnotiz enthält Informationen zu jedem einzelnen Projekt, die ich im Auge behalten muss, um die Projekte voranzubringen, und vor allem die nächsten Schritte, die ich bei jedem Projekt unternehmen muss. Für jedes Projekt eine eigene Notiz zu haben, ermöglicht mir nicht nur, die Projekte, an denen ich gerade arbeite, aus meinem Kopf zu bekommen, sondern auch die nächsten logischen Schritte zu planen, die ich unternehmen muss, um die Projekte voranzutreiben. Die Namen aller meiner Projektnotizen beginnen mit „PRO", damit sie alle an einer Stelle stehen, wenn ich durch meine Liste der Notizen in alphabetischer Reihenfolge blättere.

An jedem Wartungstag gehe ich meine Projektlisten durch, um die nächsten Schritte zu definieren, und ziehe daraus To-dos, die ich meiner Aufgabenliste und den Zielen, die ich für die Woche festgelegt habe, hinzufüge. Aus diesem Grund, obwohl ich oft Dutzende von Projekten auf einmal übernehme, denke ich nur selten an sie, weil ich weiß, dass sich Chris in der Vergangenheit um alles gekümmert und aufgeschrieben hat, mit dem er sich in der Gegenwart (und in der Zukunft) zu Beginn jeder Woche befassen muss.

Viele Projekte erfordern mehr Aufmerksamkeit als Zeit. Wenn ihr zum Beispiel eine 30-minütige Präsentation halten müsst, werdet ihr, auch wenn es nur eine halbe Stunde ist und ihr so seid wie ich, Stunden damit verbringen, über den Vortrag nachzudenken und euch Sorgen zu machen, bis es schließlich so weit ist. Eure Projekte auszulagern, hilft euch, sie aus dem Kopf zu bekommen, damit ihr euch auf das konzentrieren könnt, was vor euch liegt.

Eine Sorgenliste

Eines Nachmittags, zwischen meinem Abschluss an der Universität und dem Beginn meines einjährigen Produktivitätsprojekts, gingen mir viele Dinge durch den Kopf und ich machte mir Gedanken über alles Mögliche, angefangen bei der Frage, ob ich einen Vollzeitjob annehmen oder mit *AYOP* beginnen sollte, bis hin zu der Frage, was ich nach meinem Abschluss hinsichtlich meiner Krankenversicherung unternehmen und wie meine Lebenssituation aussehen würde. Für jede Entscheidung erstellte ich eine Projektnotiz (mit klar definierten nächsten Schritten) und dennoch konnte ich nicht aufhören, mir Gedanken zu machen. Also lagerte ich den konkreten Akt des sich Sorgens aus.

Um mehr Raum für Aufmerksamkeit zu verschaffen, erstellte ich eine Liste mit allem, worüber ich mir Sorgen machte – von dem ich das meiste natürlich unverhältnismäßig aufblies –, und plante jeden Tag eine Stunde ein, um alles auf der Liste durchzudenken. Wenn ich mich dabei ertappte, dass ich mir den ganzen Tag über etwas Sorgen machte, erinnerte ich mich daran, dass ich später Zeit dafür eingeplant hatte, und wenn ich im Laufe des Tages begann, mir über eine neue Sache Sorgen zu machen, nahm ich sie auch in die Liste auf, damit ich mir später Gedanken darüber machen konnte.

Meistens brauche ich diese Liste nicht, doch wenn ich jemals das Gefühl habe, dass mir die Dinge aus der Hand gleiten und ich etwas Abstand gewinnen möchte, erstelle ich eine Liste, um den Kopf frei zu bekommen.

Inbox-Revision

Wenn ihr euch umseht, wird euch schnell klar, wie viele „Inboxes“ ihr eigentlich habt.

Ich definiere Inbox als einen Ort, an dem ihr die Erwartungen speichert, die andere Menschen an euch haben (z. B. Antworten auf E-Mails, Tweets, Facebook-Nachrichten, Sprachnachrichten, LinkedIn-Einladungen, physische Briefe), oder jeden Ort, an dem ihr die Erwartungen speichert, die ihr an euch selbst habt (z. B. Podcasts anhören, die Unterlagen auf eurem Schreibtisch sortieren oder Forschungsarbeiten lesen, die ihr euch vorgemerkt habt). Ich habe gerne alles vollständig und möchte immer auf dem Laufenden bezüglich der Nachrichten bleiben, die ich erhalte. Doch wie bei so vielen anderen Menschen, ist die Zahl der Inboxes, die ich im Laufe der Zeit aufgebaut habe, überwältigend.

Deshalb überprüfe und leere ich an meinen Wartungstagen alle meine Inboxes, die im Laufe der Woche vollgelaufen sind. Ich sorge auch dafür, die Ideen und Aufgaben, die ich über das Wochenende angesammelt habe, in meine Notizen-App zu übertragen.

Potpourri

Wenn ihr noch tiefer in das Thema eintauchen wollt, wie ihr die offenen Schleifen in eurem Kopf auslagern könnt, hier noch ein paar weitere meiner Lieblingsmethoden:

- **Notizbücher überall:** Ich liebe es, Ideen festzuhalten, doch da ich mein Telefon zwischen 20:00 Uhr und 8:00 Uhr ausgeschaltet habe, ist es nicht immer möglich, sie auf meinem Handy zu speichern. Aus diesem Grund habe ich überall physische Notizbücher herumliegen. Ich habe sogar ein wasserfestes AquaNotes-Notizbuch, sollten die Ideen unter der Dusche sprudeln. Dann habe ich ein Notizbuch zusammen mit einem beleuchteten Stift (der für Piloten gedacht ist) auf meinem Nachttisch liegen, in dem ich alle Ideen aufschreibe, die mir beim Einschlafen oder Aufwachen kommen. Und wenn ich ohne mein Handy unterwegs bin, trage ich ein Notizbuch in meiner Tasche mit mir herum, um alle Ideen aufzuschreiben, die mir in den Sinn kommen. Ideen, Aufgaben und Erkenntnisse haben nur dann einen Wert, wenn man sie niederschreibt und entsprechend handelt. Überall Notizbücher aufzubewahren, hat mir geholfen, eine Menge festzuhalten.

- **Einfachere Passwörter:** Sich Passwörter zu merken, ist eine besondere Herausforderung. Ich habe diese auf zwei Arten gelöst: Ich habe einen Passwortmanager, der alle meine Passwörter speichert und automatisch ausfüllt. Mein Passwort für eine Website und einen Dienst ist ganz einfach der Name der Website, doch anstatt den Namen der Website zu schreiben, tippe ich den Buchstaben links von jedem Buchstaben der Website („Google" wird zu „Fiifkw") und füge dann am Ende eine einzigartige Kombination von Buchstaben, Zahlen und Symbolen hinzu, die bei jedem Passwort gleich ist. Dadurch wird jedes Passwort einzigartig, es wird unmöglich es zu erraten und vor allem unmöglich zu vergessen.

- **E-Mail-Ablage:** Manche Dinge sind es einfach nicht wert, im Kopf behalten zu werden – und dazu gehört auch, wo ihr archivierte E-Mails aufbewahrt. Eine kürzlich von IBM durchgeführte Studie verglich E-Mail-Benutzer, die ihr E-Mails in Ordnern aufbewahrten, mit Benutzern, die E-Mails archivierten und später nach ihnen suchten. Im Durchschnitt brauchten die Teilnehmer 66,07 Sekunden, um nach einer E-Mail zu suchen, und 72,87 Sekunden, um eine E-Mail in einem Ordner zu finden – und diese Angaben berücksichtigten nicht einmal die Zeit, welche die Benutzer damit verbracht hatten, ihre E-Mails überhaupt erst in Ordnern zu sortieren! Es ist eure Zeit und Aufmerksamkeit nicht wert, E-Mails abzulegen und dann wieder abzurufen. Sucht stattdessen nach ihnen.

Produktivität zu weit getrieben

Seitdem ich mich vor einem Jahrzehnt von *Getting Things Done* habe inspirieren lassen, habe ich feststellen müssen, dass es eine relativ leicht zu überschreitende Grenze gibt, nach der man beginnt, zu viel Zeit damit zu verbringen, das, was man zu tun hat, zu managen und zu planen, anstatt echte Arbeit zu erledigen. Bewussteres Arbeiten ist der Schlüssel zu Produktivität, doch es ist auch möglich, die Idee zu weit zu treiben. Das ist eine Falle, in die meiner Meinung nach viele Menschen tappen, wenn sie anfangen, sich für Produktivität zu interessieren – und ich selbst schließe mich da nicht aus.

Nach allem, was ich herausgefunden habe, sind die produktivsten Menschen diejenigen, die ein Gleichgewicht zwischen beiden Extremen finden, die die Macht des Erfassens und Organisierens dessen, was sie zu tun haben, verstehen, die aber auch keine wirkliche Arbeit zugunsten von Produktivität nur um der Produktivität willen opfern.

Die Forschung zeigt, dass der einfache Akt, eine To-do-Liste zu erstellen, die Wahrscheinlichkeit verringert, dass tatsächlich etwas erledigt wird, denn das Schreiben einer To-do-Liste simuliert bereits Arbeit, auch wenn sie nicht dazu führt, dass ihr etwas erreicht. Um mehr Raum für Aufmerksamkeit zu schaffen, ist es meines Erachtens entscheidend, dass ihr einen Braindump macht und alles, was ihr zu erledigen habt, sowie alle offene Schleifen in dem Moment niederschreibt, in dem sie eure Aufmerksamkeit belasten. Doch es ist auch wichtig, dass ihr darauf achtet, die Dinge nicht zu weit zu treiben. Nur weil ihr euch produktiv fühlt, heißt das nicht, dass ihr es auch wirklich seid – und das solltet ihr im Hinterkopf behalten, wenn ihr alles, was ihr zu tun habt, zusammentragt und organisiert.

Getting Things Done steht bis heute stolz in meinem Bücherregal, mit dem Cover nach außen, während von den anderen Büchern, die ich erworben habe, nur die Rücken zu sehen sind. Ich denke, es spricht Bände, dass sich dieses System im Verlauf der letzten zehn Jahre so sehr in meine Arbeit und mein Leben integriert hat, dass ich nicht einmal mehr merke, dass ich es praktiziere.

Doch ich habe es nie in seiner Gesamtheit übernommen. Das System ist ziemlich komplex und es ist viel zu einfach, es zu weit zu treiben. Zu seiner Ehrenrettung sagte David oft, dass der entscheidende Teil der *Getting Things Done*-Methode nicht darin besteht, sie haargenau zu befolgen, sondern dass man alles, was man tun muss, auslagert und organisiert. Ihr könnt die Teile nehmen, die für euch funktionieren, und den Rest ignorieren.

„Nimm dir ein paar Stunden Zeit und pack buchstäblich jede einzelne Sache, die deine Aufmerksamkeit fordert, am Schopfe“, sagte er zu mir. „Du musst nicht sehr weit gehen – achte nur allmählich darauf, was deine Aufmerksamkeit fordert.“

Die Vorteile, alles auszulagern, was ihr zu tun habt, überwiegen bei weitem die Nachteile, doch es ist wichtig, darauf zu achten, dass ihr diese Methode – oder jede andere Methode in diesem Buch – nicht bis zum Äußersten ausreizt. Produktivitätstaktiken sollen euch dabei helfen, smarter zu arbeiten. Doch sie sind nur dann nützlich, wenn ihr die Arbeit dann auch macht.

Die Erfassungs-Challenge

Benötigte Zeit: 20-30 Minuten
Benötigte Energie/Konzentration: 9/10
Wert: 9/10
Spaß: 9,5/10
Was ihr davon haben werdet: Auch wenn es oberflächlich betrachtet nicht so aussehen mag, so ist dies die Challenge im ganzen Buch, die vielleicht am meisten Spaß macht und am befreiendsten ist. Ihr werdet unglaublich viel Raum für Aufmerksamkeit schaffen, um euch so den ganzen Tag über auf wichtige Dinge konzentrieren zu können, und in der Lage sein, voll und ganz in eurer Arbeit aufzugehen. Ihr werdet euch auch viel gelassener und zuversichtlich fühlen, dass ihr eure Arbeit im Griff habt und dass nichts durchs Raster fällt.

Eine der wertvollsten Lektionen, die ich aus meinem Projekt mitgenommen habe, vor allem, wenn es darum ging, meine Lebens- und Arbeitsweise zu ändern, war die, dass die Wahrscheinlichkeit, dass es mir gelingen würde, umso größer war, je kleiner die Änderung war, die ich vorzunehmen versuchte. Kleinere Änderungen sind auch weitaus weniger Furcht einflößend, was die Wahrscheinlichkeit erhöht, dass ihr auch langfristig dabei bleibt. Aus diesem Grund sind so viele dieser Challenges eher klein: Das macht es nicht nur wahrscheinlicher, dass ihr sie auch tatsächlich durchführt, sondern es ist dann auch wahrscheinlicher, dass ihr dabei bleibt und somit produktiver werdet. Wenn ihr die Gewohnheit etablieren wollt, Sport zu treiben, euch aber dafür nur fünf Minuten pro Tag zugesteht, werdet ihr am Ende der Woche unbedingt mehr machen wollen. Das gilt insbesondere dann, wenn ihr die Aufgaben, Projekte und anderen offenen Schleifen in eurem Kopf auslagert. Der Gewinn, alles aufzuschreiben, was euch belastet, ist immens, doch es ist auch leicht, zu tief vorzudringen und entmutigt zu werden oder die Dinge zu weit zu treiben.

Meine Challenge für euch besteht darin, das Ritual eines Braindumps durchzuführen, dasselbe Ritual, das mich süchtig nach Produktivität machte. Schaltet alle eure Geräte aus und setzt euch nur mit einem Notizbuch und Stift hin; schreibt alles auf, was euch einfällt und eure

Aufmerksamkeit fordert, ob es nun Aufgaben oder Projekte betrifft, die ihr erledigen müsst, Dinge, über die ihr euch Sorgen macht, Dinge, die durchs Raster gefallen sind oder Dinge, auf die ihr wartet.
Sobald ihr alles aufgeschrieben habt, was eure Aufmerksamkeit erfordert, solltet ihr auch damit beginnen, alles in einem externen System zu verwalten – und sei es nur, damit das gute Gefühl von Dauer ist.

Aufsteigen

Take-away: Eine wöchentliche Überprüfung eurer Aufgaben und Errungenschaften bietet euch nicht nur eine bessere Perspektive auf eure Siege und die Bereiche, die ihr verbessern müsst, sondern gibt euch auch mehr Kontrolle über euer Leben. Eine wirkungsvolle Ergänzung zu dieser Methode sind „Hotspots", die euch auf dem richtigen Weg voranschreiten lassen.

Geschätzte Lesedauer: 10 Minuten

Aufsteigen

Nachdem ich begonnen hatte, meine Aufgaben, Projekte und Sorgen aufzuschreiben, erkannte ich einen weiteren unerwarteten Nutzen:

In *Getting Things Done* gibt es ein wichtiges „Wöchentliche Durchsicht"-Ritual, bei dem man alles durchsieht, was man während der Woche erfasst und organisiert hat – einschließlich seiner Projekte, „Warten auf"-Liste und mehr. Alle eure Aufgaben, Projekte und Verpflichtungen aus der Vogelperspektive zu sehen, ist aufregend, nicht nur, weil ihr so für die kommende Woche planen und sicherstellen könnt, dass nichts durchs Raster fällt, sondern auch, weil ihr dadurch eine neue Perspektive auf euer Leben gewinnt.

Jedes Mal, wenn ich meine Liste von Aufgaben und Projekten und alles andere durchging, fühlte ich mich wie in einem Flugzeug und sah die Stadt, in der ich lebte, schnell unter meinen Füßen schrumpfen. Die Aufgaben, an denen ich gerade arbeitete – die Autos auf den Straßen unter mir – wurden zu Insekten. Ich konnte sehen, wie viel ich gleichzeitig zu tun versuchte und wie viel Raum ich dazwischen freigehalten hatte. Die Projekte, in denen ich steckte – die Gebäude und Parkhäuser unter mir – schrumpften ebenfalls, und ich konnte sehen, wie sie zusammenpassten und das Gesamtbild meines Lebens ergaben. Und ich konnte über die Verpflichtungen nachzudenken beginnen, die ich einging – die Viertel, in denen die Autos und Gebäude verteilt waren. Es ist unglaublich wichtig, sich ab und zu in die Höhe zu schwingen und sein tägliches Leben von oben zu betrachten, damit man es aus einer neuen, distanzierteren Perspektive sieht. Auf diese Weise kann man Kurskorrekturen und bei Bedarf Änderungen vornehmen.

Doch es ist auch möglich, sich noch höher emporzuschwingen, und hier kommt die einfache Idee der „Hotspots" ins Spiel.

Produktivität und Kontrolle

Was viele Menschen an Produktivitätsbüchern reizt, ist ihr Versprechen, ihnen dabei zu helfen, die Kontrolle über alles, was sie zu tun haben, wiederzuerlangen.

Ich liebe das Gefühl, die Kontrolle über das zu haben, wofür ich verantwortlich bin. Jede Aufgabe, jedes Projekt und jede offene Schleife, die ich aus meinem Kopf verbannte, verschaffte mir ein bisschen mehr Aufmerksamkeit, um mich auf die anstehende Aufgabe zu konzentrieren, was mir mehr Kontrolle über meine Arbeit gab und mich letztendlich produktiver werden ließ.

Obwohl ich heute mehr zu tun habe als je zuvor, habe ich auch mehr Kontrolle über meine Arbeit als je zuvor.

Wenn ihr einen Schritt zurücktretet und die Kontrolle über eure Arbeit zurückerobert, könnt ihr smarter, bewusster und zielgerichteter arbeiten, was es unendlich einfacher macht, produktiver zu werden.

Die Taktiken, über die ich bisher geschrieben habe, haben mir dabei geholfen, viel Zeit und Aufmerksamkeit zurückzugewinnen, die ich für Projekte verwenden konnte, die mir wirklich wichtig waren.

Aber von allen Taktiken, die wir bisher diskutiert haben, wird euch keine Taktik mehr helfen, euer Leben besser in den Griff zu bekommen, als diese hier. Aufgaben und Projekte auslagern hilft euch, euch besser zu konzentrieren, weniger Sorgen zu machen und eure Ideen und Projekte voranzutreiben, doch ob ihr es glaubt oder nicht: Ihr könnt noch einen oder zwei Schritte weiter gehen und noch mehr Kontrolle über eure Arbeit und euer Leben erhalten, nachdem ihr eure Aufgaben und Projekte erfasst habt.

„Hotspots" ist ein schicker Name für eine sehr simple Idee – eine Idee, die mir das Gefühl gab, meine Arbeit besser im Griff zu haben als je zuvor. Hotspots ermöglichen es euch, eure Arbeit und euer Leben aus einer Höhe von 3.000 Metern zu betrachten.

Euer Leben, reduziert auf eine Liste

Während meines Produktivitätsprojekts machte ich eine interessante Entdeckung bezüglich der verschiedenen Methoden, die euch helfen sollen, euer Leben zu organisieren oder besser unter Kontrolle zu bekommen: Die meisten davon sind eure Zeit nicht wert.

Meiner Meinung nach muss der Ertrag aus jeder Produktivitätsmethode enorm sein, denn für jede Minute, die man in seine Produktivität investiert, verliert man eine Minute für die eigentliche Arbeit.

Glücklicherweise entsprechen Hotspots genau diesen Anforderungen.

Eure Hotspots sind das Portfolio eures Lebens. Von einer sehr hohen Ebene aus betrachtet, können all eure Aufgaben, Projekte und Verpflichtungen in einen der sieben grundlegenden „Hotspots" eingeordnet werden, ein Begriff, den J. D. Meier geprägt hat.

Laut J. D. haben wir sieben Bereiche, in die wir jeden Tag unsere Zeit (und unsere Aufmerksamkeit und Energie) investieren:

- Geist
- Körper
- Emotionen
- Karriere
- Finanzen
- Beziehungen
- Spaß

90 Prozent der Menschen, die ich kennengelernt habe, kategorisieren ihre Verpflichtungen in diese sieben Lebensbereiche, auch wenn sie sie an-

deres nennen, wie zum Beispiel „Zuhause“ oder „Spiritualität“. Wie ihr eure Hotspots nennt, spielt keine Rolle. Wichtig ist, eine Liste von Lebensbereichen zu haben, in die alles passt, wofür ihr verantwortlich seid.

Eine einfache Liste mit euren sieben Hotspots allein ist natürlich nicht sehr aussagekräftig. Doch wenn ihr die Bereiche erweitert – um alle Verpflichtungen, die ihr in jedem Bereich eures Lebens habt –, kommt Leben in die Liste. Zum Beispiel habe ich auf meiner Liste mit Hotspots meinen Hotspot „Geist“ um alle Verpflichtungen und Verantwortlichkeiten erweitert, die unter diese Rubrik fallen:

- Lernen (Bücher, Instapaper, Podcasts, Hörbücher, RSS-Feeds)
- Meditation
- Lesen
- Musik
- Achtsamkeit
- Langsamer und mit mehr Bedacht arbeiten
- Mehr Raum für Aufmerksamkeit zwischen Arbeit und Leben schaffen
- Stressbewältigung

Die Grundidee hinter dieser Technik ist, dass ihr einmal pro Woche eure Liste mit Hotspots durchgeht, um darüber nachzudenken, wie viel Zeit ihr in der vergangenen Woche mit jedem einzelnen verbracht habt, und um zu überlegen, worauf ihr euch in der kommenden Woche konzentrieren und worüber ihr nachdenken solltet.

Ich brauchte ein paar Wochen, um alle Verpflichtungen und Verantwortlichkeiten zu sammeln, die ich unter jedem Hotspot hatte, doch sobald ich das getan hatte, konnte ich auf die Liste schauen und sehen, wie sich mein Leben direkt vor meinen Augen erweiterte.

Ich sah „Zähne“ unter meinem Hotspot „Körper“, erinnerte mich daran, dass ich eine Weile nicht beim Zahnarzt gewesen war, und vereinbarte einen Termin. Ich sah „Eltern“ unter meinem Hotspot „Beziehungen“ und dachte daran, sie in der nächsten Woche anzurufen. Ich sah „An Wochenenden Abstand von der Arbeit nehmen“ unter „Spaß“ und erkannte, dass ich zu hart gearbeitet hatte. Und ich sah „Achtsamkeit“ unter meinem Hotspot „Geist“ und bemühte mich, in der kommenden Woche achtsamer zu sein. Woche für Woche sammelte ich Aufgaben, die sonst durchs Raster gefallen wären, und plante sie gleich für die nächste Woche ein.

Jede Woche, während ich über der Liste brütete und ein wenig über jeden einzelnen Punkt nachdachte und darüber, was ich in der kommenden Woche ändern musste, und bewertete, wie ich mich in der vergangenen Woche geschlagen hatte, schwang ich mich über meine Aufgaben, Projekte und Verpflichtungen empor, als würde ich mein Leben aus 3.000 Metern Höhe betrachten.

Und das Beste von allem war, ich stellte die Weichen für die kommende Woche.

Schiefstellung

Es ist so gut wie unmöglich, in 100 Prozent der Fälle vorsätzlich zu handeln. Das ist es, was Produktivität eher zu einer Kunst als zu einer Wissenschaft macht.

Nachdem ich über mein erstes Zeitprotokoll nachgedacht hatte, merkte ich, wie hart ich mir gegenüber war, da ich so viel produktiver hätte sein können. Doch wie ich durch meine Interviews und Experimente herausfand, handelt niemand die ganze Zeit über bewusst oder produktiv.

Was die produktivsten Menschen von allen anderen unterscheidet, ist, dass sie jede Woche Kurskorrekturen vornehmen, um allmählich besser zu werden.

Und eine erweiterte Liste der Hotspots meines Lebens ist das beste Werkzeug, um jede Woche Kurskorrekturen vorzunehmen. An jedem Wartungstag schaue ich mir meine erweiterten Lebensbereiche an und stelle mir ein paar Fragen – einige von J. D. und einige, auf die ich während meines Produktivitätsjahres gekommen bin:

- Womit muss ich nächste Woche mehr Zeit verbringen?
- Womit habe ich in der letzten Woche zu viel Zeit verbracht?
- Was muss ich für nächste Woche planen oder tun?
- Was muss ich in der nächsten Woche beachten?
- Was sind die ungelösten Probleme, die ich in jedem Bereich habe?
- Welche Gelegenheiten ergeben sich nächste Woche in jedem meiner Hotspots?

- Welche Hindernisse werden meinen Zielen für die nächste Woche im Weg stehen?
- Bin ich mit allen meinen Verpflichtungen auf dem richtigen Weg?
- Gibt es irgendwelche Verpflichtungen, die ich hinzufügen oder entfernen, erweitern oder verkleinern muss?
- Was habe ich letzte Woche richtig gut gemacht?

Bis zum heutigen Tag helfen mir diese Überlegungen, Kurskorrekturen vorzunehmen und jede Woche mehr in Übereinstimmung mit meinen Werten und Zielen zu handeln – ohne mir dabei allzu sehr in die Quere zu kommen.

Während niemand die ganze Zeit in Übereinstimmung mit seinen Werten handelt, handeln die produktivsten Menschen langfristig in Übereinstimmung mit ihren Werten – und sie tun dies, indem sie regelmäßig Kurskorrekturen vornehmen und Woche für Woche das finden, was sie verbessern müssen. Auch wenn kurzfristig Krisen ausbrechen und unwichtige Dinge eure Zeit und Aufmerksamkeit auffressen, wenn ihr jede Woche bewusst Korrekturen vornehmt, werdet ihr auf lange Sicht in der Lage sein, in Übereinstimmung mit dem zu handeln, was euch wichtig ist.

Ich glaube, die produktivsten Menschen verbringen auch einige Zeit damit, darüber nachzudenken, welche ihrer Hotspots die wichtigsten in ihrem Leben sind, und ob sie sich kurzfristig mehr auf einen als alle anderen konzentrieren müssen. Das ist genau so, wie wenn man zu Beginn seines Erwachsenenalters mehr Zeit auf seine Karriere verwendet, um sein Fortkommen zu sichern und für die Ressourcen zu sorgen, die man dann später für andere Dinge nutzen kann. In meinem Fall konzentrierte ich mich auf meinen Karriere-Hotspot, indem ich eine Menge Zeit, Aufmerksamkeit und Energie in mein einjähriges Produktivitätsprojekt steckte, da ich wusste, dass sich die langfristige Rendite dieser Arbeit lohnen würde.

Ein weiterer großer Vorteil einer Liste von Hotspots ist der, dass, wenn ein Hotspot zum Teufel geht, er nicht euer gesamtes Portfolio mitreißt. Wenn ihr zum Beispiel euren Job verliert, werden euch die Stärken eurer Hotspots Beziehungen, Finanzen und Emotionen so lange unterstützen, bis ihr einen neuen gefunden habt. Das Durchsehen meiner Liste von Hotspots ist zu einem meiner liebsten wöchentlichen Rituale geworden; nichts hat mir geholfen, bewusster zu arbeiten und zu leben.

Letzte Liste, versprochen

Eure Liste von Hotspots durchzugehen, ist ein überzeugendes Ritual, doch ich habe noch eine zusätzliche coole Verwendung für die Liste gefunden.

Die Sache mit der Liste von Hotspots ist die, dass sie relativ statisch ist. Ihr werdet nie aufhören, Verpflichtungen zu haben, wie z. B. Zahnarztbesuche, eure Eltern anrufen, daran denken, offline zu gehen oder achtsam zu sein. Was sich jedoch wöchentlich ändert, sind die Projekte, die ihr übernehmt – die Elemente eurer Arbeit und eures Lebens, die ein natürliches Anfangs- und Enddatum haben und deren Abschluss mehr als ein paar einfache Schritte erfordert.

Jahrelang hatte ich für die Projekte, an denen ich gerade arbeitete, separate Notizen erstellt, damit ich sie auslagern konnte – doch ich hatte nie eine Masterliste von allen erstellt. Es gibt Hunderte von Apps, die auf Basis der *Getting Things Done*-Methode programmiert wurden und mir genau dies ermöglicht hätten, doch auch hier konnte ich mich mit keiner anfreunden, weil mich die meisten eher hinderten, tatsächlich gute Arbeit zu leisten.

Dann kam ich auf die einfache Idee, eine Masterliste meiner Projekte zu erstellen, wobei die Projekte unter jedem meiner Hotspots gruppiert sind (Das ist ein Satz, der null Sinn ergeben würde, wenn man das Buch zufällig auf dieser Seite aufschlagen würde). Ähnlich wie eine durchsuchbare Liste von Hotspots ist diese Liste erfrischend einfach – aber auch erstaunlich effektiv.

Unter meinem Finanzen-Hotspot auf dieser Liste führe ich Projekte wie:

- Studienkredit abbezahlen
- Steuererklärung machen
- Weniger Geld für Restaurantbesuche und Lieferservices ausgeben
- Budget für nächstes Jahr erstellen
- Für Urlaub in Irland sparen

So wie mich meine Hotspot-Liste über meinem Leben schweben lässt, so ließ mich meine Masterliste mit allen Projekten, nachdem ich sie ausgefüllt hatte, schnell über all meiner Arbeit schweben sowie über jeder Veränderung, die ich in jedem Bereich meines Lebens vorzunehmen versuchte. Sie hilft auch meinem Gedächtnis bezüglich der Projekte auf die Sprünge, auf die ich mich in der kommenden Woche konzentrieren, sowie auf die Bereiche, in denen ich mich verbessern muss. Es dauert seine Zeit, diese Liste ständig auf dem neuesten Stand zu halten, doch ich benutze meine Masterliste jede Woche, um mich über meine Lebensbereiche emporzuschwingen und über den Wert der Projekte nachzudenken, an denen ich gerade arbeite sowie über andere wertvolle Projekte, die ich beginnen könnte, um produktiver zu werden.

Für mich besteht einer der größten Vorteile, produktiver zu werden, darin, dass man alles, was man gleichzeitig zu tun versucht, besser versteht, und die schwierigste Zeit, dem allen einen Sinn zu geben, ist die, wenn man auf der untersten Ebene arbeitet. Wenn man nur von einem Moment zum anderen arbeitet, ist es ziemlich schwer, von dem, woran man arbeitet, Abstand zu nehmen, um darüber nachzudenken, wie wichtig es wirklich ist – deswegen ist es so wichtig, zu Beginn eines jeden Tages und einer jeden Woche seine Ziele zu definieren.

Dasselbe gilt für die Art und Weise, wie ihr eure Zeit im Allgemeinen verbringt. Wenn ihr mitten im Geschehen steckt, ist es schwer, euch emporzuschwingen und zu erkennen, was wichtig ist und was ihr ändern müsst.

Hotspots sind der Weg, um genau das zu erreichen.

Die Hotspot-Challenge

Benötigte Zeit: 10 Minuten
Benötigte Energie/Konzentration: 7/10
Wert: 7/10
Spaß: 9/10
Was ihr davon haben werdet: Ihr werdet euer Leben aus einer Perspektive sehen, die ihr noch nie zuvor hattet, und über die Bedeutung aller Aufgaben, Projekte und Verpflichtungen nachdenken können, die ihr übernommen habt.

Wenn ihr erst einmal all eure Verpflichtungen, sowohl in eurem Arbeitsleben als auch in eurem Privatleben, ausgelagert und alle neuen Aufgaben, die auf euch zukommen, aufgeschrieben habt, versucht dies alles einmal durchzusehen. Vorausgesetzt, alles ist gut organisiert, solltet ihr das unglaubliche Gefühl haben, jeden Aspekt eures Lebens visualisieren zu können. Eine durchsuchbare Liste von Hotspots ist meine Lieblingsmethode, um dieses Gefühl noch zu verstärken; es ist eine meiner Lieblingsmethoden, um smarter statt härter zu arbeiten. Nachdem ich meine Projekte durchgesehen habe, entnehme ich ihnen Aufgaben, um den Kurs für die kommende Woche anzupassen.
Als ich mich zum ersten Mal hinsetzte, um eine durchsuchbare Liste von Hotspots zu erstellen, brauchte ich etwa zehn Minuten, um jeden Bereich meines Lebens zu erweitern; im Verlauf der nächsten paar Wochen, als mir neue Punkte einfielen, notierte ich sie zunächst in meiner Notizen-App und fügte sie dann zu der Liste hinzu, als ich meine Notizen ein paar Mal pro Woche ausmistete.
In diesem Kapitel fordere ich euch heraus, das Gleiche zu tun. Nehmt euch zehn Minuten Zeit und denkt über die Elemente in sieben Bereichen eures Lebens nach. Wenn ihr euch dazu entschieden habt, einen Wartungstag einzuführen, geht eure Liste zu diesem Zeitpunkt durch und überlegt euch, in welchem Bereich ihr in der nächsten Woche Verbesserungen vornehmen wollt. Wenn ihr nicht vollkommen im Einklang mit dem handelt, was euch wichtig ist, seid nicht zu hart zu euch selbst – niemand ist perfekt. Passt einfach den Kurs an; auf lange Sicht werdet ihr genau das Gleichgewicht erreichen, das ihr wünscht.

Raum schaffen

Take-away: Wenn ihr eure Gedanken ohne Ablenkung schweifen lasst, z. B. wenn ihr unter der Dusche steht, ist das gut für Brainstorming, Problemlösung und um kreativer zu werden.

Geschätzte Lesedauer:
11 Minuten

Die Neurologie einer Dusche

Als ihr das letzte Mal geduscht habt, habt ihr vielleicht bemerkt, dass nach ein oder zwei Minuten etwas Interessantes passierte: Euer Geist begann zu wandern, von dem, was ihr später am Tag bei der Arbeit zu tun habt, über das, was ihr zum Frühstück machen wollt, bis hin zu der Tatsache, dass ihr vergessen habt, Melonen für die Party am Abend zu kaufen. Und ab und an dringt beim Duschen eventuell sogar eine brillante Idee oder Erkenntnis an die Oberfläche.

Das passiert so ziemlich jedem.

Vielleicht habt ihr auch bemerkt, dass genau das Gegenteil passiert, wenn ihr gedankenlos im Internet surft oder auf euer Smartphone starrt. Während ihr vielleicht den einen oder anderen Heureka-Moment erlebt, wenn ihr eure Gedanken unter der Dusche schweifen lasst, habt ihr wahrscheinlich selten eine brillante Einsicht, während ihr an eurem Smartphone hängt.

Es gibt einen interessanten Grund dafür, dass dieses Phänomen in der Dusche auftritt und nicht, wenn ihr euer Smartphone benutzt: Wenn ihr duscht und eure Gedanken schweifen lasst, schafft ihr sogar noch mehr Raum für eure Aufmerksamkeit, der wiederum Raum für Gedanken, Ideen und Erkenntnisse schafft, die aus eurem Unterbewusstsein an die Oberfläche sprudeln und eure Aufmerksamkeit packen.

Wenn ihr eurem Geist Zeit und Raum zum Umherschweifen gebt, könnt ihr mehr Raum für Aufmerksamkeit schaffen, intensiver über alles nachdenken, was ihr um die Ohren habt, und, wie viele Studien zeigen, smarter arbeiten.

Die zwei Modi eures Gehirns

Forschungsergebnissen zufolge wechselt unser Geist den ganzen Tag über zwischen zwei Modi: einem „wandernden" Modus, den wir zum Beispiel erleben, wenn wir duschen, und einem „zentralen Exekutiv"-Modus, den wir erleben, wenn wir an unseren Smartphones hängen oder uns intensiv auf etwas konzentrieren.

Man kann sich nicht in beiden Modi gleichzeitig befinden und die meisten Experten empfehlen, Zeit in beiden Modi zu verbringen. Wie Daniel Levitin in seinem Buch *The Organized Mind* schreibt: „In dem Hin und Her unserer Aufmerksamkeit überbewertet die westliche Kultur den Modus der zentralen Exekutive und unterbewertet den Modus des Tagträumens".

Es gibt Unterschiede zwischen den beiden, die es lohnenswert machen, Zeit in beiden zu verbringen. „Der zentral exekutive Ansatz zur Problemlösung ist oft diagnostisch, analytisch und ungeduldig, während der Ansatz des Tagträumens spielerisch, intuitiv und entspannt ist", erklärt er. Einige Forschungen zeigen sogar, dass der wandernde Modus eures Gehirns von Vorteil sein kann, wenn eure Arbeit komplex ist oder mehr Kreativität erfordert.

Doch mit jedem Jahr, das vergeht, scheint es ein bisschen schwieriger zu werden, den Geist umherschweifen zu lassen. Immer öfter scheinen wir in den Sog zu geraten, noch ein weiteres Gerät zur Stimulation unseres limbischen Systems zu benutzen, wie z. B. unsere Computer, Tablets und Smartphones. Und obwohl sie uns besser miteinander verbinden, können sie uns auch daran hindern, unseren Tagträumen nachzugehen, was es schwierig macht, von den Entscheidungen, die wir zu treffen und den Problemen, die wir zu lösen haben, Abstand zu nehmen. Heutzutage verbringt der typische Amerikaner in einer Durchschnittswoche 51,8 Stunden damit, auf Bildschirme zu starren – dazu gehört die Zeit vor dem Smartphone, Tablet, Laptop, Desktop-Computer und Fernseher –, was durchschnittlich 7 Stunden und 24 Minuten Bildschirmzeit pro Tag ausmacht. Wenn man davon ausgeht, dass ihr jede Nacht 7,7 Stunden schlaft (der Landesdurchschnitt), bedeutet dies, dass ihr 45 Prozent eurer wachen Zeit damit verbringt, auf glänzende, rechteckige, digitale Bildschirme zu starren.

Eines der denkwürdigsten Experimente, das ich während meines Projekts durchführte, war, mein Smartphone drei Monate lang nur eine Stunde pro Tag zu benutzen. Nachdem ich eine Weile ohne mein Smartphone herumgelaufen war, bemerkte ich, dass mein Geist zu neuen Ideen und Gedanken wanderte, auf die ich sonst nie gekommen wäre. Durch die Reduzierung meiner Smartphone-Nutzung hatte ich nicht nur mehr Zeit für wichtigere Aufgaben, sondern konnte mir auch mehr Raum für Aufmerksamkeit schaffen, um über sie nachzudenken. Ohne mich auf mein Smartphone konzentrieren zu müssen, schaltete mein Verstand instinktiv immer dann in den wandernden Modus, wenn ich mich nicht auf die Arbeit konzentrieren musste, was den Raum schuf, in dem Ideen und Gedanken aus meinem Unterbewusstsein aufsteigen konnten.

Bis zum heutigen Tag leidet meine Produktivität, wenn ich nicht jeden Tag für mindestens 30 Minuten Raum für Aufmerksamkeit sorge, damit mein Geist abschweifen kann.

Euer Gehirn macht nie Pause

Der Grund dafür, dass ihr Heureka-Momente wie aus heiterem Himmel erlebt, wenn ihr mehr Raum für Aufmerksamkeit schafft, ist einfach: Euer Gehirn hört nie auf zu denken.

Eine meiner neurologischen Lieblingsstudien wurde von Ap Dijksterhuis an der Universität Amsterdam geleitet. In der Studie erhielten die Teilnehmer Informationen über vier Autos und wurden dann gebeten, sich auszusuchen, welches Auto sie kaufen würden. Forscher sind für gewöhnlich ziemlich hinterhältig und diese Studie war da keine Ausnahme. Sie machten eines der vier Autos deutlich attraktiver als die anderen, um zu sehen, ob die Teilnehmer es als das beste identifizieren konnten. Sie teilten die Teilnehmer in zwei Gruppen ein. Die erste Gruppe erhielt Informationen über 4 Merkmale pro Auto, und die zweite Gruppe erhielt signifikant mehr Informationen – 12 Merkmale pro Auto.

Jede dieser Gruppen wurde nochmals in zwei Gruppen aufgeteilt. Bevor die Teilnehmer gebeten wurden, sich ein Auto auszusuchen, erhielt jeder Teilnehmer jeder Gruppe entweder vier Minuten Zeit, um die Merkmale der Autos genau zu studieren, oder eine Reihe von völlig zusammenhangslosen Worträtseln, auf die sie sich vier Minuten lang konzentrieren mussten. Diese zweite Gruppe war scheinbar im Nachteil, wenn es darum ging herauszufinden, welches Auto das beste war, da sie keine Zeit hatte, bewusst darüber nachzudenken, welches Auto das beste war.

Wer schnitt also besser ab?

Und hier wird die Studie faszinierend. Mit nur vier Optionen pro Auto schnitten die Teilnehmer, die bewusst über ihre Entscheidung nachdenken konnten, viel besser ab. Das ist nicht weiter verwunderlich: Mit nur wenigen Optionen war es für sie ziemlich einfach, abzuleiten, welches Modell das Beste ist. Doch als die Teilnehmer für jedes der vier Autos zwölf Optionen in Betracht zu ziehen hatten – 48 Optionen insgesamt – übertraf die Gruppe, die die Optionen nur unbewusst verarbeiten konnte, die Gruppe, die vier volle Minuten Zeit hatte, um gründlich darüber nachzudenken, welches Auto das Beste ist. Und jetzt kommt der Knackpunkt: Sie übertraf die „bewusste“ Gruppe um Längen; die „bewusste“ Gruppe wählte in 23 Prozent der Fälle das richtige Auto aus, während die „unbewusste“ Gruppe in 60 Prozent der Fälle das richtige Auto wählte.

Einige Jahre nach dem Experiment führte ein Forschungsteam an der Carnegie Mellon University eine ähnliche Studie durch, doch anstatt die Teilnehmer Worträtsel lösen zu lassen, mussten sie sich eine Reihe von Zahlen einprägen – während ihre Hirnaktivität in einem MRT-Gerät gescannt wurde.

Dieses Team fand etwas Faszinierendes heraus: Während die Hirnregionen, die für das Einprägen von Zahlen zuständig sind, (natürlich) auf Hochtouren arbeiteten, taten das auch die präfrontalen Cortizes der Teilnehmer, die weiter an dem Autoproblem arbeiteten, während sie sich ganz auf das Einprägen der Zahlen konzentrierten. Das Unterbewusstsein der

Teilnehmer schweifte umher, während sie etwas verarbeiteten, das nichts mit der anstehenden Aufgabe zu tun hatte.

Obwohl es in der wissenschaftlichen Gemeinde eine Debatte darüber gibt, wie mächtig unser Unterbewusstsein ist, veranschaulichen diese Studien etwas Grundlegendes: dass unser Gehirn nie aufhört zu denken. Selbst wenn wir uns mit unserer ganzen Aufmerksamkeit auf etwas konzentrieren, hat unser Gehirn – wie ein Computer – im Hintergrund immer noch weitere Fenster offen. Und wenn ein Problem besonders komplex ist oder eine kreative Lösung erfordert, kann unser Unterbewusstsein sogar bessere Arbeit leisten – vor allem, wenn wir uns mehr Raum für Aufmerksamkeit geben, um daran zu arbeiten.

Raum schaffen

Während meines Projekts begann ich, mit weiteren Methoden zu experimentieren, um in den Tagtraum-Modus zu wechseln.

Während ich meinen TEDx-Talk plante, ließ ich mein Telefon zu Hause und wanderte nur mit einem Stift und einem Notizbuch durch Kanadas Nationalgalerie – nur eine kurze Busfahrt von meinem Wohnort entfernt. Um mir neue Produktivitätsexperimente auszudenken, machte ich mittags Spaziergänge in der Natur, wo ich meine Ideen reifen ließ. An den Wochenenden saß ich mit nur einem Notizbuch in einem geschäftigen Café, um alle Gedanken aufzuschreiben, die mir so einfielen.

In allen Fällen, in denen ich mir die Zeit nahm, um meine Gedanken schweifen zu lassen, legte ich Wert darauf, ein Notizbuch bei mir zu haben und die Ablenkungen um mich herum auszuschalten, um noch mehr Raum für Aufmerksamkeit zu schaffen. Und jedes Mal schrieb ich mindestens ein Dutzend Gedanken, Ideen, Aufgaben und Personen auf, mit denen ich mich in Verbindung setzen oder mit denen ich mich austauschen sollte. Jedes Mal, wenn ich meinem Geist Raum zum Umherschweifen ließ, durchbrachen unweigerlich unzählige Gedanken meine Aufmerksamkeitsbarriere und ich notierte sie in meinem Notizbuch, damit ich mich später mit ihnen befassen konnte. In gewisser Weise war mein ganzes Projekt darauf ausgerichtet, Punkte zu verbinden und kreative Ideen zu entwickeln, und nichts half mir dabei mehr, als mir Raum für Aufmerksamkeit zu schaffen.

Sogar heute noch, während ich dieses Buch schreibe, plane ich mehr Zeit fürs Tagträumen ein als je zuvor, was zu mehreren hundert Ideen für dieses Buch führte. Wie Steven Johnson in seinem sechsteiligen Dokumentarfilm *How We Got to Now* so brillant formulierte: „[Neue] Ideen sind im Grunde Netzwerke aus anderen Ideen." Menschen, die in der Wissensökonomie viel Geld verdienen, werden dafür bezahlt, Probleme zu lösen und Punkte zu verbinden, weshalb es umso wichtiger ist, sich Zeit für Tagträumereien zu nehmen – vor allem, nachdem man die ungelösten Dinge, die auf der Psyche lasten, aufgeschrieben hat. Glücklicherweise sind unsere Gehirne dafür gemacht, Punkte zu verbinden, was sie zum perfekten Werkzeug in der Wissensökonomie macht – vorausgesetzt, wir setzen sie intelligent ein.*

Von allen Methoden, die ich in meinem Projekt ausprobierte, funktionierte jedoch nichts so gut, wie einfach in einem Raum mit einem Stift und einem Blatt Papier zu sitzen. Jeden Tag oder jeden zweiten Tag stellte ich einen Timer, in der Regel auf 15 Minuten, und gab meinem Geist dann ganz einfach die Erlaubnis, sich hinauszuwagen und dorthin zu gehen, wohin er wollte. In gewisser Weise war es das Gegenteil eines Braindumps – statt im zentralen Exekutivmodus zu verharren, wechselte ich in den Tagtraum-Modus und notierte mir die Ideen und Gedanken, die sonst unbemerkt geblieben wären. Ich praktiziere dieses Ritual auch heute noch, und ich bin überrascht über die Ideen, Gedanken und sogar ein paar To-dos, die aufkommen, wenn ich den Raum für Aufmerksamkeit schaffe.

Wenn das sonderbar klingt, dann deswegen, weil es das auch ist. Aber euer Gehirn ist auch eine eigentümliche Maschine, und in ihm sitzen im Moment eine Tonne wertvoller Gedanken, Ideen und Erkenntnisse, die es im Hintergrund verarbeitet hat und die darauf warten, festgehalten zu werden. Ein „Gedankenerfassungs"-Ritual ist ein weiterer großartiger Weg, das ihr zu eurem Wartungstag hinzufügen oder dann durchführen könnt, wenn ihr euch überfordert fühlt und sofort mehr Raum für Aufmerksamkeit schaffen müsst.

Je mehr Raum ihr für Aufmerksamkeit habt, desto ruhiger werdet ihr euch fühlen und umso produktiver werdet ihr sein.

* Es hat auch geholfen, dass ich im Vorfeld eine Struktur für dieses Buch festgelegt habe, die meinem Gehirn, ähnlich wie bei dem Problem mit dem Auto, etwas Konkretes gab, an dem es im Hintergrund herumnagen konnte, während ich mich auf andere Dinge konzentrierte.

Geistige Glückseligkeit

Während meiner *Mission Produktivität* konnte ich mit den anderen Tagtraumtechniken, die ich ausprobierte, wie dem Besuch einer Kunstgalerie oder Spaziergängen in der Natur, fast ebenso viele Erkenntnisse gewinnen. Solange ich in den Modus des Tagträumens umschalten konnte und ich ein Notizbuch dabei hatte, funktionierten sie. Allgemein gesagt, je weniger Aufmerksamkeit das Ritual erforderte, desto besser. Doch selbst Taktiken wie das Lesen von Romanen, von denen ich dachte, dass sie viel Aufmerksamkeit erfordern, ließen mich oft in den Tagtraum-Modus umschalten und neue Ideen generieren. Ob nun Stricken, Gartenarbeit, Yoga, eine lange Autofahrt, ein Spaziergang ohne Kopfhörer, ein Bad bei Kerzenlicht oder der Besuch einer Kunstgalerie für euch am besten funktioniert, der Schlüssel ist, dass ihr euch die Zeit nehmt, euren Geist wandern zu lassen. Wann immer Einstein eine schwierige Nuss zu knacken hatte, tat er das Gleiche und spielte so lange Geige, bis ihm die Antwort, die er suchte, scheinbar aus heiterem Himmel einfiel. Dasselbe kann auch für euch funktionieren.

Auch während ihr schlaft, verarbeitet und konsolidiert euer Gehirn weiterhin neue Informationen und speichert sie im Gedächtnis ab. Deshalb kann „ein Problem überschlafen" Wunder wirken, und vor dem Schlafengehen zu lernen euch dabei helfen, bei Tests besser abzuschneiden. Dies ist auch ein guter Grund, um eure drei Ziele für den nächsten Tag am Ende des Vortages oder vor dem Schlafengehen festzulegen.

Gut zu wissen: Ich widme später ein ganzes Kapitel dem Thema, wie wichtig Pausen und das Abschalten von der Arbeit ist. Wahnsinnig hart zu arbeiten, ohne sich Zeit für Regeneration zu nehmen, ist ein Garant für Burn-out. Da ihr euch bei der Arbeit so sehr auf euer Gehirn verlasst und wahrscheinlich mehr Druck als je zuvor ausgesetzt seid, sind Pausen wichtiger denn je.

Die American Psychological Association (APA) nannte kürzlich neun der allerbesten Strategien zur Stressbewältigung. Im Gegensatz zu Schnellschüssen wie shoppen gehen, Glücksspiel, Trinken und Essen, die alle den

Cortisolspiegel in eurem Körper (das Hormon, das euer Körper als Reaktion auf Stress produziert) nicht wirklich senken, senken die neun von der Organisation empfohlenen Strategien tatsächlich euren Cortisolspiegel. Genauso wichtig ist, dass die meisten von ihnen, zumindest oberflächlich betrachtet, euer Gehirn in den Tagtraum-Modus zu versetzen scheinen, was sie zu doppelt wertvollen Strategien macht, die ihr ausprobieren solltet, wenn ihr versucht, euch mehr Raum für Aufmerksamkeit zu verschaffen. Zu ihnen gehören:

- Sport treiben
- Lesen
- Meditation
- Musikhören
- Sich mit einem kreativen Hobby beschäftigen
- Beten
- Spaziergänge in der Natur
- Zeit mit Freunden und Familie verbringen
- Eine Massage bekommen

Für welche Methode ihr euch auch immer entscheidet, sich Zeit zu nehmen, um euren Verstand in den Tagtraum-Modus zu versetzen, ist eines der produktivsten Dinge, die ihr tun könnt. Seid versichert, dass euer Gehirn, wenn ihr eine Pause von der Arbeit einlegt, im Hintergrund weiterarbeitet, auch wenn ihr es vielleicht nicht tut – und wenn ihr versucht, ein besonders kreatives oder komplexes Problem anzugehen, leistet es vielleicht sogar bessere Arbeit als euer bewusster präfrontaler Cortex.

Euer Gehirn ist eine leistungsstarke Maschine. Doch ihr müsst seine Stärken ausnutzen und gleichzeitig seine Schwächen berücksichtigen. Ihm den Raum zu gewähren, um in den Tagtraum-Modus zu schlüpfen, während ihr die Aufgaben, Projekte und Verpflichtungen, an denen ihr arbeitet, auslagert, führt genau zu dem.

Wenn ihr euch im Tagtraum-Modus befindet, solltet ihr auch hier darauf achten, dass ihr alles, was eurem Gehirn einfällt, festhaltet, damit keine großen Ideen durchs Raster fallen.

Die Abschweifungs-Challenge

Benötigte Zeit: 15 Minuten
Benötigte Energie/Konzentration: 2/10
Wert: 7/10
Spaß: 9/10
Was ihr davon haben werdet: Eine Fülle brandneuer Ideen, die sich in eurem Gehirn befinden und nur darauf warten, geerntet zu werden, sobald ihr ihnen den nötigen Raum gebt.

Wahrscheinlich habt ihr diese Challenge schon von Weitem kommen sehen. Meine Challenge für euch besteht diesmal darin, eure Gedanken morgen mindestens 15 Minuten lang schweifen zu lassen und alle wertvollen Gedanken, Ideen oder Dinge festzuhalten, die ihr erledigen müsst, die eure Aufmerksamkeitsbarriere durchbrechen.
Am liebsten setze ich mich dazu irgendwo hin, wo ich nicht abgelenkt oder gestört werde, nur mit einem Stift und einem Notizbuch, und stelle einen Timer auf 15 Minuten.
Wenn ihr wie ich seid, werdet ihr über das, was euch in den Sinn kommt, verblüfft sein. Vielleicht möchtet ihr dann sogar noch länger, sagen wir eine halbe Stunde, weitermachen.

DER AUFMERKSAMKEITSMUSKEL

Bedachtsamer werden

Take-away: Untersuchungen zeigen, dass wir uns nur in 53 Prozent der Fälle auf das konzentrieren, was vor uns liegt. Einen starken „Aufmerksamkeitsmuskel" zu entwickeln, ermöglicht es uns, uns mehr auf die anstehende Aufgabe zu konzentrieren, wodurch wir unsere Zeit und Aufmerksamkeit in diesem Moment effizienter nutzen können.

Geschätzte Lesedauer:
6 Minuten

Zu viel Abschweifungen

Der erfolgreiche Krieger ist ein Durchschnittstyp,
aber mit laserartigem Fokus
Bruce Lee

Auch wenn ihr euch bewusst die Zeit nehmt, um euren Geist umherschweifen zu lassen, damit euer Gehirn Verbindungen knüpfen, sich entspannen und kreativer denken kann, wird euch ein wandernder Geist nicht viel helfen, wenn es an der Zeit ist, echte Arbeit zu erledigen.

Wahrscheinlich schweifen eure Gedanken häufiger ab als ihr denkt. Eine interessante Studie, durchgeführt von den Harvard-Psychologen Matthew Killingsworth und Daniel Gilbert, ergab, dass wir 47 Prozent unserer wachen Stunden (!!) in diesem Tagtraum-Modus verbringen. Mit anderen Worten: Während ihr euch den ganzen Tag über auf wichtigere Dinge konzentrieren solltet, konzentriert ihr euch stattdessen, wenn ihr wie die meisten Menschen seid, die Hälfte der Zeit auf etwas anderes als auf eure eigentliche Aufgabe. Ihr bringt lediglich 53 Prozent eurer Aufmerksamkeit ein.

Es versteht sich von selbst, dass dies enorme Produktivitätskosten verursacht, vor allem wenn man bedenkt, wie eng eure Zeit und Aufmerksamkeit miteinander verknüpft sind. Je weniger Aufmerksamkeit ihr einer Aufgabe widmet, desto mehr Zeit müsst ihr für ihre Erledigung aufwenden, da ihr weniger effizient arbeitet. Ich versuche, das Wort Effizienz so selten wie möglich zu verwenden, vor allem was Produktivität anbelangt, da es Arbeit auf etwas reduziert, das sich kalt und unternehmerisch anfühlt. Doch hier gibt es kein besseres Wort: Wenn ihr euch nicht voll und ganz auf eure Arbeit konzentriert, setzt ihr eure Zeit oder Aufmerksamkeit einfach nicht effizient ein. Eine Stunde intensiver Konzentration auf eure Arbeit ist zwei oder drei Stunden wert, in denen ihr euch zu 53 Prozent der Zeit auf eure Arbeit konzentriert.

Zeit ist die begrenzteste Produktivitätsressource, die ihr habt. Wenn ihr eure Aufmerksamkeit intelligent managt – genauso wie ihr eure Energie intelligent managt – könnt ihr sie so viel klüger einsetzen.

Stop ... Zeit für eine Challenge

Bevor wir tiefer in diesen Abschnitt des Buches eintauchen, habe ich noch eine kurze, frühzeitige Challenge für euch.

Während ihr diesen Teil des Buches lest, fordere ich euch heraus, ein Notizbuch oder ein Blatt Papier herauszuholen und zu notieren, wie oft eure Gedanken gegen euren Willen abschweifen – wie oft ihr in den Tagtraum-Modus verfallt, euch dem Weiterlesen widersetzt, beginnt, euch Sorgen zu machen, euch dazu verleiten lasst, zum Telefon zu greifen oder anderweitig abgelenkt werdet. Wir werden alle diese Hindernisse der Reihe nach angehen, doch wie beim Umgang mit eurer Zeit und Energie ist es hilfreich, euren Ausgangspunkt zu kennen.

Wann immer eure Gedanken abschweifen, macht euch keine Sorgen; Tagträumereien sind einfach der Standardmodus eures Gehirns. Selbst nach Jahren des Meditierens und nach bestem Bemühen, meinen Aufmerksamkeitsmuskel zu trainieren, wandert auch mein Geist häufig umher. Nehmt einfach zur Kenntnis, dass eure Gedanken abgeschweift sind, und holt eure Aufmerksamkeit behutsam wieder zurück, in diesem Fall zum Lesen dieses Buches. (Ich benutze das Wort behutsam, weil es ziemlich einfach ist, hart zu sich selbst zu sein, wenn man versucht, seinen Fokus in den Griff zu bekommen, obwohl Tagträume zu 100 Prozent normal sind.)

Dies ist auch ein cooler Hack, den ihr anwenden könnt, wenn ihr hart an etwas Wichtigem arbeitet: Haltet einfach ein Notizbuch auf eurem Schreibtisch bereit und notiert euch jede Ablenkung oder Unterbrechung, die euch dazu verleitet, das, woran ihr gerade arbeitet, zu unterbrechen. Dann macht ihr euch wieder an die Arbeit. Und, wenn nötig, kümmert euch danach um die Möchtegern-Unterbrechungen.

Die Freude, bedachtsam zu sein

Während ich diese Worte schreibe, sitze ich in einem kleinen Teeladen in Ottawa. Der Teeladen befindet sich im Herzen der Stadt (er bietet nur etwa zwanzig Personen Platz). Ich komme gerne hierher, um zu lesen, zu schreiben und nachzudenken. Er ist nur wenige Schritte von der Nationalgalerie entfernt, wohin ich von Zeit zu Zeit gehe, um meine Gedanken schweifen zu lassen. Was ich an dem Laden am meisten mag, ist jedoch nicht der Tee – es ist die bedachtsame und sorgfältige Art und Weise, wie sie das Teeritual zelebrieren. Nachdem ihr euch für einen der hundert Tees aus dem Regal des Ladens entschieden habt, bittet euch das Personal, Platz zu nehmen. Dann bringen sie eine kleine Kanne des Tees eurer Wahl an euren Tisch und zünden eine Kerze unter der Kanne an, um ihn warm zu halten. In diesem Laden gibt es den besten Tee, den ich in Ottawa finden konnte – jede Sorte wird sorgfältig ausgewählt oder von Grund auf neu gemischt –, und die Sorgfalt, mit der jede Sorte hergestellt wird, ist inspirierend.

Seitdem ich mit meinem Projekt begonnen habe, fühle ich mich auf seltsame Weise zu Orten wie diesem hingezogen; Orte, die in einer Welt voller preiswerter Tee- und Kaffee-Kapseln aus dem Massenmarkt herausstechen und eine unglaublich sorgfältige und methodische Arbeitsweise an den Tag legen. Wie der Whiskyproduzent, der Jahre damit verbringt, seine Technik und sein Rezept zu perfektionieren, oder der Besitzer eines Weinguts, der danach strebt, den perfekten Jahrgang herzustellen, oder der versierte Musiker, der nach zehntausenden von Übungsstunden zum Meister wird; das sind Menschen, die Zeit und Energie investieren, um in einer Welt, in der bedachtsames Arbeiten schwer ist, bedachtsam zu sein.*

Diese Menschen gehen mit ihrer Besonnenheit weiter als die meisten anderen, doch sie alle haben sich auf eine wirklich mächtige Idee eingelassen. Bei Produktivität geht es nicht darum, mehr Dinge schneller zu tun – es geht darum, die richtigen Dinge zu tun, mit Bedacht und Absicht. Aus diesem Grund ist es so wichtig, mehr Zeit und Raum für Aufmerksamkeit um eure Aufgaben herum einzuplanen: Das verschafft euch den Raum, um in jedem Moment an Aufgaben mit höherem Ertrag zu arbeiten, Aufgaben mit geringerem Ertrag abzuwehren und produktiver zu werden.

Einer der Gründe, warum wir um Neujahr herum so viele Vorsätze fassen, ist der, dass wir während der Feiertage von unserer Arbeit und unserem Leben zurücktreten können, um über andere Dinge nachzudenken. Das Gleiche passiert, wenn ihr euch die Zeit nehmt, von eurer Arbeit und eurem Leben zurückzutreten: Ihr werdet mehr planen, kommt auf bessere Ideen und werdet in der Lage sein, bewusster zu arbeiten.

Wenn eine Taktik wie die Trennung von Aufgaben mit hohem Ertrag von Aufgaben mit niedrigem Ertrag eine Möglichkeit ist, ganz allgemein bewusster zu arbeiten, und eine Taktik wie die Dreier-Regel eine Möglichkeit ist, auf wöchentlicher und täglicher Basis bewusster zu arbeiten, könnt ihr durch das Training eures Aufmerksamkeitsmuskels in jedem Moment bewusster arbeiten. Ein starker Aufmerksamkeitsmuskel macht es möglich, bedachtsam zu arbeiten und euch zu mehr als 53 Prozent der Zeit auf die anstehende Aufgabe zu konzentrieren.

Dies ist das letzte fehlende Puzzleteil, um bedachtsamer zu arbeiten – doch es ist auch das schwierigste.

Die drei Teile eures Aufmerksamkeitsmuskels

(Kurze Zwischenfrage: Sind eure Gedanken schon abgeschweift?)

Wie wir jeden Augenblick verbringen, entscheidet über unsere Produktivität. Technologie und schnelle Lösungen stimulieren uns mehr als wichtige Aufgaben und Projekte. Je schneller wir arbeiten, desto schwieriger

*„Es kommt nicht darauf an, wie viele Jahre man spielt; es kommt darauf an, wie viele Stunden man spielt.“

wird es, bewusst zu arbeiten. Das ist es, was es so schwer macht, fokussiert und bewusst zu bleiben – und das ist es auch, was euch dazu veranlasst, 47 Prozent eurer Zeit damit zu verbringen, euch auf etwas anderes als die eigentliche Aufgabe zu konzentrieren.

Zum Glück könnt ihr euren Aufmerksamkeitsmuskel auf verschiedene Weisen trainieren, sodass ihr euch den ganzen Tag über besser konzentrieren könnt – und sie sind alle durch eine Menge Forschungsarbeiten belegt.

Neurowissenschaftlern zufolge setzt sich unsere Aufmerksamkeit aus drei Teilen zusammen:

- **Eure zentrale Exekutive:** Das ist euer denkendes und planendes Gehirn, das in eurem präfrontalen Cortex lebt. Bisher habe ich mein Bestes getan, dieses Buch so zu schreiben, dass dieser Teil eures Gehirns in Schwung kommt, vor allem im Abschnitt über Prokrastination. Ich werde mich in diesem Abschnitt hauptsächlich auf die beiden anderen Teile eures Aufmerksamkeitsmuskels konzentrieren.

- **Fokus:** Das betrifft die Verengung eurer Aufmerksamkeit auf die jeweilige Aufgabe, was euch hilft, effizienter zu arbeiten.

- **Achtsamkeit:** Das bedeutet, dass ihr euch bewusst werdet, was in eurer inneren und äußeren Umgebung vor sich geht, was euch dabei hilft, aufmerksamer und bewusster zu arbeiten.

Diese drei Teile zusammen bilden euren Aufmerksamkeitsmuskel. Euren Aufmerksamkeitsmuskel zu trainieren bedeutet, alle drei Teile zu stärken.

Aufmerksamkeitsdiebe

Take-away: Sich um Ablenkungen zu kümmern, bevor sie zum Problem werden, z. B. indem ihr den Hinweiston für neue Nachrichten auf eurem Telefon abschaltet, hilft euch, Unterbrechungen durch Aufmerksamkeitsdiebe zu vermeiden. Es kann bis zu 25 Minuten dauern, bis ihr euch nach einer Unterbrechung wieder auf die eigentliche Aufgabe konzentrieren könnt.

Geschätzte Lesedauer:
8 Minuten

Die Fokus-Blase zum Platzen bringen

Taktiken wie das Festlegen täglicher Ziele, das Auslagern eurer Aufgaben, das Betrachten eures Lebens als eine Ansammlung von Hotspots und das Schaffen von Raum, damit euer Geist umherwandern kann, helfen euch, eure Arbeit und euer Leben mit mehr Klarheit zu sehen und lassen euch an dem arbeiten, was jeden Tag wichtig ist.

Aber natürlich kommen nicht alle Ablenkungen von innen. Genauso wie es wichtig ist, euren Aufmerksamkeitsmuskel zu stärken, so ist es auch wichtig, ihn vor äußeren Ablenkungen zu schützen, die eure Konzentration und Produktivität beeinträchtigen könnten.

Nachdem ich begonnen hatte, mein Smartphone nur noch eine Stunde pro Tag zu benutzen, bemerkte ich unter anderem, wie selten ich unterbrochen wurde – zusätzlich dazu, wie viel mehr geistige Klarheit ich zu haben begann. Da meine Aufmerksamkeit nicht permanent gekidnappt wurde, konnte ich tiefer in das eintauchen, woran ich gerade arbeitete, egal wie kompliziert es war, da ich meine Aufmerksamkeit nicht ständig neu fokussieren musste. Vor dem Experiment reichte eine Textnachricht oder Unterbrechung, um die Fokusblase, in der ich gerade arbeitete, augenblicklich zum Platzen zu bringen, und ich brauchte unglaublich viel Zeit, um mich wieder in meine Arbeit hineinzufinden. Je mehr Aufmerksamkeit eine Aufgabe erforderte, desto länger dauerte es, sich von Unterbrechungen zu erholen.

Unnötige Hinweistöne kosten euch vielleicht nicht viel Zeit, aber sie kosten viel Aufmerksamkeit: Jedes Mal, wenn ihr einen Hinweiston für eine neue E-Mail, SMS, Twitter- oder Facebook-Benachrichtigung erhaltet, wird eure Aufmerksamkeit auf der Stelle gekapert und das hat enorme Produktivitätskosten zur Folge, insbesondere wenn ihr an etwas Komplexem arbeitet.

Seit dem Übergang von der Zeit- in die Wissensökonomie tauschen wir nicht mehr nur unsere Zeit gegen einen Gehaltsscheck ein. Wir tauschen auch unsere Aufmerksamkeit gegen einen Gehaltsscheck ein, auch wenn wir nicht im Büro sind. Bei jedem Bürojob, den ich in meinem Leben hatte, bekam ich einen Laptop, damit ich meine Arbeit mit nach Hause nehmen konnte – und oft wurde das auch erwartet. Aufmerksamkeitsdiebe gab es in der Regel keine, nachdem man von einem Arbeitstag am Fließband in einer Fabrik nach Hause gegangen war – wenn man ausgestempelt hatte, gehörte einem seine Aufmerksamkeit ganz alleine. Heute ist das Gegenteil der Fall. Obwohl es von euch vielleicht erwartet wird, niemals offline zu sein, so kann die Verteidigung eurer Aufmerksamkeit gegen Unterbrechungen zu großen Erfolgen führen – egal, ob ihr bei der Arbeit oder zu Hause seid.

Wahrscheinlich werdet ihr öfter unterbrochen als euch bewusst ist. Unterbrechungen fügen sich so nahtlos in die Komplexität unserer Arbeit ein, dass es oft schwierig ist, sie überhaupt zu bemerken. Laut RescueTime, einem Unternehmen, das genau verfolgt, wie Menschen ihre Zeit am Computer verbringen, öffnet der durchschnittliche Wissensarbeiter sein E-Mail-Programm 50 Mal am Tag und nutzt 77 Mal am Tag Instant Messaging. Und laut dem Forschungsunternehmen Basex kosten unnötige Unterbrechungen durch Dinge wie E-Mail und Instant Messaging die US-Wirtschaft jedes Jahr 650 Milliarden Dollar an Produktivitätsverlusten. Es ist klar, dass unsere Aufmerksamkeit in der Wissensökonomie eine ganze

Menge wert ist. (Zu den massiven Kosten des Multitaskings, das eurer Produktivität noch mehr schaden kann, kommen wir im nächsten Kapitel.)

Ebenfalls laut Basex „nehmen Unterbrechungen und die erforderliche Zeit, um sich wieder auf die Arbeit zu konzentrieren, mittlerweile 28 Prozent des Arbeitstages eines Arbeitnehmers in Anspruch". Und wie Gloria Mark, eine Aufmerksamkeitsforscherin an der Universität von Kalifornien, herausfand, „arbeitete jeder Mitarbeiter nur 11 Minuten an einem bestimmten Projekt, bevor er unterbrochen wurde" und der durchschnittliche Mitarbeiter brauchte 25 Minuten, um wieder zur ursprünglichen Aufgabe zurückzukehren. Das ist ein enorm hoher Preis, sich um sinnlose Unterbrechungen wie E-Mails und Textnachrichten zu kümmern.

Nach meinem Smartphone-Experiment begann ich, etwas relativ Einfaches zu tun: Ich schaltete jede einzelne Benachrichtigung auf meinem Smartphone und meinem Computer ab. Ab diesem Moment, wann immer mir jemand eine SMS, einen Tweet oder eine E-Mail schickte, wurde meine Aufmerksamkeit nicht mehr von dem, woran ich gerade arbeitete, abgelenkt, und ich konnte mich um die neuen Informationen kümmern, wann immer und wie immer es mir am besten passte.

Viele Menschen vergessen, dass ihr Smartphone, Computer und ihre anderen Geräte nur zu ihrer eignen Zweckdienlichkeit existieren – und nicht zur Zweckdienlichkeit all jener, die sie den ganzen Tag lang unterbrechen wollen. Ich besitze keine Uhr. Jedes Mal, wenn ich also mein Smartphone aus der Tasche hole, um zu sehen, wie spät es ist – was jede Stunde ein paar Mal geschieht –, gehe ich auch alle Benachrichtigungen durch, die sonst meine wichtigere Arbeit unterbrochen hätten. Da mir auch mein Computer keine Benachrichtigungen sendet, kümmere ich mich um diese zu einem Zeitpunkt, den ich im Voraus festgelegt habe.

Die einzige Zeit, in der ich in meiner Arbeit tatsächlich unterbrochen werde, ist, wenn jemand persönlich vorbeikommt, wenn ich einen Anruf erhalte oder eine Erinnerung, bevor ein Meeting beginnt. Für mich lohnen sich diese Unterbrechungen und sie ersparen mir auf lange Sicht Zeit.

Der Grund, warum ihr euch an nichts erinnern könnt

Nachdem ich so ziemlich jede Benachrichtigung auf meinen Geräten deaktiviert hatte und damit begonnen hatte, öfter offline zu gehen, passierte noch etwas Interessantes: Ich begann, mich wieder besser an Dinge zu erinnern.

Das Merkwürdige an vielen der besten Produktivitätstaktiken ist, dass man dank ihnen zwar jeden Tag mehr erreichen kann, aber oft das Gefühl hat, weniger produktiv zu sein. Taktiken wie Abstand von der Arbeit zu nehmen und mehr zu planen, weniger Zeit für Aufgaben einzuplanen und sich vom Internet zu trennen schaffen die Voraussetzungen dafür, dass ihr mehr leisten könnt – doch sie machen eure Arbeit auch weniger stimulierend, was die Illusion erzeugt, dass ihr nicht so viel erreicht. Das Blockieren von Ablenkungen bewirkt dasselbe. Auch wenn so ziemlich jede Studie über Unterbrechungen (und Multitasking) zeigt, dass sie eurer Produktivität schaden, wird euch euer limbisches System genau das Gegenteil mitteilen, und genau wie in Bezug auf Prokrastination ist es schwer, nicht auf es zu hören. Doch letzten Endes deuten alle Beweise darauf hin, dass ihr mehr erreichen könnt, nicht weniger, wenn ihr Aufmerksamkeitsdiebe eliminiert.

Doch es gibt noch einen weiteren, ebenso hohen Preis zu zahlen, wenn ihr ständig stimuliert und abgelenkt seid: Es beeinträchtigt euer Gedächtnis. Wenn ihr euren Aufmerksamkeitsfokus immer wieder von einer Sache auf eine andere verlagert, überlastet das euer Gehirn. Und wenn euer Gehirn überlastet ist, verlagert es seine Rechenleistung von eurem Hippocampus (zuständig für das Gedächtnis) in den Bereich eures Gehirns, der für Auswendiglernen zuständig ist, sodass es schwierig ist, eine neue Aufgabe zu lernen oder sich daran zu erinnern, was ihr getan habt, bevor ihr unterbrochen wurdet.

In seinem preisgekrönten Buch *The Shallows* beschreibt Nicholas Carr diesen Effekt mit einer schönen Analogie: „Stellt euch vor, ihr müsst eine Badewanne nur mit einem Fingerhut befüllen; das ist die Herausforderung bei der Übertragung von Informationen aus dem Arbeitsgedächtnis in das Langzeitgedächtnis. […] Wenn wir ein Buch lesen, sorgt der Informationshahn für ein gleichmäßiges Tropfen, was wir durch unser Lesetempo kontrollieren können." Während des Lesens übertragen wir Informationen aus unserem Arbeitsgedächtnis ins Langzeitgedächtnis, einen Fingerhut nach dem anderen. Das Gegenteil geschieht, wenn wir Geräte benutzen, die mit dem Internet verbunden sind: Wir versorgen unser limbisches System mit einem köstlichen Strom von Ablenkungen, was unser Gehirn überlastet und es schwierig macht, Informationen aus unserem Arbeitsgedächtnis ins

Langzeitgedächtnis zu übertragen.

Von dem Moment, in dem wir aufwachen, bis zu dem Zeitpunkt, an dem wir zu Bett gehen, stehen wir unter Strom; verbunden mit einem stetigen Strom von Aufmerksamkeitsdieben, die unseren Fokus aus der Bahn werfen, unseren Aufmerksamkeitsmuskel schwächen und dazu führen, dass wir uns an weniger erinnern. Euer Gedächtnis zu schützen ist ein weiterer Grund, so viele Aufmerksamkeitsdiebe in eurer Arbeit zu eliminieren wie nur möglich.

Ich will ehrlich zu euch sein: Meiner Erfahrung nach kann es unglaublich schwer sein, offline zu gehen, insbesondere wenn man sich daran gewöhnt hat, ständig durch Ablenkungen stimuliert zu werden. Als mein einjähriges Projekt zu Ende ging, war ich nach wie vor nicht annähernd perfekt. Nachdem ich nach meinem Smartphone-Experiment nahezu jede Benachrichtigung deaktiviert hatte, war ich immer noch versucht, nachzuschauen, ob ich vielleicht neue Nachrichten erhalten hatte, wenn ich nicht laufend neue Benachrichtigungen erhielt. Doch genau wie bei einem neuen Trainingsprogramm war mein Aufmerksamkeitsmuskel anfangs schwach, wurde dann aber immer stärker, als ich anfing, ihn regelmäßig gegen Aufmerksamkeitsdiebe zu verteidigen.

Wenn ihr auf eurem Sterbebett liegt, werdet ihr mit Genugtuung auf all die coolen und bedeutsamen Dinge zurückblicken, die ihr erreicht habt und nicht, dass ihr eure E-Mails im Griff hattet.

Wenn ihr euren Aufmerksamkeitsmuskel gegen Unterbrechungen verteidigt, bekommt ihr zusätzliche Aufmerksamkeit und Konzentration, um tiefer in eure Arbeit einzutauchen, effizienter zu arbeiten und produktiver zu werden.

Wo wir gerade beim Thema Ablenkungen sind ... Eine meiner Lieblingsmethoden, um die Ablenkungen um mich herum (nicht Unterbrechungen oder Aufmerksamkeitsdiebe, sondern tatsächliche Ablenkungen) in den Griff zu bekommen, ist die „20-Sekunden-Regel". Vertreter der Positiven Psychologie (wie der Bestsellerautor Shawn Achor) sind der Meinung, dass 20 Sekunden zeitlicher Abstand ausreichen, um Ablenkungen in Schach zu halten und ihnen aus dem Weg zu gehen. Diese Regel könnt ihr zu eurem Vorteil nutzen. Während meines Produktivitätsjahres experimentierte ich mit großem Erfolg damit, negative Ablenkungen mehr als

20 Sekunden lang von mir fernzuhalten. So bemerkte ich zum Beispiel, dass ich, sobald ich ungesunde Snacks mehr als 20 Sekunden von meinem Arbeitsplatz entfernt platzierte, nahezu umgehend mit dem impulsiven Naschen aufhörte. Einige weitere Beispiele für diese Regel im praktischen Einsatz: Speichert euer E-Mail-Programm in verschachtelten Ordnern ab, damit der Zugriff mehr als 20 Sekunden dauert; platziert euren Aktenschrank direkt neben eurem Schreibtisch, sodass ihr weniger als 20 Sekunden braucht, um etwas zu archivieren; bewahrt Desserts ganz unten in eurem Gefrierschrank auf; legt euer Telefon in ein anderes Zimmer, während ihr arbeitet; steckt euer Internetmodem aus und legt ein kompliziertes, 30-stelliges Passwort für eure Social-Media-Konten fest.

Die Benachrichtigungs-Challenge

Benötigte Zeit: 5-10 Minuten, je nachdem, wie viele Geräte ihr besitzt.
Benötigte Energie/Konzentration: 3/10
Wert: 8/10
Spaß: 7,2/10
Was ihr davon haben werdet: Ihr werdet jeden Tag viel verlorene Produktivität zurückgewinnen, weil ihr nicht länger durch eine Flut von Hinweistönen und Benachrichtigungen unterbrochen werdet. Ihr werdet euch auch besser erinnern und auf eure Arbeit konzentrieren können.

Wenn euch jede Unterbrechung wertvolle Produktivität kostet, lohnt es sich, sie in den Griff zu bekommen.

Wenn ihr wie ich und die Leute seid, die ich kennengelernt habe, werdet ihr viel öfter unterbrochen, als euch bewusst ist – doch glücklicherweise verfügt jedes Gerät, das ihr besitzt, über Einstellungen, mit denen ihr Benachrichtigungen reduzieren oder ganz eliminieren könnt. Ich fordere euch heraus, euch in die Einstellungen eures Telefons, Computers, Tablets, eurer Smartwatch und aller anderen Geräte, die ihr besitzt, zu vertiefen und Benachrichtigungen auf allen Geräten zu deaktivieren. Schaltet Vibrationen, Pieptöne, Alarmhinweise und alles andere aus, was eure Aufmerksamkeit im Laufe des Tages unterbricht. Und seid besonders defensiv in Bezug auf eure Aufmerksamkeit während eurer Biologischen Primetime; wenn ihr eure Bürotür gelegentlich schließt, um produktiver arbeiten zu können, ist eure BPT die beste Zeit, euch abzuschotten, um euren Freunden und Kollegen aus dem Weg zu gehen.

Euer limbisches System mag den Verlust konstanter Stimulation anfangs vielleicht ein wenig spüren, während ihr euch darauf einstellt, nicht unterbrochen zu werden. Ihr werdet euch eventuell sogar weniger produktiv fühlen, weil euer Gehirn nicht so stimuliert wird. Doch wenn der Tag vorbei ist, werdet ihr viel mehr Aufmerksamkeit haben, um sinnvolle und wichtige Arbeit zu leisten – ganz zu schweigen davon, um euch an die coole Arbeit, die ihr leistet, auch zu erinnern. Und was Produktivität anbelangt, so ist das das Wichtigste.

Die Kunst, eine Sache zu tun

Take-away: Singletasking ist eine der besten Möglichkeiten, einen umherschweifenden Geist zu zähmen, denn es hilft euch dabei, euren „Aufmerksamkeitsmuskel" zu stärken und mehr Raum für Aufmerksamkeit um die Aufgabe herum zu schaffen, die ihr gerade in Angriff nehmt. Genauso wie das Trainieren im Fitnessstudio die Muskeln in eurem Körper stärkt, hat sich gezeigt, dass es euren Aufmerksamkeitsmuskel stärkt, wenn ihr eure Aufmerksamkeit ständig auf die von euch gewählte Aufgabe zurücklenkt.

Geschätzte Lesedauer:
15 Minuten

Die Sache mit dem Multitasking

> *Wer überall ist, ist nirgendwo.*
> Seneca

Zum Auftakt dieses Kapitels möchte ich euch eine kurze Auffrischung einiger Ideen mitgeben, die ich bereits erwähnt habe und die meiner Meinung nach für dieses Kapitel besonders relevant sind:

- Geschäftigkeit unterscheidet sich nicht von Faulheit, wenn sie nicht dazu führt, dass man etwas erreicht.
- Bei Produktivität geht es nicht darum, wie beschäftigt oder effizient man ist – es geht darum, wie viel man erreicht.

- Nur weil man sich produktiv fühlt, heißt das nicht, dass man es auch ist – und oft ist das Gegenteil der Fall.

Ich weiß, dass ich einige dieser Konzepte inzwischen so oft wiederholt habe, dass eure Augen vielleicht schon glasig werden, aber ich glaube, jede dieser Aussagen enthält einen so profunden Kern an Wahrheit, dass es sich lohnt, sie alle noch einmal zu wiederholen, insbesondere was Multitasking anbelangt.

Denn hier ist das Merkwürdigste am Multitasking: Obwohl so ziemlich jede Studie gezeigt hat, dass es katastrophal für eure Produktivität ist, streben wir noch immer alle danach. Aber warum? Weil sich Multitasking unglaublich gut anfühlt.

Die Vorzüge, ein Multitasker zu sein

Viele der Bücher, die ich während meines Produktivitätsjahres gelesen habe, beschreiben, wie schrecklich Multitasking in Bezug auf Produktivität ist. Und in der Tat hat so ziemlich jede Studie, die jemals über Multitasking durchgeführt wurde, gezeigt, dass dies tatsächlich der Fall ist. Doch lasst uns über die Vorteile sprechen, mehr als eine Sache auf einmal zu tun.

Meiner Meinung nach versäumen es diese Studien zu erwähnen, dass sich Multitasking unglaublich gut anfühlt. Und genau hier verpassen meiner Meinung nach viele Produktivitätsbücher eine Gelegenheit. Wenn jede Entscheidung, die ihr trefft, vollkommen rational wäre und euer präfrontaler Cortex in 100 Prozent der Fälle die Oberhand über euer limbisches System gewinnen würde, bräuchtet ihr dieses Buch überhaupt nicht. Doch vorausgesetzt, ihr seid ein denkender, fühlender, liebender, atmender Mensch, dann ist es genau das, was Produktivitätstaktiken wie diese so schwer macht. Arbeit macht einfach mehr Spaß und ist stimulierender, wenn man mehrere Aufgaben gleichzeitig erledigen kann – auch wenn man dadurch unweigerlich immer weniger erreicht.

Nachdem ich mit *AYOP* begonnen hatte, ignorierte ich zunächst die Forschung über Multitasking, weil ich einfach keine Lust hatte, mir das anzuhören. An den meisten Tagen erreichte ich das, was ich mir vorgenommen hatte, und obwohl ich mich nicht so gut wie möglich konzentrierte, hatte ich einen Heidenspaß dabei, in einem Meer von Ablenkungen zu schwimmen, die mein limbisches System stimulierten. Ich wusste, dass Multitasking nur die Illusion von Produktivität erzeugte, doch gleichzeitig machte meine Arbeit durch Multitasking viel mehr Spaß (und nur ein wenig mehr Stress), und ich hatte das Gefühl, etwas zu verpassen, wenn ich versuchte, nur eine Sache auf einmal zu tun.

Zu Beginn meines Projekts hatte ich geplant, mit Singletasking zu experimentieren, doch ich schob das Experiment eine ganze Weile vor mir her, weil mir die Idee des Experiments so zuwider war. Je beschäftigter ich war, desto schuldiger fühlte ich mich, wenn ich mich jeweils nur auf eine Sache konzentrierte und desto mehr fürchtete ich mich vor dem Experiment.

Ich war süchtig nach dem ständigen Strom von Ablenkungen, und Multitasking war zur Gewohnheit geworden.

Umschalten auf Autopilot

Gewohnheiten sind ein mächtiges Konzept. Wenn sie nicht wären und die Tatsache, dass wir viele Aspekte unseres Lebens automatisch, ohne Nachdenken ausführen, wären wir nicht in der Lage, in dieser Welt zu funktionieren.

Zum Beispiel ist euch gerade bewusst, dass eure Augen beim Lesen nicht in einer einzigen fließenden Bewegung über eine Zeile dieses Buches gleiten. Stattdessen springen sie zu ein paar präzisen Stellen entlang jeder Zeile, um diese Wörter zu entziffern.

Ihr seid euch gerade auch bewusst, dass euer Kiefer etwas wiegt und ständige Anstrengung erfordert, um nicht nach unten zu hängen.

Und wenn ihr zu viel darüber nachdenkt, könnt ihr keinen bequemen Platz mehr im Mund für eure Zunge finden.

Habt ihr übrigens bemerkt, dass sich eure Nase immer im peripheren Blickfeld befindet, und dass ihr jetzt nicht mehr aufhören könnt, dies zu bemerken?

Und wie es jedes Mal Klick in euren Ohren macht, wenn ihr schluckt?

Studien zeigen, dass 40-45 Prozent von allem, was wir tun, automatisch geschieht und das ist in vielen Fällen eine gute Sache.* Doch einige Ge-

* Habt ihr in den letzten Minuten gegähnt? Ich hoffe, ihr gähnt nicht. Ich versuche, dies zu einem spannenden Buch zu machen und dennoch gähne ich, während ich diesen Satz tippe. Bitte gähnt nicht. Ich hoffe, dass ihr in den nächsten 30 Sekunden oder so nicht gähnt.

wohnheiten sind kontraproduktiv. Gewohnheiten wie zu lange schlafen, zu viele TV-Serien glotzen, Rauchen und zu viel Pizza essen geschehen oft ebenso automatisch, sind aber in der Regel kontraproduktiv.

Während meines einjährigen Produktivitätsprojekts hatte ich Gelegenheit, mit Charles Duhigg, dem mit dem Pulitzer-Preis ausgezeichneten Autor von *The Power of Habit*, zu plaudern. Bei seinen Recherchen und Experimenten stellte er fest, dass Gewohnheiten ganz einfach sind und dass jede Gewohnheit aus drei einfachen Teilen besteht: einem Auslösereiz, einer Routine und einer Belohnung. „Da ist der Auslösereiz, der der Auslöser für den Beginn eines automatischen Verhaltens ist, und dann die Routine, die das Verhalten selbst ist, und schließlich eine Belohnung." Wenn ihr beispielsweise aufwacht (Auslösereiz), nehmt ihr eventuell sofort euer Smartphone zur Hand, um zwischen verschiedenen Apps hin und her zu springen (Routine), wodurch ihr euch auf dem aktuellen Stand und mit der Welt verbunden fühlt (Belohnung). Oder wenn ihr versucht, euch auf eine unangenehme Aufgabe zu konzentrieren (Auslösereiz), öffnet ihr vielleicht gewohnheitsmäßig eure E-Mail (Routine), um euch weiterhin produktiv zu fühlen (Belohnung), obwohl ihr in Wirklichkeit einfach nur prokrastiniert.

Je öfter ihr eine Tätigkeit ausübt, desto stärker wird die Gewohnheit. Auf neurologischer Ebene ist eine Gewohnheit einfach nur eine Verbindung in eurem Gehirn, die als Reaktion auf ein Stichwort in eurer Umgebung aktiviert wird. Charles drückt es so aus: „[Wenn] ein Auslösereiz und ein Verhalten und eine Belohnung neurologisch miteinander verknüpft werden, entwickelt sich ein neuronaler Pfad, der diese drei Dinge in unserem Kopf miteinander verbindet." Donald Hebb, ein kanadischer Psychologe, der weithin als Begründer der Neuropsychologie gilt, nannte es: „Zellen, die zusammen feuern, verdrahten sich auch". Euer Smartphone und die anderen Geräte, mit denen ihr Multitasking betreibt, sind für euch unsichtbar, weil ihr sie gewohnheitsmäßig und ohne großes Nachdenken benutzt – und ihr benutzt sie als Reaktion auf Auslösereize, die in eurer Umgebung eingebettet sind. Dieses Konzept funktioniert auch auf positive Weise. Durch Gewohnheiten konnte ich während meines Projekts einen neuen Trainingsplan sowie eine neue Diät in mein Leben integrieren (auf die ich im nächsten Abschnitt eingehen werde).

Laut Duhigg fallen Auslösereize, die Gewohnheiten auslösen, in eine von fünf Kategorien: Eine bestimmte Tageszeit, ein Ort, ein Gefühl, die

Anwesenheit bestimmter Menschen oder ein vorausgegangenes Verhalten, das ihr ritualisiert habt. Deshalb ist es auch so effektiv, eine produktive tägliche Routine zu haben: Ihr tut jeden Tag dasselbe, und wenn ihr dafür sorgt, dass eure Routine wirklich bereichernd für euch ist, verfestigt ihr mit der Zeit die neurologischen Bahnen in eurem Gehirn, bis sie zu einer automatischen Gewohnheit wird.

Der Grund dafür, dass Gewohnheiten so mächtig sind – und so schwer abzulegen –, ist der, dass euer Gehirn zusammen mit der Belohnung am Ende jeder neurologischen Verbindung Dopamin freisetzt, ein Glückshormon. Je öfter ihr diese neurologischen Verbindungen aktiviert, desto stärker verknüpft ihr mit der Zeit die Auslösereize, Routinen und Belohnungen miteinander, aus denen eure Gewohnheiten bestehen, denn ihr verstärkt dadurch die Verbindung, die sie mit dem Dopamin verbindet, das euer Gehirn so sehr liebt. Ähnlich wie beim wiederholten Begehen eines Wunschpfades macht dies eure neurologischen Pfade tiefer, breiter und stärker.

Multitasking ist eine Gewohnheit, weil ihr es nicht absichtlich oder freiwillig tut. Wenn ihr euer Handy einen Tag lang zu Hause gelassen habt und dann durch die Stadt geht, spürt ihr wahrscheinlich Phantomvibrationen an eurem Bein oder greift automatisch in die Tasche, obwohl es dort gar nicht ist. (Ich versuchte dies zu Beginn meines Smartphone-Experiments und stellte fest, dass ich etwa fünfmal am Tag in meine Tasche griff, ohne groß darüber nachzudenken.)

Da Gewohnheiten in ihrer grundlegendsten Form ein neurologischer Pfad sind, der in eurem Gehirn eingebettet ist, ist es so gut wie unmöglich, sie über Nacht abzulegen. Das gilt auch für Multitasking; wenn sich euer Gehirn erst einmal daran gewöhnt hat, ist es unmöglich, über Nacht von permanentem Multitasking zu Singletasking überzugehen.

Multitasking ist etwas, das man sich im Lauf der Zeit abgewöhnen muss.

Süchtig nach Dopamin

Studien zeigen, dass euer Gehirn stetige Dopaminschübe freisetzt, wenn ihr an mehr als einer Sache gleichzeitig arbeitet. Neurochemisch gesehen belohnt euch euer Gehirn mehr, wenn ihr mehrere Aufgaben gleichzeitig erledigt, als wenn ihr nur eine Sache auf einmal tut. Wie Daniel Levitin es in *The Organized Mind* formuliert: „Multitasking erzeugt eine Dopaminsucht-Rückkopplungsschleife und belohnt so das Gehirn im Prinzip dafür, dass es die Konzentration verliert, um ständig nach externer Stimulation zu suchen."

Doch es ist nicht nur unser limbisches System, das sich nach dem sexy Reiz des Multitaskings sehnt. „Zu allem Überfluss hat der präfrontale Cortex eine Vorliebe für Neues, was bedeutet, dass seine Aufmerksamkeit leicht von etwas Neuem gekapert werden kann – den sprichwörtlichen glänzenden Objekten, mit denen wir Säuglinge, Welpen und Kätzchen ködern", so Daniel. Kein Teil eures Gehirns ist sicher.

Solange ihr nicht mit vollkommen stumpfsinniger Arbeit beschäftigt seid und Aufmerksamkeit übrig habt – wie an eurem Wartungstag –, ist euer Gehirn einfach nicht dafür gemacht, sich auf mehr als eine Sache gleichzeitig zu konzentrieren. Tatsächlich kann sich euer Gehirn nicht auf zwei Dinge gleichzeitig konzentrieren – stattdessen springt es schnell zwischen ihnen hin und her, was die Illusion erzeugt, dass ihr mehr als eine Sache auf einmal tut.

Meine Lieblingsstudie zum Thema Multitasking wurde von Eyal Ophir, Clifford Nass und Anthony Wagner in Stanford durchgeführt. Im Vorfeld der Studie hatte die maßgebliche Forschung bewiesen, dass Menschen nicht zwei Dinge gleichzeitig verarbeiten können, weshalb das Team genau herausfinden wollte, was extreme Multitasker produktiver machte – wenn überhaupt.

Zuerst testeten sie, ob Multitasker besser darin sind, irrelevante Informationen zu ignorieren. Waren sie nicht. Als das nicht funktionierte, testeten die Forscher, ob Multitasker besser im Speichern und Organisieren von Informationen waren oder ob sie ein besseres Gedächtnis hatten. Waren sie nicht und hatten sie nicht. Verblüfft führten sie einen dritten Test durch, um zu sehen, ob Multitasker besser darin waren, zwischen Aufgaben hin und her zu springen.

Waren sie nicht, und zu allem Überfluss waren die sporadischen Multitasker in der Studie besser im Multitasking als die extremen Multitasker! Wie Eyal es ausdrückte: „Wir suchten immer weiter nach dem, was sie besser können, fanden es aber nicht." Die Multitasker hielten ihre Leistung für besser, weil ihre Gehirne stärker stimuliert wurden, doch in jeder einzelnen Studie schnitten sie schlechter ab.

Multitasking macht euch weniger produktiv, weil es euch anfälliger für

Fehler und eure Arbeit stressiger macht. Es dauert länger, weil es euch Zeit und Aufmerksamkeit kostet, zwischen den Aufgaben hin und her zu springen und beeinträchtigt sogar euer Gedächtnis; ähnlich wie wenn ihr durch Unterbrechungen und Ablenkungen bombardiert werdet, überlastet Multitasking euer Gehirn. Aus diesem Grund könnt ihr euch, wenn ihr eine TV-Sendung oder einen Film auf eurem Smartphone oder Tablet anschaut, nicht viel davon merken. Multitasking macht euch sogar anfälliger für Langeweile, Angstzustände und Depressionen.

Wenn ihr daran zurückdenkt, wann ihr in einer einzigen Session am meisten erreicht habt, habt ihr euch wahrscheinlich nicht um eine Million Dinge auf einmal gekümmert. Wahrscheinlich habt ihr mit einem irrsinnigen Maß an Konzentration gearbeitet und alles auf nur eine Sache ausgerichtet.

Wenn ihr Multitasking betreibt, kratzt ihr lediglich an der Oberfläche eurer Arbeit, weil ihr eure Aufmerksamkeit in eine Million verschiedene Richtungen streut. Das hindert euch daran, euch wirklich auf die eine Sache zu konzentrieren, die ihr erledigen müsst. Es ist kein Wunder, dass unsere Gehirne 47 Prozent der Zeit umherschweifen.

Wenn man immer nur eine Sache auf einmal macht, schenkt man seiner Arbeit die Aufmerksamkeit, die sie verdient.

Nur eine Sache tun

Zeit, noch einmal nachzuhaken: Wie oft sind eure Gedanken beim Lesen dieses Teils des Buches gewandert? Je mehr Schwierigkeiten euer Gehirn hat, sich zu konzentrieren, desto mehr wird euch dieses Kapitel helfen!

Natürlich ist Singletasking leichter gesagt als getan.

Wie ich während meines Projekts herausgefunden habe, gehört Singletasking, ähnlich wie Algebra oder das Zusammenbauen von IKEA-Möbeln, zu den Ideen, die in der Theorie unglaublich gut funktionieren, in der Praxis aber wahnsinnig schwer umzusetzen sind.

Meiner Erfahrung nach ist ein wichtiger Grund, warum euch Singletasking produktiver macht, derselbe Grund, warum euch die Vereinfachung der Aufgaben, die ihr generell übernehmt, produktiver macht. Wenn ihr die

Aufgaben, Projekte und Verpflichtungen, die ihr übernehmt, vereinfacht, verteilt ihr eure Zeit, Aufmerksamkeit und Energie auf weniger Dinge – und investiert dafür mehr von jedem in alles, was ihr tut. Dasselbe gilt, wenn ihr in jedem Moment nur eine Sache tut: Ihr investiert eure gesamte Zeit, Aufmerksamkeit und Energie in nur eine Sache, wodurch ihr in der gleichen Zeit mehr erreichen könnt.

Als ich während meines Projekts mit Singletasking experimentierte, wurde ich häufig rückfällig und versuchte dann wieder, mehr als eine Sache gleichzeitig zu tun. Die beste Lösung, die ich gefunden habe, war, erst einmal klein zu beginnen – sehr klein. Anfangs stellte ich mir einen Timer, damit ich mich nur für kurze Zeit, etwa zwanzig Minuten, auf eine einzelne Aufgabe konzentrieren konnte. Diesen Zeitrahmen erhöhte ich dann allmählich, während ich begann, meinen Aufmerksamkeitsmuskel zu trainieren. Am Ende meines Projekts konzentrierte ich mich dann den ganzen Tag nur noch auf eine Sache. Wie bei den meisten anderen Taktiken, die ich in diesem Buch bespreche, wäre es gelogen, zu behaupten, dass ich perfekt darin war, doch mit jeder Woche wurde es besser.

Wenn man über einen längeren Zeitraum gegen seine umherschweifenden Gedanken ankämpft und seine Aufmerksamkeit immer wieder zurück auf seine wichtigste Arbeit lenkt, geschieht etwas Unglaubliches: Man stärkt seine Fähigkeit, seine Aufmerksamkeit auf eine Aufgabe zu lenken.

Die Forschung zeigt, dass man, wenn man sich immer wieder bewusst bemüht, sich wieder auf seine Arbeit zu konzentrieren, nachdem unsere Gedanken abgeschweift sind, mit der Zeit die Kontrolle der Exekutive stärkt, indem man sich die Macht zunutze macht, die der präfrontale Cortex über das limbische System und letztlich das Gehirn über sich selbst hat. Jedes Mal, wenn ihr eure Aufmerksamkeit wieder auf eine einzige Aufgabe lenkt, verstärkt ihr diese Gewohnheit, die mit der Zeit immer stärker wird – insbesondere, wenn ihr Ablenkungen und Unterbrechungen von vornherein bewusst abwehrt. Von 53 Prozent der Aufmerksamkeit, die man seiner Arbeit widmet, zu 80 Prozent oder 90 Prozent zu kommen, ist ein Prozess, der nicht von heute auf morgen geschieht, doch er ist die Mühe wert und kann unglaubliche Resultate erzielen – vor allem, wenn man Singletasking bei seinen wichtigsten Aufgaben einsetzt.

Hier sind einige meiner Lieblingsmethoden, um Singletasking zu üben und meinen Aufmerksamkeitsmuskel zu stärken:

- **Zeitmanagement mit der Pomodoro-Technik:** Die „Pomodoro-Technik", in den 1980er Jahren von Francesco Cirillo entwickelt, ist eine einfache, aber wirkungsvolle Zeitmanagement-Technik. Bei dieser Methode arbeitet man 25 Minuten lang an nur einer Aufgabe und macht dann eine 5-minütige Pause. Nachdem man viermal 25 Minuten gearbeitet hat, macht man eine längere Pause von 15 Minuten oder mehr. Ich glaube, das ist eine der besten Möglichkeiten, um Singletasking einmal auszuprobieren. Nach ein paar „Pomodori", denke ich, werdet ihr überzeugt sein. (Ich finde diese Methode nicht immer effektiv, doch sie ist ein großartiger Hack, um viel Energie und Aufmerksamkeit in Aufgaben mit hohem Ertrag zu stecken.)

- **Telefonkonferenzen:** Wenn ihr an einer Telefonkonferenz teilnehmt, versucht nicht, E-Mails oder Nachrichten zu checken, sondern konzentriert euch einfach darauf, so viel Aufmerksamkeit und Wert wie möglich zu dieser Telefonkonferenz beizutragen. Jedes Mal, wenn ihr versucht seid, euch auf etwas anderes zu konzentrieren, holt eure Aufmerksamkeit wieder zu dem Gespräch zurück, um euren Aufmerksamkeitsmuskel zu trainieren. Wenn ihr nicht aufhören könnt, an andere Dinge zu denken, fragt euch, warum ihr diesem Gespräch überhaupt zugestimmt habt.

- **Zuhören:** Wenn ihr jemandem aktiv zuhört, lenkt ihr eure ganze Aufmerksamkeit und Konzentration auf das Gespräch, das ihr gerade führt, ohne darüber nachzudenken, was ihr als Nächstes sagen wollt oder über andere Dinge. Jedes Mal, wenn ihr eure Aufmerksamkeit wieder auf das Gespräch vor euch lenkt, trainiert ihr euren Aufmerksamkeitsmuskel. Diese Taktik erfordert Übung, doch mit der Zeit hilft sie euch, eure Aufmerksamkeit besser zu steuern, tiefere und bedeutungsvollere Beziehungen zu entwickeln und es führt zu weniger Missverständnissen. Während ich bei meinem Projekt mit aktivem Zuhören experimentierte, stellte ich fest, dass es nahezu jeder zu schätzen wusste, wenn ich in der Lage war, meine ganze Aufmerksamkeit auf das Gespräch zu richten. Eines der ersten Dinge, die ich mache, wenn ich mich mit jemandem treffe, ist, mein Telefon komplett auszuschalten, um die Voraussetzungen zu schaffen, mich nur auf das Gespräch vor mir zu konzentrieren. Abgesehen von Produktivität wird dies auch für eure Beziehungen Wunder wirken.

- **Lesen:** Wie bei der Challenge zu Beginn dieses Abschnitts solltet ihr beim Lesen versuchen, dem, was ihr lest, so viel Aufmerksamkeit wie möglich zu widmen. Achtet darauf, wann eure Gedanken abzudriften beginnen und holt sie dann wieder zurück, um euren Aufmerksamkeitsmuskel erneut zu trainieren. Achtet auch darauf, wenn euer Geist unruhig und voreilig wird, z. B. wenn er beginnt, eine Seite vorzublättern, bevor ihr mit dem Lesen der aktuellen Seite fertig seid.

- **Essen:** Das macht wirklich Spaß. Es ist etwas schwierig, wenn ihr im Büro seid, aber eine gute Möglichkeit, zu Hause euren Aufmerksamkeitsmuskel zu trainieren. Wann habt ihr euch das letzte Mal zum Essen hingesetzt, ohne etwas anderes zur gleichen Zeit zu tun? Wenn ihr euch beim Trinken oder Essen Zeit lasst, schafft ihr Raum für Aufmerksamkeit, um die Geschmacksrichtungen und Konsistenz eures Essens zu erleben, damit ihr es umso mehr genießen könnt. Dies ist ein guter Test, um zu beobachten, wie oft eure Gedanken von sich aus abschweifen. Stellt einfach einen Timer auf ein paar Minuten, setzt euch an einen ruhigen Ort mit einem Getränk oder Essen eurer Wahl (das macht besonders viel Spaß, wenn ihr etwas Leckeres wählt) und konzentriert euch auf die Aromen und die Konsistenz von dem, was ihr esst. Wie beim Lesen solltet ihr auch hier darauf achten, dass euer Geist nicht ungeduldig wird, dass er nicht über den nächsten Bissen nachdenkt oder ihn bereits in den Mund schiebt, bevor ihr mit dem aktuellen fertig seid. Ich wette, dass ihr von zwei Dingen überrascht sein werdet: Wie oft eure Gedanken abschweifen und wie köstlich Essen sein kann, wenn man sich genug Zeit nimmt, es auch zu schmecken. (Wenn ihr noch mehr Spaß haben wollt, versucht, euer Essen doppelt so langsam zu essen – dann werdet ihr es auch doppelt so lange genießen können.)

Der Schlüssel zu all diesen Taktiken ist es, eure Aufmerksamkeit immer wieder auf die anstehende Aufgabe zu lenken, wenn sie abdriftet. Jedes Mal, wenn sich euer umherschweifender Verstand wieder mit der aktuellen

Aufgabe beschäftigt, wird euer Aufmerksamkeitsmuskel so viel stärker und ihr vergrößert das Maß an Kontrolle, das ihr über euren Verstand habt, sodass ihr ihn in Zukunft verhindern könnt, wieder abzuschweifen. Das ist nicht einfach, weshalb ich empfehle, klein anzufangen – aber es ist auf jeden Fall die Mühe wert.

Ich habe herausgefunden, dass Singletasking auch eine Reihe anderer Vorteile hat. Nachdem ich mit Singletasking begonnen hatte und in einem langsameren, bedachtsameren Tempo arbeitete, wurde mir viel bewusster, woran ich gerade arbeitete, welche Gewohnheiten ich automatisch ausübte, welchen Wert das hatte, woran ich arbeitete und sogar, wann ich prokrastinierte. Anstatt meine Gedanken zwischen den Geräten und Apps, die ich benutzte, hin und her springen zu lassen, hatte ich die Gelegenheit, über den Wert meiner Arbeit nachzudenken, was mich in diesem Moment von meiner Arbeit Abstand nehmen ließ, um darüber nachzudenken, wie ich smarter und sogar kreativer arbeiten könnte. (Untersuchungen zeigen, dass es einfacher ist, kreativ zu denken, wenn man ruhig und entspannt ist.)

Singletasking gab mir auch den Raum für Aufmerksamkeit, um mitfühlender, rücksichtsvoller und glücklicher zu werden. Ich glaube fest daran, dass es wichtig ist, mitfühlend zu sein, wenn man in seine Produktivität investiert – sowohl anderen Menschen als auch sich selbst gegenüber. Mitgefühl hilft euch zum Beispiel, euch weniger wie ein Roboter zu verhalten, wenn ihr euch wenig produktive Aufgaben vom Leib haltet. Immer nur eine Sache auf einmal zu tun, erfordert eine gewisse Anpassung, doch ich bin überzeugt, dass euch das nicht nur hilft, mehr zu erreichen, sondern auch, ein besserer Mensch zu werden.

Ich glaube, das ist der Grund, warum viele Menschen überhaupt erst produktiver werden wollen. Matthew Killingsworth und Daniel Gilbert, die beiden Psychologen, die die 47-Prozent-Studie durchgeführt haben, drückten es so aus: „[Ein] menschlicher Geist ist ein wandernder Geist" und die Forschung zeigt, dass „ein wandernder Geist ein unglücklicher Geist ist". Aus evolutionärer Sicht „ist die Fähigkeit, über das nachzudenken, was nicht geschieht, eine kognitive Errungenschaft, für die wir einen emotionalen Preis zu zahlen haben". Ihr habt nur sehr wenig Zeit; das macht Produktivität so wichtig, doch das ist auch der Grund, warum ihr langsamer machen und Spaß haben solltet, während ihr in eure Produktivität investiert.

Singletasking ist eine der besten Möglichkeiten, einen wandernden Geist zu zähmen und in jedem Moment mehr Raum für Aufmerksamkeit um eure Aufgaben herum zu schaffen – der letzte Schritt, um bewusst und mit Absicht zu arbeiten.

Die Singletasking-Challenge

Benötigte Zeit: 15-30 Minuten
Benötigte Energie/Konzentration: 9/10
Wert: 10/10
Spaß: 8/10
Was ihr davon haben werdet: Was ihr davon haben werdet: Ihr trainiert euren Aufmerksamkeitsmuskel, sodass ihr in der Lage seid, euch mehr auf die anstehende Aufgabe zu konzentrieren und in der gleichen Zeit mehr erledigen könnt.

Meine Challenge für euch in diesem Kapitel besteht darin, euch morgen zwischen 15 und 30 Minuten nur auf eine einzige Sache zu konzentrieren. (Wenn euch der Gedanke an dieses Experiment abschreckt, verringert einfach ein Zeitraum, wie lange ihr euch mit einer einzigen Aufgabe beschäftigen wollt, bis ihr weniger Widerstand gegen sie empfindet.) Ganz gleich, ob ihr euch entscheidet, eure ganze Aufmerksamkeit eurer Arbeit, einem Telefonat, einem Gespräch, einem Buch oder eurem Essen zu widmen, konzentriert euch 15 bis 30 Minuten lang nur auf das eine. Je wichtiger die Aufgabe ist, desto mehr werdet ihr natürlich von dieser Challenge profitieren.

Wann immer euer Geist umherwandert – und das wird er, vor allem am Anfang – holt ihn sanft zurück. Seid nicht zu hart zu euch selbst; lenkt euren Fokus einfach zurück, sobald ihr merkt, dass euer Verstand an etwas anderes denkt als an die Aufgabe, um die es gerade geht.

Dies ist eine einfache Challenge, doch lasst euch nicht täuschen. Mit der Zeit werden die Vorteile nur wachsen und euch vollkommen umhauen.

Das Meditationskapitel

Take-away: Das Praktizieren von Achtsamkeit und Meditation macht euch produktiver, weil es euren Geist ruhiger, glücklicher und fokussierter macht. Meditation ist auch weit weniger furchteinflößend als ihr euch vorstellt.

Geschätzte Lesedauer: 16 Minuten

Ein Geständnis

Ich muss euch etwas gestehen: Das letzte Kapitel war totaler Schwindel. Es ging überhaupt nicht um Singletasking, sondern um Achtsamkeit.

Bevor ihr dieses Buch angewidert beiseitelegt und mich für immer abschreibt, gebt mir bitte die Chance für eine Erklärung.

Achtsamkeit hat ein massives PR-Problem. Wenn Menschen das Wort Achtsamkeit oder, schlimmer noch, Meditation hören, kommen vielen von ihnen Bilder eines mageren Yogis in den Sinn, der stundenlang auf einem Meditationskissen sitzt, mitten in der brütenden Hitze Indiens. Oder von einem buddhistischen Mönch, der in einer Höhle lebt, den ganzen Tag über Bohnen und Reis isst und in völliger Stille lebt. Wie beim Wort „Mission Statement", denke ich, dass viele Leute sofort abschalten, wenn sie diese Phrase hören – zumindest ich habe das anfangs getan.

Die Sache ist jedoch, dass das nicht ganz stimmt. Achtsamkeit ist ganz einfach die Kunst, ganz bewusst eine Sache nach der anderen zu tun. Und Meditation ist ganz ähnlich, nur dass man sie nicht neben anderen Aufgaben, sondern für sich alleine praktiziert (ich komme ein wenig später dazu, wie man meditiert – was erstaunlich einfach ist).

Wenn ihr wolltet, könnt ihr das letzte Kapitel noch einmal durchgehen, jede einzelne Erwähnung von „Singletasking" gegen „Achtsamkeit" austauschen und es würde immer noch Sinn ergeben. Und genau darum geht es bei dieser ganzen Hippie-Achtsamkeitssache: Mehr Raum für Aufmerksamkeit um den gegenwärtigen Augenblick herum schaffen, damit ihr euch ganz auf das konzentrieren könnt, was ihr gerade tut. Und das ist schon so ziemlich alles. Es bedeutet auch, darüber nachzudenken, wie ihr euch bei dem, was ihr tut, fühlt und was ihr über das, woran ihr arbeitet, denkt – was für eine Menge Produktivitätstaktiken wichtig ist, wie zum Beispiel diejenigen, die euch helfen, Prokrastination zu überwinden.

Wenn eure Aufmerksamkeit über alle Himmelsrichtungen verstreut ist – wie beim Multitasking –, widmet ihr der Aufgabe einfach nicht so viel von euch selbst, wie ihr könntet, was euch weniger produktiv macht. Bei Achtsamkeit und Meditation geht es darum, wie viel Kontrolle ihr über eure Aufmerksamkeit erringen könnt, damit ihr mehr davon auf die anstehende Aufgabe richten könnt.

Oberflächlich betrachtet erscheinen Achtsamkeit und Meditation wie das Gegenteil von Produktivität. Doch in einer Welt, in der es bei Produktivität darum geht, smarter und bewusster zu arbeiten, anstatt noch mehr und das Ganze dann auch noch schneller zu tun, waren sie noch nie so relevant wie heute. Am Fließband reichten 53 Prozent eurer Aufmerksamkeit aus, um gute Arbeit zu leisten. Heutzutage profitiert eure Arbeit von all der Aufmerksamkeit, die ihr ihr nur widmen könnt.

Das Schwierige an Produktivität

Genauso wie viele Menschen theoretisch die Idee lieben, um 5:30 Uhr aufzustehen oder einen Marathon zu laufen, so liebt so ziemlich jeder Mensch die Idee, mehr zu erreichen.

Doch wenn es darum geht, in jedem Moment an den produktivsten Dingen zu arbeiten, sieht die Realität oft so aus, dass wir für gewöhnlich kurzfristig viele Opfer bringen müssen, um mehr zu erreichen. Langfristig möchte unser planvoller, logischer präfrontaler Cortex 10 Prozent Körperfettanteil haben und Vizepräsident werden, doch im Moment würden wir lieber schwänzen und uns einen Cheeseburger gönnen. Um einen sexy Sixpack zu bekommen, kann man nicht einfach nur beschließen, besser zu essen. Jeden Tag müsst ihr ein Dutzend kleiner Opfer bringen, um euer Körperfett zu reduzieren – was unendlich viel schwieriger ist, als den ursprünglichen Vorsatz zu fassen, abzunehmen. Das Gleiche gilt, wenn ihr versucht, Singletasking zu betreiben, härter zu arbeiten oder Prokrastination zu überwinden. Es fühlt sich großartig an, Vorsätze zu fassen, doch eine Million kleiner Opfer zu bringen, um diese auch zu erreichen, macht normalerweise um einiges weniger Spaß.

Das ist das Schwierige an Produktivität: Während nahezu jeder Mensch auf dem Planeten mehr erreichen möchte und normalerweise mindestens eine Veränderung weiß, um einen Schritt in die richtige Richtung zu machen, ist es dann im Moment aber schwierig, genau das zu tun, was nötig ist, um dorthin zu gelangen. (Das ist zum Teil der Grund, warum ich das gesamte erste Kapitel damit verbrachte, über Werte zu sprechen: Wenn ihr die Veränderungen, die ihr vorzunehmen versucht , nicht schätzt oder keinen gewichtigen Grund dafür habt, warum ihr mehr erreichen wollt, werdet ihr im jeweiligen Moment nicht die Motivation haben, kurzfristige Opfer zu bringen, um eure langfristigen Ziele zu erreichen.)

Hier kommt Achtsamkeit ins Spiel. Achtsamkeit ist wichtig, weil wir die Dinge im jeweiligen Moment anders bewerten als auf lange Sicht, und Achtsamkeit verschafft uns den Raum für Aufmerksamkeit, den wir brauchen, um den Autopiloten abzuschalten und im jeweiligen Augenblick produktivere Entscheidungen zu treffen. Wenn wir automatisch arbeiten und uns zu sehr auf unsere Gewohnheiten stützen, haben wir weniger Raum für Aufmerksamkeit, damit unser präfrontaler Cortex eingreifen und die produktivsten Entscheidungen treffen kann. Mit Achtsamkeit können wir uns im jeweiligen Moment mehr Raum für Aufmerksamkeit schaffen, um smarter und bewusster zu arbeiten.

Ihr müsst nach wie vor Opfer bringen, doch Achtsamkeit und Meditation ermöglichen es euch, mehr produktive Grundlagen und Raum um eure Aufgaben herum zu schaffen, um im jeweiligen Moment die bestmöglichen Entscheidungen zu treffen.

Bit Flipping

Als ich zu Beginn meines Projekts meine Meditationsübungen etwas vernachlässigte, sie dann aber wieder aufnahm, bemerkte ich schnell die tiefgreifenden Vorteile, die Meditation auf meine Produktivität hatte – und jeder einzelne dieser Vorteile kreiste um einen stärkeren Aufmerksamkeitsmuskel.

Interessanterweise waren einige der stärksten Befürworter von Meditation, die ich kennengelernt habe – abgesehen von den Meditierenden selbst –, Prokrastinationsforscher. Und das ergibt Sinn: Die beste Art und Weise, euren Aufmerksamkeitsmuskel zu trainieren – das Maß an Kontrolle, das euer präfrontaler Cortex über euer limbisches System hat –, ist Meditation. Als ich Tim Pychyl interviewte, sprach er in höchsten Tönen über Achtsamkeit und Meditation und sah in ihnen eine effektive Möglichkeit, „unsere Aufmerksamkeit dorthin zu lenken, wo sie uns am nützlichsten ist". Es hat sich gezeigt, dass Achtsamkeit und Meditation auch bei Impulsivität helfen, der Charaktereigenschaft, die am meisten zu Prokrastination beiträgt.

Nachdem ich meine Meditationsübungen wieder aufgenommen hatte, war ich sofort in der Lage, den Unterschied zu erkennen, den Meditation auf meine Produktivität hatte. Zum einen prokrastinierte ich weniger. Da sowohl Meditation als auch Achtsamkeit unseren Aufmerksamkeitsmuskel trainieren, konnte ich mich darauf konzentrieren, wie ich mich fühlte und worüber ich nachdachte, sodass ich Abstand gewinnen und meine Prokrastination an den Hörnern packen konnte. Ich begann auch, eine viel bessere Impulskontrolle zu haben, was mir dabei half, mein Ritual zu festigen, jeden Morgen um 5:30 Uhr aufzustehen – und dann darüber nachzudenken, wie sehr ich es hasste. Meditation gab mir von Augenblick zu Augenblick mehr Raum für Aufmerksamkeit, um einen Schritt zurückzutreten, bewusster zu arbeiten und meine Arbeit und mein Leben aus einem anderen Blickwinkel zu betrachten. Es machte es mir auch leichter, meine Energie den ganzen Tag über zu managen.

Meditation und Achtsamkeit gaben mir das Bewusstsein, das ich brauchte, um Abstand von meiner Arbeit zu gewinnen und produktiver zu werden.

Fünf Mythen über Meditation und Produktivität

Bevor ich dazu komme, wie man meditiert – was viel einfacher und weit weniger mysteriös ist, als ihr denkt –, möchte ich noch schnell ein paar Mythen über Meditation aus dem Weg räumen. Ich hatte die Gelegenheit, mit vielen Menschen (vor allem Geschäftsleuten) darüber zu sprechen, warum sie sich gegen Meditation sträuben. Hier sind fünf der häufigsten Mythen über Meditation, die ich gehört habe, insbesondere in Bezug auf Produktivität.

1. Meditation macht passiver

Keine Sorge, Meditation wird euch nicht zum Weichei machen. Wenn überhaupt, dann wird sie euch helfen, widerstandsfähiger gegenüber den Herausforderungen zu werden, vor denen ihr steht. Und gleichzeitig verändert Meditation euer Verhältnis zu euren Erfahrungen. Zwei Menschen können genau das Gleiche erleben und völlig unterschiedlich darüber denken. Meditation hilft euch, die Dinge positiver zu sehen, aber sie hilft euch auch, widerstandsfähiger zu werden.

2. Meditation macht weniger motiviert

Au contraire, mein Freund. Meditation hilft euch, euch mehr auf eure Ziele zu konzentrieren und darauf, warum ihr diese Ziele verfolgt. Wenn überhaupt, dann werdet ihr eher motiviert sein, produktiver zu werden, weil ihr die Klarheit habt, zu erkennen, warum ihr tut, was ihr tut.

3. Meditation führt dazu, dass euch eure Arbeit weniger wichtig ist

Genauso wenig wie Meditation euch nicht passiver macht, wird sie auch nicht dazu führen, dass euch eure Arbeit weniger wichtig ist. Wenn überhaupt, dann wird sie euch helfen, den tieferen Sinn hinter dem zu erkennen, was ihr tut, wodurch euch das, was ihr zu tun habt, wichtiger wird – vorausgesetzt, das, woran ihr arbeitet, ist darauf ausgerichtet, was ihr wertschätzt. Meditation wird nicht dazu führen, dass euch eure Leistungen weniger wichtig sind; sie wird euch helfen, euch mehr auf sie zu konzentrieren.

4. Meditation nimmt zu viel Zeit in Anspruch

Ich meditiere 30 Minuten am Tag, doch schon eine Minute am Tag kann einen himmelweiten Unterschied machen. Eine Minute lang kann man so ziemlich alles machen.

5. Der Anfang ist zu schwer

Es ist eigentlich ziemlich einfach. Und so geht's.

Meditation ist tatsächlich wahnsinnig einfach

Meditation ist einfach – fast schon primitiv. Wie Singletasking, nur noch etwas weiter getrieben.

Während Singletasking (und Achtsamkeit) etwas ist, was man praktiziert, während man etwas anderes tut, ist Meditation etwas, das man um ihrer selbst willen tun. Alle drei bringen die gleichen Vorteile – obwohl die Vorteile der Meditation konzentrierter sind –, wobei der Hauptunterschied darin besteht, wann und wo man sie praktiziert. Meditation und Achtsamkeit sind zwei Seiten derselben Medaille.

Und so meditiert man:

- Sucht euch einen ruhigen Ort, wo ihr nicht abgelenkt oder gestört werdet.
- Sitzt aufrecht. Ihr müsst weder eine Meditationsmatte noch sonst irgendetwas kaufen – ein Stuhl funktioniert für so ziemlich jeden. Sitzt aufrecht, so dass eure Wirbelsäule gerade ist. Ihr solltet euch nicht steif fühlen – ihr solltet euch entspannt, aber wachsam fühlen.
- Ihr könnt die Augen schließen oder nicht – das ist euch überlassen. Was immer euch dabei hilft, wachsamer zu sein, solltet ihr auch tun. Ich merke, dass wenn ich näher an meiner Schlafenszeit meditiere, ich meine Augen ein wenig offen halten muss, damit ich mich besser konzentrieren kann.
- Stellt einen Timer, wie lange ihr meditieren möchtet (ich benutze die Timer-App meines Handys). Ich lasse meinen Timer aufwärts zählen, falls ich länger meditieren möchte, doch die meisten Leute, die

ich kenne, lassen ihren Meditationstimer herunterzählen. Wählt eine Zeitspanne, gegenüber der ihr keinen großen mentalen Widerstand spürt, egal wie kurz diese auch sein mag.

- Nachdem ihr euren Timer auf eine Zeit eingestellt habt, die sich gut anfühlt (ich empfehle, mit fünf Minuten zu beginnen), konzentriert ihr euch auf euren Atem. Nehmt alle Eindrücke wahr, die ihr spürt, wenn euer Atem in euren Körper strömt und wieder hinaus; in die Nase, die Speiseröhre hinunter, in die Lungen und dann wieder hinaus. Versucht nicht, euren Atem zu kontrollieren; nehmt ihn einfach wahr. Versucht nicht, ihn zu analysieren oder so – achtet einfach auf seinen natürlichen Rhythmus.
- Und hier kommt schließlich der Teil, der euren Aufmerksamkeitsmuskel trainiert. Wenn eure Aufmerksamkeit abschweift, um sich auf etwas anderes zu konzentrieren und ihr bemerkt, dass ihr abgedriftet seid (was manchmal ein oder zwei Minuten dauern kann), holt ihr eure Aufmerksamkeit zurück, damit ihr euch wieder auf euren Atem konzentriert. Das müsst ihr immer wieder tun, während ihr meditiert – das ist normal, und das ist es, was eure exekutive Funktionsfähigkeit erhöht. Wenn Gedanken oder Gefühle auftauchen, urteilt nicht über sie; nehmt sie einfach wahr, als wären es Autos auf einer Autobahn und ihr befindet euch auf einer Überführung und schaut auf sie herab. Und denkt daran, wenn euer Geist abschweift – und das wird er –, dass er so programmiert wurde. Wenn ihr euch Meditation mit der aufrichtigen Neugierde nähert, wohin eure Gedanken abschweifen, werdet ihr so viel mehr davon haben. Manchmal muss ich lachen, wenn meine Gedanken abdriften, was für jeden, der zuschaut, ziemlich seltsam aussehen muss.

Das ist alles, was Meditation ausmacht.

Und Achtsamkeit? Achtsamkeit ist einfach nur Singletasking, sodass man Raum um Aufgaben schaffen kann, wodurch man sich bewusst wird, was man fühlt und worüber man nachdenkt. Meditation ist konzentrierte Achtsamkeit.

Mir erscheint es fast komisch, dass diese Praktiken so einfach sind und doch so viele Vorteile haben. In den letzten Jahrzehnten hat eine Fülle neurologischer Forschung gezeigt, wie nützlich diese Praktiken sind. Ich denke, die wichtigste Erkenntnis, zumindest was Produktivität betrifft, ist die, wie diese Übungen eure exekutive Kontrolle erhöhen und euren Aufmerksamkeitsmuskel trainieren.

Sara Lazar, Neurowissenschaftlerin an der Harvard Medical School, untersuchte diesen Effekt aus erster Hand und fand heraus, dass Langzeitmeditierende eine geringere Hirnaktivität in ihrem posterioren cingulären Cortex (PCC) haben – dem Teil des Gehirns, der für das Abschweifen unserer Gedanken verantwortlich ist. Laut Lazar „kann eine bessere Kontrolle über den PCC dazu beitragen, dass ihr euren Geist beim Abschweifen ertappt und ihn sanft wieder an die Aufgabe heranführt". Meditation hilft euch, die Kontrolle über eure Aufmerksamkeit – und damit über euer Gehirn – wiederzuerlangen und sie daran zu hindern, abzudriften, wenn ihr das nicht wollt.

Schon allein aus diesem Grund sind Meditation und Achtsamkeit es wert. Doch ihr erfahrt auch eine Reihe sekundärer Vorteile, welche diese Praktiken doppelt lohnend machen.

Es gibt nicht genug Seiten in diesem Buch, um alle Vorteile von Meditation aufzuzählen. Sie senkt euren Cortisolspiegel, macht euch ruhiger, erhöht die Durchblutung eures Gehirns, lässt euer Gehirn langsamer altern und erhöht die Menge der grauen Zellen in eurem Gehirn – das Zeug, das für die Kontrolle der Muskeln, das Sehen, Hören, Gedächtnis, Emotionen und Sprache verantwortlich ist. Es hat sich sogar gezeigt, dass Meditation eure Leistung bei Prüfungen verbessert. Und wenn ihr ein Team habt, ist die Leistung eures Teams umso höher, je achtsamer ihr seid. All diese Effekte – jeder einzelne untermauert durch zahlreiche neurowissenschaftliche Forschungen – werden euch helfen, eure Produktivität zu steigern.

Beim Meditieren werdet ihr aus erster Hand beobachten, wie euer limbisches System gegen euren präfrontalen Cortex ankämpft. Es wird euch mitteilen, dass ihr euch langweilt. Dass ihr frustriert seid. Schuldig. Besorgt. Ruhelos. Und vielleicht gebt ihr sogar ein- oder zweimal nach, wenn ihr mit dem Meditieren beginnt. Möglicherweise wird es auch zu einem Ereignis in eurer Zukunft wandern, zu einer oberpeinlichen Erinnerung aus eurer Vergangenheit, und dann zu verrückten Fantasien. Das ist lediglich euer Gehirn, das in seinem normalen Rhythmus arbeitet, und jedes Mal, wenn ihr es zurückholt, habt ihr erneut euren Aufmerksamkeitsmuskel gestärkt. Genau wie beim Kampf gegen Prokrastination wird das eurem

Gehirn Feuer unterm Hintern machen.

Wenn ihr so ähnlich wie die Version von mir seid, die vor meiner allerersten Yogastunde vor der Idee von Meditation zurückschreckte, dann vermute ich, dass sich euer limbisches System gerade gegen die Idee von Meditation sträubt – vielleicht sogar ziemlich stark. Doch die Sache ist die: Genau das ist es, was Meditation lohnenswert macht.

Meiner Meinung nach gewinnt ihr für jede Minute, die ihr meditiert, zehn Minuten an Produktivität zurück. Meditation hilft euch, euch besser zu konzentrieren, weniger Zeit zu verschwenden, bewusster zu arbeiten und macht es auch einfacher, Aufgaben mit hohem Ertrag zu erkennen und mit der Zeit dem limbischen System eures Gehirns Widerstand entgegenzusetzen. Fokus und Achtsamkeit sind zwei der größten Teile eures Aufmerksamkeitsmuskels – und es gibt keinen besseren Weg, sie zu trainieren, als durch Singletasking und Meditation.

Mikroabsichten

Wenn ihr mich bitten würdet, eine Stadt zu nennen, die weder achtsam noch bedachtsam ist, würde ich nahezu auf der Stelle New York sagen. Zumindest meiner Erfahrung nach ist New York die am wenigsten ruhige, geduldige und achtsame Stadt, in der ich bisher gewesen bin. Doch das hielt Sharon Salzberg nicht davon ab, die Stadt zu ihrer Heimat zu machen.

Sharon ist eine unglaubliche Frau. Nach einer turbulenten Kindheit (bereits im Alter von 16 Jahren hatte sie bei fünf verschiedenen Familien gelebt) wurde Sharon vom Buddhismus gepackt, als sie in einem asiatischen Philosophiekurs am College darüber lernte. Das motivierte sie, nach Indien zu reisen, um sich intensiv mit dessen Gepflogenheiten zu befassen.

Heute, viele Jahre später, wird ihr weithin zugeschrieben, in den 1970er Jahren Buddhismus und Meditation in den Westen gebracht zu haben, nachdem sie aus Indien zurückgekehrt war und dann mit Joseph Goldstein und Jack Kornfield die Insight Meditation Society gegründet hatte. Sharon ist auch Autorin einer Reihe von Bestsellern, darunter *Real Happiness at Work*, in dem sie darüber spricht, wie man Achtsamkeit in die Arbeitswelt integrieren kann, ohne seine Produktivität zu beeinträchtigen.

Um Sharon zu interviewen, flog ich nach New York City und traf sie in ihrer Wohnung – nur fünf Gehminuten vom Union Square entfernt –, einem der letzten Orte auf Erden, an dem man eine Meditationslehrerin erwarten würde. Doch sobald man sie trifft, beginnt das Ganze um einiges mehr Sinn zu ergeben. Sharon spricht wie eine gewöhnliche New Yorkerin – obwohl man das Gefühl hat, dass sie alle Zeit der Welt für einen hat. Und obwohl sie ein ruhiges und achtsames Leben führt, fügt sie sich gut in das Gefüge der Stadt ein. Aus einer Menschenmenge würde man sie nicht als Meditationslehrerin herauspicken können.

Trotz ihrer Vorgeschichte mit Meditation und Buddhismus macht sich Sharon keine Illusionen darüber, wie schwierig es heutzutage ist, achtsam zu leben. Sie ist nicht der Meinung, dass Meditation an ein bestimmtes Glaubenssystem gebunden sein muss oder dass man sich „dazu in einer Brezel-ähnlichen Pose befinden muss". Sie hat auch keine unrealistischen Vorstellungen darüber, wie viel Zeit wir für diese Routine haben. In unserem Gespräch zitierte sie aus Forschungen, wonach fünf oder zehn Minuten pro Tag ausreichen, um unser Gehirn neu zu verdrahten und die Art und Weise, wie wir unsere Arbeit und unser Leben sehen, vollkommen zu verändern. Sharon verfolgt bei der Meditation einen praktischen Ansatz und betrachtet sie als eine Möglichkeit, bewusster zu leben, mit sich selbst in Kontakt zu kommen und ein glücklicheres Leben zu führen – und nicht als einen Weg, all unser Besitztümer wegzuwerfen, um in einem Kloster zu leben und Erleuchtung zu erlangen.

Der vielleicht interessanteste Punkt, den sie während unseres Gesprächs erwähnte, ist jedoch die Idee, Achtsamkeit in unseren Alltag zu integrieren, wodurch wir noch mehr Raum für Aufmerksamkeit um unsere Arbeit schaffen und sogar winzige Ziele definieren können – Mikroabsichten. Als sie darüber nachdachte, wie sie Menschen helfen könnte, jeden Tag Achtsamkeit zu praktizieren, entdeckte sie, ähnlich wie Charles Duhigg, dass wir bereits viele Auslösereize in unserem Arbeitsumfeld integriert haben – verschiedene Ereignisse, die regelmäßig auftreten und die als Auslöser für Achtsamkeitsübungen dienen können –, um uns einige Sekunden Zeit zu nehmen, einen Schritt zurückzutreten, unseren Atem und unsere Gefühle wahrzunehmen und im Laufe des Tages runterkommen zu können. Das können so einfache Dinge sein wie das Telefon dreimal klingeln zu lassen statt direkt nach dem ersten Klingeln abzuheben, sodass wir uns einige Sekunden Zeit nehmen können, um langsamer zu machen und ganz bei uns zu sein. Oder ein paar Sekunden zu warten, bevor man bei einer E-Mail auf „Senden“ drückt – und stattdessen ein oder zwei Atemzüge nimmt und die E-Mail noch einmal durchliest. Oder die Zeit, die man braucht, um von einem Raum zum anderen zu gehen, dafür nutzt, um einfach zu gehen und präsent zu sein.

Mit Achtsamkeit könnt ihr bewusst im Moment arbeiten, weil ihr einen Schritt zurücktreten könnt, um darüber nachzudenken, was ihr erreichen wollt, wie ihr euch fühlt und woran ihr gerade denkt. Laut Sharon sind die Möglichkeiten, dies den ganzen Tag über zu tun, endlos. „Vor einem Gespräch, vor einem Meeting, vor einer Begegnung jeglicher Art, macht einen Schritt zurück und schaut, ob ihr euch selbst fragen könnt, was eure Absicht ist. Was wünscht ihr euch am meisten von einem Gespräch? Arbeitet dann darauf hin, anstatt euch in euren Gefühlen zu verstricken.“ Mit Achtsamkeit könnt ihr im Laufe des Tages Mikroabsichten festlegen, die sich bis zum Ende des Tages kumulieren und euch viel produktiver machen.

Gerade in dieser bewussten Besonnenheit, in der wir von unserer Arbeit zurücktreten, nicht nur im Allgemeinen, sondern im jeweiligen Augenblick, liegt der Kern von Produktivität. Wenn ihr im Autopilot-Modus arbeitet, ist es schwer, bedachtsam zu sein und die Kontrolle über eure Produktivität zu übernehmen. Gewohnheiten haben zweifellos ihre Berechtigung, und ich werde gleich im nächsten Abschnitt auf sie eingehen, doch es ist unmöglich, mit Bedacht zu arbeiten, wenn man nicht über ein solides Maß an Raum für Aufmerksamkeit oder einen starken Aufmerksamkeitsmuskel verfügt.

Mit Achtsamkeit könnt ihr einen Schritt zurücktreten und im jeweiligen Moment Raum um eure Aufgaben schaffen, damit ihr bewusster arbeiten könnt.

Irgendwann während unseres Gesprächs bemerkte ich, dass sich auf dem Schreibtisch hinter Sharon ein iMac, ein iPad und ein iPhone befanden – und während wir sprachen, wurde sie aus allen Richtungen permanent mit Benachrichtigungen bombardiert. Wahrscheinlich hätte sie aufstehen und einige davon abschalten können, doch ich konnte auch nicht umhin, zu bemerken, dass sie sich von keiner einzigen irritieren ließ und dass sie nicht versucht war, nachzusehen, was während unseres Gesprächs so eintrudelte. Auch wenn sie alle ein oder zwei Minuten eine neue E-Mail erhielt, wurde ihr Fokus durch den stetigen Strom von Unterbrechungen zu keiner Sekunde abgelenkt. Und während der Taxifahrt auf dem Weg zu ihrer Veranstaltung holte sie nicht ein einziges Mal ihr iPhone aus der Tasche, egal wie oft ihr Telefon nach ihrer Aufmerksamkeit schrie.

In meinen Augen ist Sharon der Beweis für die Macht von Achtsamkeit und Meditation. Es ist nicht einfach, unser Gehirn so zu trainieren, dass es stark genug wird, um unser limbisches System jedes Mal zu besiegen, doch sie hat es geschafft. Es ist natürlich auch nicht einfach, nach einer schweren Kindheit neun Bestseller zu schreiben – doch auch das hat sie geschafft. Und in New York gibt es nicht viele Menschen, die so mitfühlend – oder produktiv – sind wie sie.

Die Vorstellung, dass Achtsamkeit und Meditation Konzepte sind, die auf Yoga-Studios und Lululemon-Läden beschränkt sein müssen, ist vorbei – und zwar seit dem Moment, als wir von der Zeitökonomie in die Wissensökonomie übergingen.

Die produktivsten Menschen sind diejenigen, die mit Bedacht arbeiten – und es gibt keine bessere Möglichkeit, bewusster zu arbeiten, als sich einen starken Aufmerksamkeitsmuskel anzutrainieren und dann zu verteidigen.

Die Meditations-Challenge

Benötigte Zeit: Eine Woche lang 5 Minuten pro Tag
Benötigte Energie/Konzentration: 9/10
Wert: 9/10
Spaß: 7/10
Was ihr davon haben werdet: Ihr werdet euren Aufmerksamkeitsmuskel noch mehr trainieren als beim Singletasking, wodurch ihr eure langfristigen Ziele im Auge behalten und viel bewusster handeln könnt.

Meine Challenge für euch besteht darin, euren Aufmerksamkeitsmuskel in den nächsten sieben Tagen jeden Tag fünf Minuten lang zu trainieren, entweder durch Meditation oder indem ihr Achtsamkeit in euren Alltag integriert.

Wenn sich euer Gehirn gegen diese Challenge mehr als gegen die anderen in diesem Buch sträubt, ist das normal. Da Meditation und Achtsamkeit euren Verstand darauf trainieren, das instinktive limbische System eures Gehirns zu überwältigen, wird euer limbisches System rebellieren, wenn ihr euch zum ersten Mal zum Meditieren hinsetzt. Doch jedes Mal, wenn ihr euren umherschweifenden Geist dazu bringt, sich wieder auf euren Atem zu konzentrieren, wird euer Aufmerksamkeitsmuskel stärker und ihr werdet bewusster arbeiten können.

Es ist normal, dass sich euer Gehirn gegen solch eine Challenge widersetzt, also machen wir es so, dass es ein bisschen mehr Spaß macht. Ich fordere euch heraus, dieses Experiment nur für ein paar Tage auszuprobieren und einfach zu beobachten, was passiert, vor allem, wie anders ihr danach denkt und fühlt. Für fünf Minuten kann man so ziemlich alles machen.

Ich fordere euch auch heraus, jetzt gleich eine Mikroabsicht in euren morgige Arbeitstag einzubauen. Ob dieser Auslöser nun darin besteht, euch vor einem Meeting zu überlegen, was ihr erreichen wollt oder bevor ihr eine Aufgabe oder ein Projekt startet, euer Smartphone in die Hand nehmt oder euren E-Mail-Posteingang öffnet, denkt genau jetzt über einen Auslöser nach, den ihr morgen benutzen werdet, um von eurer Arbeit zurückzutreten und darüber nachzudenken, wie ihr euch fühlt, was ihr denkt und erreichen wollt.

Es ist nicht einfach, euren Aufmerksamkeitsmuskel zu trainieren, doch genau das ist es ja, was diesen Prozess so lohnenswert macht.
Es ist eine unglaublich tolle Sache, sein Gehirn zu trainieren, sich selbst zu besiegen.

PRODUKTIVITÄT AUF DER NÄCHSTEN STUFE

Auftanken

Take-away: Die Macht schrittweiser Verbesserungen liegt in der Tatsache, dass sie zwar für sich allein genommen nicht signifikant sind, sich aber Woche für Woche, Monat für Monat summieren und langfristig zu Ergebnissen führen, die euch umhauen werden. Kleine Veränderungen führen zu großen Ergebnissen, besonders wenn es um Lebensmittel geht.

Geschätzte Lesedauer:
13 Minuten

Leiden durch Soylent

Es gab nur ein einziges Produktivitätsexperiment, das ich durchführte und bei dem ich vollkommen versagte. Es war nicht mein Experiment, zehn Tage lang in völliger Isolation zu leben – obwohl das ziemlich hart war; Ich werde im nächsten Teil darauf eingehen. Es war mein Experiment, eine Woche lang nur „Soylent" zu mir zu nehmen.

Die Idee hinter Soylent ist eigentlich ziemlich cool. Soylent ist ein pulverförmiger Nahrungsersatz, der alles enthält, was der Körper im Laufe des Tages ernährungstechnisch braucht. Man mischt das Pulver einfach mit Wasser und trinkt es dann ein paar Mal pro Tag. Es schmeckt wie dickflüssiges Haferwasser, doch nicht so schlecht wie es sich anhört. Im Laufe des Tages braucht man sonst nichts anderes zu essen. Für das Experiment beschloss ich, mein eigenes Rezept für das Zeug zusammenzustellen, wobei ich mich an ein Rezept hielt, das online gepostet worden war und einem

Rezept ähnelte, das eine gleichnamige Firma verkaufte. Das Rezept enthielt Zutaten wie Hafermehl für Kohlenhydrate, Erbsenproteinpulver für Eiweiß, gemahlenen Flachs für Ballaststoffe, braunen Zucker für Geschmack und Kohlenhydrate, zerkleinerte Multivitamintabletten für Vitamine und Mineralien und sogar Olivenöl für Fett, das ich hinzufügte, wenn ich das Pulver mit Wasser mischte.

Das Großartige an Soylent ist, dass ihr das Rezept so verändern könnt, dass es genau euren Ernährungsbedürfnissen entspricht. Ihr braucht etwas mehr Protein? Kein Problem – einfach das Verhältnis von Eiweiß zu Kohlenhydraten erhöhen. Ihr braucht etwas mehr Vitamin D, um den Winterblues zu besiegen? Zerkleinert einfach noch ein paar Tabletten und fügt sie dem Rezept hinzu.

Die Idee, die hinter Soylent steckt, ist phänomenal: Es spart euch Zeit, da ihr es in großen Mengen zubereiten könnt, und es erfordert keine zusätzliche Vorbereitungszeit. Es spart euch Aufmerksamkeit, weil ihr euch weiter auf die Arbeit konzentrieren könnt, anstatt euch mit der Zubereitung von Essen aufzuhalten. Und es spart euch Geld – während meines Experiments berechnete ich, dass es mich selbst mit dem zusätzlichen Proteinpulver, das ich hinzufügte, nur lächerliche 7,98 Dollar pro Tag kostete. Ohne das zusätzliche Proteinpulver hätte es mich weniger als 5 Dollar pro Tag gekostet.

Aus Liebe zum Essen

Doch obwohl Soylent all meine Ernährungsbedürfnisse erfüllte, so vernachlässigte es doch meine tiefe und dauerhafte Liebe zum Essen.

Ich kann aufrichtig sagen, dass ich mich an so ziemlich jede Mahlzeit erinnere, die ich in schickeren Restaurants und sogar vom Lieferservice gegessen habe. Bislang habe ich in diesem Buch noch keine Worte aus meinem Blog übernommen, doch jetzt werde ich ein wenig schummeln. Ich glaube, in dem Post, den ich über mein Soylent-Experiment geschrieben habe, habe ich meine Liebe zum Essen ziemlich gut erfasst:

> *... Nach meinem ersten Studienjahr stieg ich in ein Flugzeug, um auf eigene Faust Europa zu erkunden. Ich kann mich an nicht mehr viel von dieser Reise erinnern [Anmerkung des zukünftigen Chris: Könnte es das ganze*

Smartphone-Gedaddel gewesen sein?], auch wenn sie erst ein paar Jahre zurückliegt – doch ich erinnere mich an das Essen. Ich erinnere mich an das zarte Kaninchen, das ich in einem Sterne-Restaurant auf dem zentralen Stadtplatz in Krakau, Polen, gegessen habe. Ich erinnere mich daran, wie ich in einer Seitenstraße in Paris mit einem riesigen Baguette in der Hand an Menschen vorbeiging, mit denen ich nicht sprechen oder die ich nicht verstehen konnte, und wie ich Stücke des Brotes abbrach und verschlang. Ich erinnere mich, was ich heute zum Frühstück hatte (Hafermehlpfannkuchen und einen Apfel), zum Mittagessen (Reis und hausgemachtes Chili) und zum Abendessen (Gemüse, Pita, Hummus und noch mehr Chili und Reis). Ich erinnere mich auch, was ich gestern und am Tag davor gegessen habe.

... Nehmt zum Beispiel etwas so Simples wie die Konsistenz von Lebensmitteln. Ich liebe das Gefühl, in eine frische Selleriestange zu beißen; zu spüren, wie das faserreiche Gerüst des Gemüses unter der Kraft meiner Zähne wie eine Steinburg zerbröckelt. Für mich ist Essen Poesie; die Essenz, um die sich mein ganzer Tag dreht. Wenn ich an einem bestimmten Tag freudig erregt bin, dann meistens deswegen, weil ich mich auf etwas freue, das ich essen werde ...

Am zweiten Tag meines Soylent-Experiments vermisste ich Essen – sehr. Während der erste Tag lediglich eine Herausforderung war, wollte ich mich bereits am zweiten Tag, als ich aufwachte und realisierte, dass ich mir kein schickes Frühstück machen konnte und stattdessen den ganzen Tag diesen Smoothie mit Hafergeschmack trinken musste, zusammenrollen und eine Woche lang Winterschlaf halten. An jenem Nachmittag, als ich mit dem Bus von einem Vortrag nach Hause fuhr, erinnere ich mich, wie ich sehnsüchtig aus dem Fenster schaute und an all die Mahlzeiten dachte, die ich nach Abschluss des Experiments zu mir nehmen würde. In diesem Moment beschloss ich, das Experiment zu beenden. Es war mir egal, wie viel Koch- oder Vorbereitungszeit mir Soylent ersparen würde, wie viel mehr Energie es mir im Vergleich dazu geben würde, wenn ich mich nicht 100 Prozent richtig ernährte oder sogar wie viel Geld ich sparen würde, obwohl ich zu jenem Zeitpunkt knapp bei Kasse war. Ich war zu vielem bereit, um produktiver zu werden, doch ich entschied mich, dieses Experiment nicht bis zum Ende durchzuführen. Mehr als meine Produktivität schätzte ich, mir eine Woche Hölle zu ersparen.

Auf der Busfahrt zurück nach Hause, gerade als die Sonne unterzugehen begann, stieg ich eine Haltestelle früher aus, ging zu Burger King und bestellte den größten Whopper, den sie hatten. Mit allem. In XXL.

Es gab keine Überlebenden.

Energie und Produktivität

Oberflächlich betrachtet könnte es den Anschein haben, dass Dinge, die eure Energie beeinflussen – was ihr esst, ob ihr Sport treibt oder nicht und wie viel Schlaf ihr bekommt –, keinen großen Einfluss darauf haben, wie viel ihr erreicht. Doch wie ich aus einigen meiner Experimente gelernt habe, ist das überhaupt nicht wahr. Energie ist der Treibstoff, den ihr den ganzen Tag über verbrennt, um produktiv zu sein, und ohne Energie ist eure Produktivität im Eimer.

Vor allem auf neurologischer Ebene ist es entscheidend, dauerhaft Energie zu haben. Eure Gehirnzellen verbrauchen doppelt so viel Energie wie die anderen Zellen in eurem Körper. Obwohl euer Gehirn nur 2-3 Prozent eurer Körpermasse ausmacht, verbrennt es 20 Prozent der aufgenommenen Kalorien. Wenn ihr in eure Produktivität investiert, ist eine starke geistige Funktionsfähigkeit von entscheidender Bedeutung – ebenso wie viel Energie zu haben. Das ist besonders in der Wissensökonomie wichtig, in der so viele unserer Aufgaben genauso viel Aufmerksamkeit und Energie erfordern wie sie Zeit in Anspruch nehmen.

Abgesehen von meinem Soylent-Experiment war das einzige andere Produktivitätsexperiment, bei dem ich (zumindest teilweise) versagte, mein Experiment zur Senkung meines Körperfettanteils von 17 auf 10 Prozent. In der Praxis war dieses Experiment dem Soylent-Experiment eigentlich ziemlich ähnlich, denn auch hier ging es darum, Nahrungsmittel aus meiner Diät zu streichen, die ich wirklich essen wollte, in dem Versuch, 10 Prozent Körperfettanteil zu erreichen. Senkung meines Körperfettanteils von 17 Prozent auf 10 Prozent und Zunahme von zehn Pfund Muskelmasse. Am Ende meines Projekts hatte ich fast 15 Pfund an Muskelmasse zugelegt, worüber ich im übernächsten Kapitel sprechen werde, doch anstatt 10 Prozent Körperfettanteil zu erreichen, lag mein Körperfettanteil am Ende meines Projekts immer noch bei 15 Prozent.

Im Nachhinein wird mir klar, dass das Erreichen von 10 Prozent Körperfettanteil zwar ein nobles Ziel war, ich es aber furchtbar schlecht umgesetzt habe. Sobald meine anfängliche Motivation für diese Experimente nachließ, hasste ich die Tatsache, dass ich weitermachen musste. Da ich versuchte, drastische Veränderungen vorzunehmen, damit ich meine Ziele schneller erreichen konnte, war ich nicht realistisch. Der vergangene Chris war nicht realistisch, als er die Experimente für den zukünftigen Chris entwarf und dabei nicht berücksichtigte, wie schwierig die Änderungen in der Praxis für ihn sein würden.

Ähnlich wie bei meinem Soylent-Experiment liebte ich Essen einfach zu sehr.

Steter Tropfen

Dies ist ein ziemlich gutes Beispiel dafür, wie schwierig es sein kann, Produktivität in der Praxis umzusetzen. Wie ich bereits im letzten Kapitel erwähnte, muss man, um mehr zu erreichen, oft Opfer bringen, die kurzfristig zwar hart, langfristig jedoch lohnend sind. Und seien wir mal ehrlich: Obwohl es großartig wäre, wenn ihr jedes Opfer bringen könntet, über das ich bisher geschrieben habe, wird euch nicht jedes Opfer das auch wert sein. Der Schlüssel ist, zu erkennen, welche Veränderungen eure Zeit und Mühen wert sind und welche nicht.

Für mich ist eine gute Mahlzeit eines der schönsten Dinge, die es gibt. Letzten Endes schätze ich Produktivität ein wenig mehr als das Vergnügen, das mir Essen bereitet – doch sie liegen nahe beieinander. Vielleicht ist es das Opfer wert, doch ich weiß auch, dass wenn ich versuche, kurzfristig zu große Veränderungen vorzunehmen, ich diese einfach nicht durchziehen werde – besonders dann nicht, wenn meine Essensgewohnheiten so fest verankert sind. (Ich weiß, dass ich nicht der Einzige bin, der Freude am Essen hat; Untersuchungen haben gezeigt, dass euer Gehirn beim Verzehr von zwei Cheeseburgern etwa genauso viel Dopamin freisetzt wie bei einem Orgasmus.)

Während ich diese Worte etwa ein Jahr nach dem Ende meines Projekts schreibe, liege ich bei etwa 13 Prozent Körperfettanteil und bin in der Form meines Lebens. Doch auf 13 Prozent zu kommen, geschah nicht über Nacht. Dazu gehörten winzige, schrittweise Verbesserungen meiner Essgewohnheiten; Veränderungen, die klein genug waren, dass sie mich nicht zu sehr belasteten, aber groß genug, dass sie sich summierten und im Laufe der Zeit einen entscheidenden Unterschied machten. Es ist absolut nichts Falsches daran, große Ambitionen zu haben – ich denke, das solltet ihr –, doch je radikaler die Veränderungen sind, die ihr umzusetzen versucht, desto weniger wahrscheinlich ist es, dass sie Bestand haben werden.

So begann ich zum Beispiel gegen Ende meines Projekts, meinen Kaffee schwarz zu trinken statt mit zwei Milch und zwei Zucker (bei Tim Hortons in Kanada nennen wir das einen „Double Double“); eine oder zwei Wochen danach begann ich, Spinat und anderes Gemüse anstelle von Wurst in mein Frühstücks-Omelett zu tun. Für sich alleine genommen sind diese Änderungen so klein, dass sie kaum der Mühe wert sind, darüber zu schreiben. Doch mit der Zeit haben sie sich summiert und ich habe genug Änderungen vorgenommen, um meinen Körperfettanteil auf diese 13 Prozent zu senken – und dieser Prozentsatz sinkt stetig weiter, während ich weiterhin schrittweise Verbesserungen vornehme. Kleine Veränderungen und Gewohnheiten summieren sich mit der Zeit.

Wenn ihr versucht, eure Essgewohnheiten über Nacht umzustellen, werden eure anfängliche Begeisterung und Motivation nachlassen und die Veränderungen, die ihr versucht habt, werden irgendwann zu groß und einschüchternd sein, als dass ihr sie auf lange Sicht beibehalten könntet. Das Gegenteil ist bei kleinen, schrittweisen Veränderungen der Fall: Da kleine Veränderungen keine Angst machen und keine zu große Belastung darstellen, werden sie auf lange Sicht Bestand haben. Und während sie sich summieren, werdet ihr motiviert, mehr davon vorzunehmen.

Eine meiner Lieblingsideen ist die des Zinseszinses. Wenn ihr heute 100 Dollar auf ein Anlagekonto einzahlt und jedes Jahr 8 Prozent Zinsen auf dieses Geld erhaltet, dann spielt ihr im neunten Jahr mit dem Geld der Bank – euer Geld wird sich auf 205 Dollar mehr als verdoppelt haben. Und wenn ihr das Konto 25 Jahre lang nicht anrührt, werden eure ursprünglichen 100 Dollar bis zum Ende dieser Zeit auf etwa 740 Dollar angewachsen sein, das Siebenfache. Und von da an wird es immer steiler aufwärts gehen.

Genau dasselbe gilt für die schrittweisen Änderungen, die ihr an euren Gewohnheiten vornehmt. Der beste Weg, um schnell abzunehmen, ist eine radikale Diät. Doch sobald eure anfängliche Motivation nachlässt (was fast immer der Fall ist), stehen die Chancen gut, dass ihr zu euren früheren Gewohnheiten zurückkehren und wieder Gewicht zulegen werdet. Nicht viele Menschen schreiben Bücher über die Macht, winzige, schrittweise Veränderungen in eurer Lebens- und Arbeitsweise vorzunehmen, wahrscheinlich, weil die Idee nicht besonders sexy ist. Aber es funktioniert besser als alles andere, was ich versucht habe. Wie bei den Zinsen auf der Bank werden sich eure Gewohnheiten in dem Maße, in dem ihr in jedem Hotspot, der das Portfolio eures Lebens ausmacht, schrittweise Verbesserungen vornehmt, summieren und mit der Zeit unglaubliche Dividende auszahlen.*

Und das Beste daran ist, dass sie tatsächlich Bestand haben werden.

Essen als Energiequelle

Das Merkwürdige daran, ein Kapitel wie dieses hier zu schreiben, ist, dass ihr dieses Buch – oder irgendein anderes Diätbuch – nicht wirklich braucht, um zu lernen, wie ihr euch besser ernähren könnt. Es ist zwar schön, ab und zu in die richtige Richtung gelenkt zu werden, doch die Chancen stehen gut, dass ihr zumindest eine Verbesserung in eurer Ernährung kennt, um mehr Energie zu bekommen.

Als ich im Laufe des Jahres, in dem ich an meinem Projekt arbeitete, meine Energiewerte in Bezug auf das, was ich aß, dokumentierte, stellte ich fest, dass es eigentlich sehr einfach ist für mehr Energie – und Produktivität – zu essen.

In diesem Kapitel werde ich Essen zwar eher vom Standpunkt der Energie (und Produktivität) als vom Standpunkt der Gesundheit aus betrachten, doch letztendlich handelt es sich um dasselbe. Je mehr ich nach diesen beiden Regeln lebte, desto mehr Energie hatte ich. Die Regeln können in der Praxis zwar schwierig umzusetzen sein, vor allem, wenn man Essen so sehr liebt wie ich, doch je mehr ihr an euren Gewohnheiten arbeitet und nach diesen beiden Regeln lebt, desto mehr Energie werdet ihr haben.

Hier sind die Regeln:

1. Esst mehr unverarbeitete Lebensmittel, die länger brauchen, um verdaut zu werden.
2. Achtet darauf, wenn ihr satt seid und hört dann auf zu essen.

* Zinseszins ist es auch, was das Lesen von Büchern und die Investition in eure Weiterbildung so effektiv macht.

Diese Regeln sind natürlich viel einfacher gesagt als getan – doch meiner Erfahrung nach werden sie euch mehr dauerhafte Energie liefern als alles andere. Sie sind es wert, dass ihr im Laufe der Zeit an ihnen arbeitet.

Nahrung versorgt euch mit Energie, weil euer Körper alles, was ihr esst, in Glukose umwandelt – ein einfacher Zucker, den euer Körper (und Gehirn) zur Energiegewinnung verbrennt. So wie eine Ölraffinerie Rohöl in Benzin für euer Auto umwandelt, wandelt euer Verdauungssystem das, was ihr esst und trinkt, in Glukose für euren Körper um. Auf neurologischer Ebene habt ihr geistige Energie, wenn ihr Glukose in eurem Gehirn habt. Wenn ihr euch müde oder abgespannt fühlt, liegt das meistens daran, dass euer Gehirn zu viel oder zu wenig Glukose hat, um sie in geistige Energie umzuwandeln. Untersuchungen haben gezeigt, dass die optimale Glukosemenge in eurem Blutkreislauf etwa 25 Gramm beträgt – etwa so viel Glukose wie in einer Banane. Diese genaue Zahl ist nicht so wichtig; wichtig ist, dass euer Glukosespiegel entweder zu hoch oder zu niedrig sein kann.

Da unverarbeitete Nahrungsmittel (im Allgemeinen) länger brauchen, um verdaut zu werden, wandelt euer Körper sie auch langsamer in Glukose um, wodurch ihr über den Tag hinweg eine stetige Zufuhr an Glukose (und Energie) erhaltet – anstelle eines großen Energieschubs mit anschließendem Crash. In gewisser Weise werden verarbeitete Lebensmittel für euch von Maschinen vorverdaut. Das ist der Grund, warum euer Körper sie so schnell in Glukose umwandelt und warum ein Donut euch nicht annähernd so viel dauerhafte Energie liefert wie ein Apfel.

Es gibt auch so etwas wie den sogenannten „glykämischen Index" (GI), der auf einer Skala von 0 bis 100 aufzeigt, wie Lebensmittel euren Glukosespiegel beeinflussen. Je niedriger ein Lebensmittel auf der Skala liegt, desto besser ist es für eure Produktivität, da euer Körper das Lebensmittel langsamer verbrennt und nicht die gesamte Energie auf einmal freisetzt. Der Index ist zwar informativ, und wenn ihr eure Energiewerte um ein oder zwei Stufen erhöhen wollt, solltet ihr auch ein Auge darauf werfen, doch ich finde diese Liste als Referenz in der Praxis etwas mühsam. Ich weiß, einige Gesundheitsfreaks werden damit Probleme haben, doch ich bin ein Fan von Regeln und Systemen, die in der Praxis leicht zu befolgen sind. Sicher, es gibt ein paar unverarbeitete Lebensmittel mit einem hohen

GI, wie gebackene Kartoffeln und weißer Reis, doch die meisten Lebensmittel am unteren Ende des Index sind unverarbeitet, wie Gemüse, Obst, Nüsse/Samen, Bohnen/Hülsenfrüchte, Getreide, Meeresfrüchte und Fleisch. Obwohl nicht jedes einzelne unverarbeitete Lebensmittel gut für euch ist, so sind es doch die meisten. Ich habe viel mehr Energie, wenn ich weniger verarbeitete Lebensmittel esse.

Die zweite Regel – achtet darauf, wenn ihr satt seid, und hört dann auf zu essen – hat einen ähnlichen Effekt. Sie versorgt euch mit mehr Energie, weil ihr euren Körper nicht mit zu verarbeitender Nahrung überlastet, und ihr versorgt euer Gehirn und euren Körper im Laufe des Tages mit einer stetigen Zufuhr an Glukose , sodass ihr euren Glukosespiegel nicht auf einmal in die Höhe treibt. Aus diesem Grund fühlt ihr euch müde oder groggy, wenn ihr zu viel gegessen habt – weil ihr zu viel Nahrung aufgenommen habt, die euer Körper nicht verarbeiten kann. Ihr werdet dauerhaft Energie haben, wenn ihr euren Körper mit einem stetigen Strom an Glukose versorgt – nicht mit einer massiven Zufuhr auf einmal.

Während meines Meditationsexperiments praktizierte ich nicht nur Sitz- und Gehmeditation, sondern aß auch einige Mahlzeiten mit Bedacht. Eines Morgens, als ich langsam und bedächtig mein Omelett aß, bemerkte ich etwas Merkwürdiges: Während ich mich mehr darauf konzentrierte, was ich aß, erkannte ich viel leichter, wann ich mich satt fühlte und ich konnte aufhören zu essen, bevor ich zu viel aß. (Außerdem genoss ich das, was ich aß, um so viel mehr: Wenn ich doppelt so langsam aß, genoss ich das, was ich aß, doppelt so lange und hatte doppelt so viel Freude daran, vor allem, wenn ich mich nicht gleichzeitig auf andere Dinge konzentrierte.) Je mehr ich während und nach diesem Experiment achtsames Essen praktizierte, desto mehr Genuss verspürte ich an meinem Essen und umso mehr lernte ich zu respektieren, wie satt ich war und konnte mich davon abhalten, zu viel zu essen. Studien zeigen, dass euer Magen mindestens eine Viertelstunde braucht, um eurem Gehirn mitzuteilen, dass er voll ist. Je mehr Aufmerksamkeit ihr eurem Essen schenkt, desto besser sind eure Chancen, aufzuhören, bevor ihr satt seid, und den ganzen Tag über mehr Energie zu haben.

Diese beiden Regeln gaben mir mehr geistige und körperliche Energie als ich seit langem gehabt hatte. Und je kleiner die Veränderungen, was ich und wie ich es aß, desto nachhaltiger waren sie auch.

Was eure Produktivität anbelangt, so lohnt es sich, diese beiden Regeln im Auge zu behalten.

Die „Langweiligste Diät der Welt"-Challenge

Benötigte Zeit: 2 Minuten
Benötigte Energie/Konzentration: 2/10
Wert: 8/10
Spaß: 7/10
Was ihr davon haben werdet: Euer Energiehaushalt wird konstanter sein, weil ihr euren Körper und euer Gehirn mit einer konstanten Menge an Glukose versorgt, die sie den ganzen Tag über als Energie verbrennen.

Die beste Ernährung der Welt ist genau die, die ihr bereits habt, mit einer kleinen, schrittweisen Verbesserung. Diese Diät wird euch zwar nicht helfen, über Nacht ein paar Zentimeter Taillenumfang zu verlieren, doch sie wird von Dauer sein. Und das ist es, was zählt. Und ihr werdet mit der Zeit Gewicht verlieren.

Meine Challenge für euch besteht darin, eine kleine inkrementelle Verbesserung in euren Essgewohnheiten herbeizuführen; eine Veränderung, die euch dazu veranlasst, entweder mehr unverarbeitete Lebensmittel zu essen oder mehr darauf zu achten, wie viel ihr esst und wann ihr satt seid. Ob diese Verbesserung nun darin besteht, dass ihr auf Zucker in eurem Morgenkaffee verzichtet, während des Fußballspiels Gemüse statt Chips esst, nicht mehr vor dem Computer esst, damit ihr merkt, wann ihr satt seid oder mit eurer Familie statt vor dem Fernseher zu Abend esst, damit ihr dem Essen mehr Aufmerksamkeit schenkt – nehmt einfach eine kleine, dauerhafte Veränderung in eurer Ernährung vor, die nicht unmöglich aufrechtzuerhalten sein wird, sobald eure anfängliche Motivation, für mehr Energie zu essen, nachlässt.

Wenn ihr in einer Woche oder in einem Monat eure Liste mit Hotspots überprüft, könnt ihr dies als Erinnerung nutzen, um eure Ernährung noch einmal schrittweise zu verbessern, damit ihr noch einen Schritt weiter in die richtige Richtung geht.

Wenn ihr wie ich seid, werdet ihr zu diesem Zeitpunkt dann darauf brennen, größere oder mehr Veränderungen in eurer Ernährung vorzunehmen – und genau darum geht es. Kleine Veränderungen sind von Dauer, weil sie nicht all eure Willenskraft aufsaugen, was euch wiederum die Energie gibt, die ihr braucht, um zu gegebener Zeit weitere schrittweise Verbes-

serungen vorzunehmen.
Die Macht schrittweiser Verbesserungen liegt in der Tatsache, dass sie zwar für sich allein genommen nicht signifikant sind, sich aber Woche für Woche, Monat für Monat summieren und langfristig zu Ergebnissen führen, die euch umhauen werden.

Trinken als Energiequelle

Take-away: Glücklicherweise ist das, was gut für euer Gehirn ist, auch gut für euren Körper. Um für Energie zu trinken, trinkt weniger alkoholische und zuckerhaltige Getränke, trinkt mehr Wasser (was für die Gesundheit eures Gehirns unglaublich gut ist) und lernt, Koffein strategisch zu trinken, nämlich dann, wenn ihr tatsächlich von dem Energieschub profitiert – und nicht aus Gewohnheit.

Geschätzte Lesedauer: 13 Minuten

Nur Wasser

Als weiteres Produktivitätsexperiment trank ich einen ganzen Monat lang nur Wasser und verzichtete auf Koffein, Alkohol und zuckerhaltige Getränke. Es ist unglaublich, wie viele tief verwurzelte Gewohnheiten man hat, was man im Laufe eines Monats so alles trinkt, und ich wollte herausfinden, wie sich all das Zeug, das ich trank, auf meine Produktivität auswirkte – wenn überhaupt.

Dadurch sparte ich nicht nur eine Menge Geld – ich gebe jeden Monat viel mehr für Kaffee und Alkohol aus, als ich denke –, sondern ich lernte auch viel darüber, wie stark sich das, was ich trank, auf meine Produktivität auswirkte. Während auf verarbeitete Lebensmittel zu verzichten und mit dem Essen aufzuhören, wenn man satt ist, großartige Möglichkeiten sind, seine Energie zu steigern, ist das Trinken aus Energiegründen schwieriger zu verstehen – vor allem, da Getränke mit Koffein oder Alkohol kaum Einfluss auf euren Blutzuckerspiegel haben.

EINE RANDBEMERKUNG ZU ZUCKERHALTIGEN GETRÄNKEN

Jeden Tag konsumiert der Durchschnittsmensch stolze *356* Kalorien allein durch das, was er trinkt – und *44 Prozent* dieser Kalorien stammen aus zuckerhaltigen Getränken, die uns einen enormen Glukoseschub verpassen und danach zu einem Crash führen. Ich hatte während dieses Experiments keine Gelegenheit, mit zuckerhaltigen Getränken herumzuprobieren – obwohl ich gelegentlich den einen oder anderen Smoothie trinke, hatte ich nie die Angewohnheit, zuckerhaltige Getränke zu trinken. Ich habe immer versucht, so viele Kalorien wie möglich über Essen aufzunehmen. Außerdem hat das Trinken zuckerhaltiger Getränke keinerlei Produktivitätsvorteile, daher habe ich mich immer von ihnen ferngehalten. Sogar Fruchtsäfte, die euch oberflächlich betrachtet erstaunlich gesund erscheinen mögen, lassen euren Glukosespiegel auf wahnsinnig hohe Werte schießen und verursachen danach einen kompletten Energiecrash.

Während des Experiments versuchte ich, vor allem Koffein und Alkohol aus meiner Diät zu streichen.

Energie von morgen leihen

Vor Beginn des Experiments konsumierte ich weder Kaffee noch Alkohol im Übermaß; an den meisten Tagen trank ich ein oder zwei Tassen grünen Tee (der etwa 20 Prozent des Koffeins in einer Tasse Kaffee enthält) und jede Woche ein oder zwei Tassen Kaffee. Ich nahm auch nur ein paar alkoholische Getränke pro Woche zu mir, meist in Gesellschaft oder wenn ich mir ein Eishockeyspiel ansah. Vor dem Wasserexperiment machte ich mir keine großen Gedanken darüber, wann und was ich trank, doch das begann sich schnell zu ändern, als ich die Gelegenheit hatte, darüber nachzudenken, wie sowohl Alkohol als auch Koffein meine Produktivität entweder förderten oder beeinträchtigten.

Etwas gilt als „Droge“, wenn es eine physiologische Wirkung auf euren Körper hat, und Koffein und Alkohol sind keine Ausnahme von dieser Regel. Beide steigern zum Beispiel die Menge an Dopamin – eines der wichtigsten Glückshormone in eurem Gehirn –, das die Nervenbahnen in eurem Gehirn produzieren und belohnen euch dadurch im Prinzip für den Konsum von Koffein und Alkohol. (Dopamin ist keine ganz schlechte Sache, und es wäre schwer, sich ohne Dopamin zu motivieren, doch leider macht es bestimmte Substanzen auch verlockender.)

Obwohl ich während meines Verzichts auf Koffein und Alkohol keine Entzugserscheinungen verspürte, bemerkte ich doch etwas Faszinierendes: Am Ende des Monats begann ich, eine wahnsinnige Menge an Energie zu haben, vor allem an den Wochenenden. Die Menge an Energie, die ich hatte (auch hier vor allem am Wochenende), war zudem unglaublich stabil und schwankte nicht annähernd so stark wie wenn ich ein paar Drinks pro Woche zu mir nahm.

Nachdem ich diese Auswirkungen bemerkt und einige Untersuchungen durchgeführt hatte, um mich intensiver damit zu beschäftigen, begann ich zu erkennen, dass sich Alkohol, ähnlich wie Zucker, aus Produktivitätsgründen nicht lohnt. (Im Gegensatz zu den Taktiken auf Seite 180 hat das Trinken von Alkohol auch nicht den geringsten Einfluss auf die Reduzierung von Stresshormonen in eurem Körper.) Alkohol kann euch vielleicht etwas mehr Energie oder Kreativität verleihen, während ihr trinkt, doch er wird euch auch fast immer einen Nettoverlust an Energie und Produktivität bescheren und es euch viel schwieriger machen, das zu erreichen, was ihr vorhabt – vor allem, wenn der Schwips nachlässt. Ich betrachte Alkoholkonsum als einen Weg, sich Energie von morgen zu leihen. Doch am Morgen müsst ihr die Zinsen für diesen Energiekredit zahlen. Damit bleibt euch ein Nettoverlust an Energie. Und das Mischen von Alkohol mit Zucker oder Koffein verschlimmert diesen Crash nur noch.

Das ist natürlich ein Preis, den viele Leute zu zahlen bereit sind und damit komme ich auf den Punkt vom Anfang des Buches zurück, dass es darum geht, Veränderungen vorzunehmen, die für euch bedeutsam sind. Hin und wieder bin ich bereit, diese Kosten in Kauf zu nehmen. Wenn ich mit Freunden unterwegs bin, gönne ich mir manchmal ein paar Drinks – aber erst, nachdem ich mir die Energiekosten, die sie haben werden, vor Augen geführt und abgeschätzt habe, ob sich diese Kosten lohnen. Wenn ihr vorhabt, eine wilde und verrückte Nacht zu erleben, dann tut das – unbedingt. Aber bedenkt die Kosten. Seit meinem Wasserexperiment berücksichtige ich die Tatsache, dass ich einen Netto-Energieverlust haben werde, wenn ich ein oder zwei Gläser trinke, und in der Regel trinke ich in dieser Nacht und am nächsten Tag mehr Wasser, um die Auswirkungen abzumildern. Seitdem ich entdeckt habe, wie viel Energie ich hatte, wenn ich nicht getrunken habe, habe ich meinen Alkoholkonsum halbiert. Das sagt jetzt nicht so viel aus, da ich von Haus aus nicht viel getrunken habe. Doch ich möchte euch zum Nachdenken ermutigen, dass Alkohol einen erheblichen Einfluss auf euren Energiehaushalt und eure Produktivität haben kann.

Viele der Produktivitäts- und Diätbücher, die ich gelesen habe, schlagen vor, Alkohol ganz zu streichen. Doch ich glaube, für die meisten Menschen ist das zu radikal, um sich langfristig daran zu halten, oder etwas, was sie einfach nicht tun wollen. Wenn ihr die Kosten von Alkohol für eure Energie und Produktivität versteht, seid ihr euch zumindest der Auswirkungen eurer Entscheidungen bewusst. Dann könnt ihr euch entscheiden, ob ihr eure Gewohnheiten entsprechend ändern wollt.

Sich an Kaffee anpassen

So wie Alkoholkonsum ein Weg ist, sich Energie von morgen zu leihen, ist Koffeinkonsum ein Weg, sich Energie von später am Tag zu leihen.

Wenn es eine Möglichkeit gäbe, Koffein zu konsumieren, ohne hinterher einen Crash zu erleiden, dann wäre das ein absoluter Selbstläufer, was Produktivität betrifft. Leider ist dies nicht der Fall. Acht bis 14 Stunden, nachdem ihr Koffein konsumiert habt, verstoffwechselt euer Körper es aus eurem System, was zu einem Energieeinbruch führt (wobei die genaue Zahl von Person zu Person unterschiedlich ist). In eurem Körper und Gehirn gibt es eine Chemikalie namens Adenosin, die eurem Gehirn mitteilt, wann es müde ist. Koffein hindert eurer Gehirn daran, diese Chemikalie aufzunehmen, wodurch euer Gehirn nicht merkt, dass es müde ist. Doch jetzt kommt‘s: Während Koffein euer Gehirn daran hindert, Adenosin aufzunehmen, baut sich die Chemikalie weiter auf, bis Koffein euer Gehirn sie schließlich wieder aufnehmen lässt. Euer Kör-

Wenn ihr Fan von einem „Schlummertrunk" vor dem Schlafengehen seid, der euch beim Einschlafen helfen soll, solltet ihr aufpassen: Alkohol hilft euch zwar nachweislich schneller einzuschlafen, beeinträchtigt jedoch eure generelle Schlafqualität, insbesondere gegen Ende.

per und Gehirn absorbieren dann einen ganzen Schwung dieser „müden Chemikalie“ auf einmal, wodurch eure Energiereserven einbrechen. Es gibt ein paar Möglichkeiten, diesen Effekt zu lindern (dazu kommen wir noch), doch es gibt keine Möglichkeit, ihn vollkommen zu verhindern.

Doch gleichzeitig kann Koffein ein äußerst wirksames Mittel in Bezug auf eure Produktivität sein – wenn ihr beginnt, es bewusst statt aus Gewohnheit zu konsumieren. (Na, erkennt ihr den roten Faden?)

Nehmen wir mal an, ihr pflegt das Ritual, euch jeden Morgen eine frische, dampfende Tasse Kaffee zuzubereiten. Obwohl dieses Ritual ziemlich romantisch und eine anmutige Art und Weise ist, den Tag zu beginnen, ist es nicht allzu gut für euren Energiehaushalt. Da Kaffeetrinken ein Weg ist, sich Energie von später am Tag zu leihen, führt eure tägliche Tasse Kaffee am Morgen einfach nur dazu, dass euer Energiepegel jeden Nachmittag zur gleichen Zeit absinkt. Da euer Körper acht bis 14 Stunden braucht, um Koffein zu verstoffwechseln, bedeutet eine Tasse nach dem Aufwachen, dass ihr jeden Tag zur gleichen Zeit am späten Nachmittag zusammenbrecht – und dann müsst ihr euch entscheiden, ob ihr entweder durch eine Phase niedriger Energie durcharbeiten oder eine weitere Tasse trinken wollt, was euren Schlaf beeinträchtigen könnte, da euer Körper erst einige Stunden vor dem Schlafengehen beginnt, das Koffein zu verstoffwechseln.

Es gibt jedoch einen weiteren Nachteil, aus Gewohnheit Kaffee zu trinken, der leicht zu übersehen ist: Euer Körper passt sich daran an, wie viel Koffein ihr konsumiert. Mit anderen Worten: Wenn ihr jeden Morgen eine Tasse Kaffee trinkt, gewöhnt sich euer Körper langsam an diese Menge, bis er zu eurem neuen „Normalzustand“ geworden ist. Tatsächlich beginnt euer Gehirn sogar, neue Adenosinrezeptoren zu bilden, während es sich daran gewöhnt, wie viel Koffein ihr konsumiert. Wenn ihr zunächst gar keinen Kaffee trinkt und später dann eine Tasse, erhaltet ihr einen gewaltigen Energie- und Produktivitätsschub und dieses Feedback erfolgt unmittelbar, was eure neue Kaffeegewohnheit verstärkt. Doch sobald sich euer Körper an diese Kaffeemenge gewöhnt hat, müsst ihr, um einen vergleichbaren Koffeinkick zu erhalten, jeden Morgen zwei Tassen Kaffee trinken, weil euer Körper sich daran gewöhnt hat, nur eine Tasse zu bekommen. Wenn ihr einfach weiterhin nur eine Tasse pro Morgen trinkt, zeigt die Wissenschaft, dass ihr nicht besser dran seid als zu Beginn.

Während meines Versuchs, einen Monat lang nur Wasser zu trinken, verspürte ich keinen Koffeinentzug, doch ich fing schnell an, das Zeug zu den Zeiten zu vermissen, zu denen ich es gewöhnlich trank – wenn ich in meinem Arbeitsumfeld auf Reize stieß, die meine Gewohnheit, eine Tasse Tee oder Kaffee zu trinken, auslösten – Dinge wie wichtige Meetings, an einer Aufgabe mit hohem Ertrag arbeiten oder der Besuch im Fitnessstudio. Da wurde mir klar, wie effektiv es sein kann, bewusster damit umzugehen, wann man Koffein konsumiert. Wenn ihr gewohnheitsmäßig Koffein konsumiert, geht eure Produktivität schließlich auf null zurück, nachdem sich euer Körper auf die Menge des konsumierten Koffeins eingestellt hat. Doch wenn ihr Koffein strategisch trinkt, geht eure Produktivität durch die Decke, weil ihr davon zu profitieren beginnt, mehr Energie und Aufmerksamkeit auf Aufgaben zu verwenden, die eine große Menge Energie, Konzentration oder beides erfordern.

Die produktivste Art, Koffein zu trinken

Während ich diese Worte schreibe, ist es 10:30 Uhr und ich sitze in einem kleinen Café in der Nähe meiner Wohnung und nippe an einem mittelgroßen schwarzen Kaffee. Ich habe zwar nicht die Angewohnheit, viel Kaffee zu trinken, doch an Tagen wie heute tue ich es gerne. Dadurch kann ich noch mehr Energie und Konzentration auf das Schreiben dieses Buches verwenden, was meiner Ansicht nach die späteren Kosten wettmacht. Es gibt bestimmte Tageszeiten, zu denen euch zusätzliche Energie am meisten hilft und für mich ist dies eine davon.

Der Schritt vom gewohnheitsmäßigen zum strategischem Koffeinkonsum ist schwierig, doch es lohnt sich, daran zu arbeiten. Wenn ihr süchtig nach Kaffee seid und zum Beispiel jeden Tag zwei Tassen trinkt, könnt ihr damit beginnen, jede Tasse mit einem Viertel koffeinfreien Kaffees aufzufüllen. Ihr werdet wahrscheinlich keinen großen Unterschied feststellen.

Das Tolle ist, dass etwas Magisches passiert, wenn ihr beginnt, Koffein strategisch statt gewohnheitsmäßig zu trinken: Ihr habt plötzlich Zugang zu einem großen Energiereservoir, auf das ihr jederzeit zurückgreifen könnt, wenn ihr es am meisten braucht. Je anspruchsvoller eine Aufgabe ist, desto mehr wird euch diese zusätzliche Energie zugutekommen. Während meines Projekts und insbesondere nach meinem Wasserexperiment begann ich, Koffein zu konsumieren, bevor ich Aufgaben wie die folgenden anging:

- Eine wichtige Präsentation halten
- Einen langen Artikel schreiben
- An einem meiner täglichen Ziele arbeiten (siehe Kapitel 3)
- In eine komplizierte Forschungsarbeit eintauchen
- Intensives Sportprogramm (Koffein wirkt sich nachweislich positiv auf sportliche Leistungen aus)

Zusätzlich dazu, Koffein zu strategisch günstigeren Zeiten zu trinken, hier noch ein paar Vorschläge, wie man Koffein generell strategisch konsumieren kann:

- Trinkt keine zuckerhaltigen oder alkoholischen, koffeinhaltigen Getränke. Diese führen lediglich dazu, dass ihr schneller und härter abstürzt.

- Seid vorsichtig, wenn ihr Koffein trinkt, bevor ihr an einer kreativen Aufgabe arbeitet, denn es hat sich gezeigt, dass Koffein eure Leistung bei Aufgaben, die Kreativität erfordern, beeinträchtigt.

- Achtet darauf, dass ihr Koffein nicht weniger als acht bis 14 Stunden vor dem Schlafengehen zu euch nehmt, damit es euren Schlaf nicht beeinträchtigt.

- Wenn es für eure Produktivität sinnvoll ist, konsumiert Koffein zwischen 9:30 Uhr und 11:30 Uhr (wenn ihr zwischen 6 und 8 Uhr aufsteht). In dieser Zeit hat Koffein den größten Einfluss auf euren Energiehaushalt, weil ihr dann von Natur aus weniger Energie habt, wenn euer Cortisolspiegel niedriger ist. Koffein hat auch zwischen

Eine kurze Anmerkung, wenn ihr introvertiert sein solltet: Koffein führt nachweislich dazu, dass Introvertierte bei quantitativen und unter Zeitdruck zu erledigenden Aufgaben schlechter abschneiden, während es bei Extrovertierten den gegenteiligen Effekt hat. Das liegt daran, dass introvertierte Menschen von Haus aus von ihrer Umgebung stärker stimuliert werden und dass zusätzliches Koffein ihnen den Rest geben kann. Als ambivertierter Mensch liege ich irgendwo dazwischen (vielleicht sogar ein wenig auf der introvertierten Seite) und habe festgestellt, dass eine moderate Koffeinmenge meine Leistung in fast allen Situationen positiv beeinflusst.

13:30 Uhr und 17:30 Uhr eine größere Wirkung, doch da es acht bis 14 Stunden braucht, um euer System zu verlassen, ist es wahrscheinlich nicht die Konsequenzen wert, die es auf euren Schlaf haben wird.

- Sucht euch einen besseren Koffeinlieferanten, wie zum Beispiel grünen Tee oder Matcha. Grüner Tee und Matcha sind meine liebsten Koffeinlieferanten, weil sie randvoll mit Antioxidantien und L-Theanin sind, die den Koffeincrash hinterher abmildern. Matcha ist einen Tick teurer als Tee und Kaffee, doch ich denke, der Preis ist es wert; für ein paar Dollar extra kauft man im Grunde genommen etwas Energie zurück, die man später am Tag nutzen kann.

- Setzt den Energiecrash strategisch ein. Ich trinke gerne 12 Stunden vor einem Übernachtflug eine große Tasse Kaffee, damit meine Energie genau dann am tiefsten Punkt ist, um den ganzen Flug hindurch zu schlafen. Und wenn ich nach Übersee reise, trinke ich gerne ein paar Stunden nach dem Aufwachen Kaffee, damit ich den ganzen Tag über eine Unmenge an Energie habe und rechtzeitig zu meiner neuen Schlafenszeit einbreche.

Die Produktivitätsmöglichkeiten sind endlos, wenn man einen Schritt zurücktritt und Koffein strategisch konsumiert.

Dies ist ein weiterer Grund, warum es so effektiv ist, bedachtsamer zu werden.

Aus Liebe zum Wasser

Während ich mit dem Wasserexperiment ursprünglich beobachten wollte, wie sich mein Verzicht auf Koffein und Alkohol auf meine Produktivität auswirken würde, hätte ich mir eigentlich denken können, wie viel mehr Energie ich haben könnte, wenn ich den ganzen Monat über nur Wasser zu mir nehmen würde.

Wasser ist wie Meditation; so einfach, doch so rein und so kraftvoll. Was Getränke anbelangt, so ist Wasser das bei weitem einfachste, doch nach diesem Experiment ist es zu meinem klaren Favoriten geworden und seitdem habe ich immer eine Flasche Wasser an meiner Seite. Jeden Morgen nach dem Aufwachen trinke ich als allererstes einen Liter Wasser. Und an den meisten Tagen trinke ich permanent Wasser bis ich zu Bett gehe. Unzählige Studien belegen, wie gut Wasser für eure Gesundheit und Produktivität ist.

Eine Studie fand heraus, dass gleich morgens Wasser zu trinken euren Stoffwechsel ankurbelt und um 24 Prozent schneller macht. (Außerdem seid ihr nach dem Aufwachen normalerweise dehydriert, weil ihr gerade acht Stunden lang nichts getrunken habt.) Eine andere kam zu dem Ergebnis, dass Teilnehmer, die vor jeder Mahlzeit ein Glas Wasser tranken, über einen Zeitraum von drei Monaten 4,5 Pfund an Gewicht verloren. Aber warum? Weil Wasser den Magen vor dem Essen teilweise füllt und als kalorienfreier Appetitzügler wirkt. Wasser hilft euch auch, klarer zu denken (euer Gehirngewebe besteht zu 75 % aus Wasser), verbessert euer Hautbild und verringert das Risiko für viele Krankheiten und Leiden erheblich. Mehr Wasser zu trinken spart euch sogar Geld. Ich bin ein großer Fan eines genügsamen Lebens – ich sehe Sparen als eine Möglichkeit, meine eigene Zeit in der Zukunft zurückzukaufen – und so ist jedes Glas Wasser, das ich trinke, ein Glas von etwas Kostspieligem, das ich nicht trinke. Einen Monat lang Wasser zu trinken hat mir 150 Dollar gespart, weil ich mir nicht erlaubte, andere, teurere und weniger gesunde Getränke zu kaufen.

Ja, Wasser ist langweilig, was Getränke anbelangt (es sei denn, ihr seid vollkommen verwegen und trinkt Wasser mit Kohlensäure oder Aromastoffen versetzt), aber tut es nicht ab. Im Gegensatz zu Alkohol oder zuckerhaltigen Getränken, die euch später Energie kosten, oder Koffein, das euren Energiehaushalt vollkommen zunichte machen kann, wenn ihr es nicht mit Bedacht konsumiert, gibt euch Wasser immer mehr Energie als ihr vorher hattet. Und wenn ihr etwa drei Liter am Tag trinkt, werdet ihr überrascht sein, wie viel Energie ihr habt. (Ich habe festgestellt, dass ich mehr als die empfohlenen acht Tassen [2 Liter] pro Tag brauche, um auf einem optimalen Niveau zu arbeiten. Viele Organisationen, darunter auch das U.S. Institute of Medicine, haben das Gleiche festgestellt.) Wenn ihr nicht genügend Wasser bekommt, kann das zu Müdigkeit, Schläfrigkeit und Angstgefühlen führen und die Konzentrationsfähigkeit schwächen – was alles eure Produktivität beeinträchtigen wird. Nachdem mein Wasserexperiment beendet war, zog ich los und kaufte mir eine Ein-Liter-Flasche, die ich überall mit mir herumtrage. Ich fülle sie viermal am Tag.

Mehr Wasser und weniger energieraubende Getränke zu trinken, ist eine einfache Taktik, doch mit genügend H2O werdet ihr den ganzen Tag lang Gas geben können. Genauso wie viele Menschen die Hälfte von dem essen könnten, was sie ohnehin schon essen, ohne dabei hungrig zu sein, könnten viele Menschen ihren Wasserkonsum verdoppeln und sich so viel besser fühlen.

Die Wasser-Challenge

Benötigte Zeit: 2 Minuten
Benötigte Energie/Konzentration: 2/10
Wert: 7/10
Spaß: 7/10
Was ihr davon haben werdet: Ihr werdet im Laufe des Tages viel weniger Energieeinbrüche erleben und im Laufe der Woche insgesamt viel mehr Energie haben. Energie ist der Treibstoff, den ihr verbrennt, um produktiv zu sein. Wenn ihr mehr Wasser und weniger alkoholische, zuckerhaltige oder gar koffeinhaltige Getränke trinkt, habt ihr im Laufe des Tages und der Woche mehr zu verbrennen.

Meine Challenge für euch besteht darin, in dieser Woche eine kleine, schrittweise Verbesserung in Bezug auf das, was ihr trinkt, zu erreichen. Hier sind ein paar Ideen für Gewohnheiten, an denen ihr arbeiten könnt:

- Konsumiert weniger zuckerhaltige Getränke. Zuckerhaltige Getränke lassen euren Blutzuckerspiegel nach oben schießen und verursachen später einen enormen Energieeinbruch. Allein aus Produktivitätsgründen ist es das nicht wert. Und zuckerhaltige Getränke, die auch noch Koffein oder Alkohol enthalten, können euren Energiehaushalt vollkommen ruinieren

- Reduziert eure Koffeintoleranz. Mit der Zeit wird euch dies helfen, Koffein strategisch zu trinken. (Die Reduzierung der Koffeinmenge ist besonders dann hilfreich, wenn ihr täglich mehrere Tassen trinkt, was im Laufe der Zeit zu adrenaler Erschöpfung und Stress führen kann.)

- Trinkt Koffein strategisch, z. B. bevor ihr euch in eine dringende Aufgabe kniet, oder wenn ihr die Energie am meisten braucht, wie z. B. bei den meisten Menschen zwischen 9:30 Uhr und 11:30 Uhr.

- Trinkt weniger Alkohol. Ja, Alkohol macht Spaß, und dieses Vergnügen ist oft die Kosten wert. Doch wenn ihr mit der Zeit immer weniger Alkohol trinkt, werdet ihr überrascht sein, wie viel mehr Energie ihr habt.

Glücklicherweise ist das, was gut für euer Gehirn ist, auch gut für euren Körper. Produktiver zu werden bedeutet bewusster zu leben und zu arbeiten, und wenn das, was ihr esst und trinkt, einen so tiefgreifenden Einfluss auf euren Energiehaushalt hat, lohnt es sich meiner Meinung nach, einen zweiten Blick darauf zu werfen, vor allem dann, wenn eure Energiereserven im Laufe des Tages stark schwanken.

Die Sportpille

Take-away: Die Menge an Energie und Fokus, die euch Sport als Gegenleistung für eure Zeit bietet, ist unglaublich und locker die Herausforderung wert, Sport in euer Leben zu integrieren. Wenn ihr merkt, welche Auswirkungen sportliche Betätigung auf euer Gehirn hat, werdet ihr sie zu einer Routine machen wollen.

Geschätzte Lesedauer:
13 Minuten

Gehirnchirurgie selbst gemacht

Was Produktivität anbelangt, so sind Gewohnheiten unglaublich effektiv. Auf ihrer elementarsten Ebene bestehen Gewohnheiten aus neurologischen Verbindungen, die als Reaktion auf verschiedene Auslösereize in eurer Umgebung automatisch aktiviert werden. Obwohl Gewohnheiten nicht immer einfach zu etablieren sind, sind sie, wenn es die richtigen Gewohnheiten aus den richtigen Gründen sind, am Ende die Mühe wert.

Neue Gewohnheiten zu etablieren, erfordert Willenskraft und Ausdauer; wenn dem nicht so wäre, könnten wir uns einfach dazu entschließen, gewaltige Veränderungen in unserer Arbeitsweise vorzunehmen, um produktiver zu werden denn je zuvor. Da wir nur eine begrenzte Menge an Willenskraft haben, aus der wir jeden Tag schöpfen können, müssen wir unsere Willenskraft sparsam und intelligent einsetzen. Deshalb sind diese Taktiken so wichtig. Um zu zeigen, welche Anstrengung neue Gewohnhei-

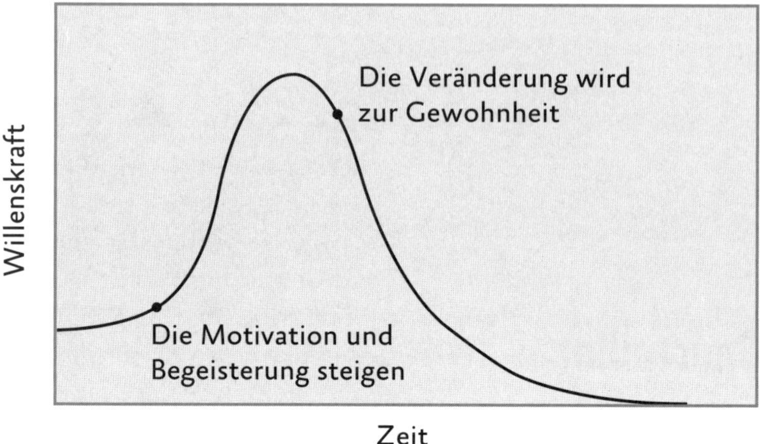

ten erfordern, habe ich ein Diagramm erstellt, das zeigt, wie viel Willenskraft ihr aufwendet, wenn ihr neue Gewohnheiten in eurem Leben etabliert (siehe nächste Seite).

Man muss sich zwar anstrengen, um an das Ende des Diagramms zu gelangen, doch die richtigen Gewohnheiten sind die Willenskraft wert, die ihr dafür aufwenden werdet.

Jede Taktik in diesem Buch – von der Dreier-Regel bis hin zu Meditation – kann zur Gewohnheit werden, wenn ihr sie oft genug praktiziert. Das gilt vor allem dann, wenn ihr die drei Elemente versteht, aus denen sich die Gewohnheitsspirale zusammensetzt, ein paar Auslösereize definiert, die euch dazu veranlassen, die Taktiken auszuführen (eine Zeit, ein Ort, eine Emotion, Menschen oder vorangegangenes Verhalten), klein anfangt und euren Widerstand gegen die Veränderung überwindet, indem ihr täglich gegen Prokrastination ankämpft und die Veränderung verkleinert. Studien zeigen, dass die Menge an Willenskraft, die ihr zur Verfügung habt, im Laufe des Tages stetig abnimmt, während ihr sie verbraucht. Wenn ihr klug dabei vorgeht, euch neue Gewohnheiten anzueignen, indem ihr euch an diese Methoden haltet, könnt ihr Gewohnheiten etablieren, die tatsächlich Bestand haben.

Da durch die Bildung neuer Gewohnheiten neue neurologische Verbindungen in eurem Gehirn geknüpft werden, führt ihr in gewisser Weise eine Gehirnoperation an euch selbst durch, auf mikroskopischer Ebene. Das ist nicht einfach und es erfordert Anstrengungen, diese Verbindung zu knüpfen, doch sobald ihr das tut, braucht ihr dafür keine Willenskraft mehr aufwenden. Ihr werdet automatisch produktiver.

Sport für mehr Produktivität

Ein Großteil des Grundes, warum es heutzutage so schwierig ist, produktiv zu sein, hat damit zu tun, dass sich die Arbeitswelt viel schneller entwickelt hat als unser Gehirn. Wir schieben Dinge auf die lange Bank, weil sich unser präfrontaler Cortex nicht so entwickelt hat, dass er stärker wurde als unser limbisches System, welches durch die unproduktiven Aufgaben in unserer Arbeit verführt wird. Wir finden das Internet und Multitasking so stimulierend, weil sie Süßigkeiten für unser limbisches System sind. Doch sie schaden unserer Produktivität. Wir sind versucht, zu viel hochverarbeitete Lebensmittel zu essen, weil wir uns so entwickelt haben, Fett zu horten, um davon zu leben, als wir noch lange Zeit ohne Nahrung hatten auskommen müssen.

All diese Eigenschaften haben es uns ermöglicht, uns weiterzuentwickeln und zu überleben. Doch seit der Industriellen Revolution hat sich die Struktur unserer Arbeitswelt schneller verändert als die Struktur unseres Gehirns, was die Anpassung bisweilen erschwert hat. Es ist schwer genug, neue Gewohnheiten und Verbindungen in unserem Gehirn zu etablieren – geschweige denn, unser Gehirn so umzuprogrammieren, um in der Wissensökonomie produktiver zu werden.

Bewegung ist dabei keine Ausnahme. Es liegt an unserer Entwicklungsgeschichte, dass die Produktivitätsvorteile von mehr Bewegung – insbesondere aerober Bewegung – so tiefgreifend sein können. Es ist eine bedauerliche Tatsache, dass die meisten Arbeitsplätze in der Wissensökonomie nicht viel mit körperlicher Aktivität zu tun haben. Das Ausmaß an körperlicher Aktivität war nie geringer als heute. Eine kürzlich durchgeführte Studie des Physical Activity Council hat ergeben, dass 28 Prozent der US-Bevölkerung im gesamten Kalenderjahr 2014 keinerlei körperliche Aktivität zu verzeichnen hatten.

Das ist nicht nur aus gesundheitlicher Sicht schrecklich, sondern auch unter dem Gesichtspunkt von Produktivität. Während sich unser Gehirn seit der Steinzeit – vor 2,5 Millionen Jahren – ein klein wenig weiterentwickelt hat, ist dies bei unserem Körper nicht der Fall. Unser Körper ist gebaut, um jeden Tag fünf bis neun Meilen zu laufen, zu jagen und Nahrung zu sammeln, und nicht, um jede Woche 25 Stunden damit zu verbringen, auf Bildschirme zu starren.

Dies beeinträchtigt unsere Arbeitsleistung aufgrund der Art, wie unser Gehirn mit Stress umgeht. Heute sind wir nicht nur weniger aktiv als je zuvor, sondern wir haben an einem typischen Tag auch mehr Ablenkungen, Anforderungen und Deadlines als je zuvor. Ganz zu schweigen davon, dass wir uns zwar entwickelt haben, mit kurzlebigem Stress umzugehen, nicht jedoch mit Stress, der tagelang andauert.

Ihr habt wahrscheinlich schon einmal von dem Konzept „Kampf oder Flucht" gehört. Das bezieht sich darauf, wie euer Körper und Gehirn auf Stresssituationen reagieren; wenn ihr zum Beispiel plötzlich einem Säbelzahntiger gegenüberstehen würdet, würdet ihr instinktiv entscheiden, ob ihr gegen den Tiger kämpfen oder vor ihm fliehen sollt. Wenn ihr beginnt Sport zu treiben – und dies ist besonders bei aerober Bewegung der Fall –, sieht euer Gehirn das als Kampf- oder Fluchtsituation, was dazu führt, dass euer Gehirn ein Gebräu von Chemikalien freisetzt, die euch auf den Kampf gegen das Laufband vorbereiten. Diese Chemikalien haben eine Menge neurologischer Vorteile, insbesondere was den Stressabbau betrifft. Aus biochemischer Sicht erlaubt Bewegung eurem Gehirn, Stress auf produktive und kontrollierte Weise zu bekämpfen.

Doch Bewegung hilft euch nicht nur, Stress abzubauen – sie bringt auch eine Fülle anderer Vorteile mit sich, mit denen ihr mehr erreichen könnt. Bewegung fördert die Durchblutung eures Gehirns, was eure geistige Leistungsfähigkeit und Kreativität steigert. Neben Stress bekämpft sie auch Müdigkeit und hilft euch dabei, euch besser auf eure Arbeit zu konzentrieren.

Studien zeigen, dass Bewegung nicht nur eure Muskeln anschwellen lässt, sondern buchstäblich auch euer Gehirn. Wenn ihr Sport treibt, setzt euer Gehirn BDNF („brain-derived neurotrophic factor") frei, eine Chemikalie, die euch hilft, neue Gehirnzellen zu bilden. Ein großer Teil dieses Wachstums findet im Hippocampus statt – dem Teil eures Gehirns, der für das Gedächtnis verantwortlich ist. Es hat sich sogar gezeigt, dass Bewegung eure Stimmung hebt und Zellen in Hirnregionen bildet, die durch Depressionen geschädigt sind.

Fünfzehn Pfund

So ziemlich jeder hat schon ein oder zwei Statistiken darüber gelesen, wie großartig Bewegung für Körper und Gehirn ist und wie sie „Endorphine" und andere wunderbare Dinge freisetzt. Als ich mit meinem Projekt begann, hatte ich von vielen Statistiken gehört und hatte auch einige der Vorteile aus erster Hand erfahren, doch diese Studien bewegten mich nicht besonders – obwohl ich wusste, dass sie wissenschaftlich korrekt waren. Mein rationaler, streberischer präfrontaler Cortex verschlang die Statistiken, doch sie motivierten mein limbisches System nicht dazu, sich auf lange Sicht tatsächlich genug um Sport zu kümmern. Diese Diskrepanz veranlasste mich dazu, damit zu experimentieren, wie sich Bewegung auf meine Produktivität auswirkte.

Um mit Sport und Produktivität zu experimentieren, entwarf ich, wie bereits erwähnt, ein Produktivitätsexperiment, um zehn Pfund Muskelmasse zuzulegen und gleichzeitig meinen Körperfettanteil von 17 Prozent auf 10 Prozent zu senken. Rückblickend war am Ziel dieses Experiments nichts auszusetzen. Doch die Veränderungen, die ich umzusetzen versuchte, um zum Ziel zu gelangen, waren zu ehrgeizig, als dass ich mich auf lange Sicht daran hätte halten können. Die Experimente waren auch viel zu schwierig, diffus und unstrukturiert, was auch nicht gerade geholfen hat. Tatsächlich blieb ich nicht dabei und senkte meinen Körperfettanteil bis zum Ende meines Projekts auf nur etwa 15 Prozent. Doch während ich mich abmühte, drastische Änderungen an meinen Essgewohnheiten vorzunehmen, konnte ich mich nahezu umgehend an mein tägliches Sportritual halten.

Um das Experiment realistischer zu machen, zwang ich mich, außerhalb der regulären Arbeitszeiten zu trainieren, anstatt mitten am Tag (wenn viele Leute nicht die Flexibilität dazu haben). Ich kombinierte das Ritual mit meiner Routine, jeden Morgen ultrafrüh aufzustehen. Ich werde im nächsten Kapitel ein wenig näher darauf eingehen, doch ich glaube wirklich, dass ich mein Experiment, jeden Morgen um 5:30 Uhr aufzustehen, viel früher beendet hätte, wenn mein Sportritual nicht gewesen wäre.

Als ziemlich streberhafter Typ verbrachte ich normalerweise mehr Zeit in der Bibliothek als im Fitnessstudio, obwohl ich, solange ich mich erinnern kann, immer wieder mal trainiert hatte. Als ich dieses Experiment intensivierte, ohne den Rausch, der mit intensiver Bewegung einhergeht, allzu oft erlebt zu haben, fühlte ich mich fast auf der Stelle unglaublich.

Mehrere Monate lang stand ich jeden Morgen um 5:30 Uhr auf, ging zu meinem Büro, trank ein koffeinhaltiges Vorbereitungsgetränk und lief dann zum Fitnessstudio, das etwa zehn Gehminuten von meiner Wohnung entfernt lag. Dort angekommen, immer noch offline aufgrund meines täglichen Abschaltrituals, hörte ich mir einen Podcast an, ein Hörbuch oder das neueste Album von Taylor Swift, während ich 30 Minuten lang Herz-Kreislauf-Übungen machte und dann etwa 45 Minuten lang Gewichte stemmte. Ich begann erst mal nur mit einer halben Stunde jeden Morgen, doch als ich immer weniger Widerstand dagegen verspürte und ein paar Freunde fand, mit denen ich jeden Morgen trainieren konnte, intensivierte ich das Ritual rasch. Klein zu beginnen war das, was mich in Schwung brachte, doch die Vorteile der Bewegung gaben mir die Motivation, weiterzumachen.

Wenn ich auf mein Sportritual zurückblicke – das ich nach wie vor pflege, nur später am Tag –, stellt sich heraus, dass ich das perfekte Ritual für mich entworfen hatte, auch wenn mir das damals noch nicht bewusst gewesen war. Ich begann klein, auf einem Niveau, auf dem ich mich wohl fühlte – 30 Minuten am Morgen –, und steigerte das dann im Laufe der Zeit, da ich immer weniger Widerstand gegen diese Gewohnheit verspürte. Und ich hatte nahezu jeden Auslösereiz unter der Sonne: eine Zeit (6 Uhr morgens), einen Ort (jeden Morgen dasselbe Fitnessstudio), Emotionen (ich fühlte mich nach meinem Vorbereitungsgetränk oder Kaffee voller Energie), die Anwesenheit von Menschen, die ich kannte (meine Trainingskameraden) und ein vorangegangenes Verhalten (früh aufstehen).

Ich spürte keinen großen Widerstand gegen die Gewohnheit und machte sie verträglicher, indem ich Hörbücher und Podcasts hörte, was mir sehr geholfen hat. Im Gegensatz zu dem, was viele Leute sagen, gibt es keine festgeschriebene Anzahl von Tagen, die man braucht, um eine neue Gewohnheit in sein Leben zu integrieren. Wenn ihr euch beispielsweise angewöhnen wolltet, jeden Morgen einen Schokoriegel zu essen, dann wette ich, dass es nur ein oder zwei Tage dauern würde. Und das Gegenteil wäre der Fall, solltet ihr versuchen, euch die Gewohnheit anzueignen, über Glas zu laufen. Für mich fühlte sich der Gang ins Fitnessstudio belebend an, vor allem, wenn man bedenkt, dass nahezu jedes andere Element meines

Projekts fast keine körperliche Aktivität und viel Denkarbeit beinhaltete. Ich glaube, dass regelmäßige Bewegung einer der Gründe ist, warum ich während meines Projekts so produktiv war (ich hatte 216.897 Wörter geschrieben, als es schließlich beendet war).

Und das Beste: Sobald ich mich an ein regelmäßiges Sportprogramm gewöhnt hatte (ich trainierte drei bis fünf Tage pro Woche), schmolz mein Stress dahin, was zu einer viel produktiveren Version meiner selbst führte. Ich verspürte keine mentale Müdigkeit mehr, und die Ironie an der Sache war, dass je mehr Energie ich im Fitnessstudio zu verbrauchen schien, desto mehr Energie hatte ich dann während des restlichen Tages. Während der Wintermonate war ich viel fröhlicher und optimistischer (meine Stimmung sinkt normalerweise parallel zum kalten kanadischen Winter). Und die Herausforderungen in meiner Arbeit warfen mich kein bisschen aus der Bahn; ich hatte mehr Widerstandskraft, um aufkommende Krisen zu meistern. Wie bei Meditation änderte Sport meine Beziehung zu dem, was ich erlebte. Jeden Morgen ließ ich meinen Stress im Fitnessstudio hinter mir und konnte im Laufe des Tages mehr Energie gewinnen und produktiver werden.

Im Laufe der Monate summierten sich meine schrittweisen Veränderungen und ich legte langsam immer mehr an Muskelmasse zu, bis ich, wie bereits erwähnt, am Ende meines Projekts 15 Pfund reiner Muskelmasse zugelegt hatte – 50 Prozent mehr, als ich beabsichtigt hatte.

Die Zeitkosten

Aus Produktivitätssicht gibt es natürlich ein Problem mit Sport: Die Zeit, die man mit Sport verbringt, muss irgendwo herkommen und für die meisten Menschen kommt diese Zeit aus Verpflichtungen, die sich vielleicht wichtiger anfühlen.

Ich habe über Ernährung und Bewegung geschrieben (und über Schlaf im nächsten Kapitel), weil ich glaube, dass sie eure Zeit wert sind. Doch das ist die Herausforderung bei den Taktiken in diesem Teil und bei einigen anderen Taktiken in diesem Buch, wie z. B. Meditation: Wenn der durchschnittliche Mensch die Wahl hat zwischen zusätzlichen 30 Minuten Arbeit und 30 Minuten aerober Bewegung (oder mehr Schlaf, bessere Mahlzeiten, Meditation, usw.), scheint es die bessere Wahl zu sein, zumindest was Produktivität anbelangt, 30 Minuten länger zu arbeiten. Zusätzliche Arbeit ist einfacher und stimulierender als Sport und man fühlt sich dabei auch weniger schuldig.

Doch in der Praxis könnt ihr in diesen 30 Minuten zwar kurzfristig ein wenig Extra-Arbeit erledigen, doch langfristig erreicht ihr mehr, wenn ihr euch um euren Energiehaushalt kümmert. Wenn ihr eure Energiereserven hegt und pflegt, spart ihr letztlich Zeit, denn ihr könnt mehr Energie und Konzentration in eure Arbeit investieren und das gleiche Pensum in kürzerer Zeit erledigen. Wie bei jeder anderen Taktik in diesem Buch könnt ihr durch Bewegung eure Zeit effizienter nutzen. Dasselbe gilt für die Zeit, die ihr damit verbringt, besser zu essen und genug zu schlafen: Alle drei Aktivitäten bringen euch einen Nettogewinn an Zeit und Produktivität, egal wie schwer sie im jeweiligen Moment auch umzusetzen sind.

Das heißt aber nicht, dass sie sich immer zu 100 Prozent lohnen werden – es wird Tage geben, an denen ihr es schätzen werdet (und solltet), eine Stunde länger zu arbeiten, anstatt gut zu essen oder ins Fitnessstudio zu gehen, und andere, an denen ihr vielleicht lieber ausgeht und Spaß habt, anstatt lange und ausreichend zu schlafen. Doch wenn ihr jede Woche Kurskorrekturen und schrittweise Verbesserungen vornehmt, um produktiver zu werden, ihr auch feststellen werdet, dass diese eure Zeit wert sind.

Seit meinem Sportexperiment, und sogar seit dem Ende meines Projekts, geriet ich ein paar Mal in Versuchung, länger zu arbeiten, anstatt ins Fitnessstudio zu gehen – und wurde rückfällig. Doch jedes Mal, nachdem ich schwach geworden war, habe ich mich sofort wieder zusammengerissen – nicht etwa, weil ich mich schuldig fühlte, weil ich dem, worüber ich in meinem Blog schrieb, nicht gerecht wurde, sondern weil ich weniger erreicht und weniger Energie im Tank hatte, um gute Arbeit zu leisten.

In seinem Buch *Spark: The Revolutionary New Science of Exercise and the Brain* schreibt John Ratey, dass Bewegung „das mächtigste Werkzeug ist, das ihr habt, um eure Gehirnfunktion zu optimieren“. Er geht sogar so weit zu sagen: „Wenn es Bewegung in Pillenform gäbe, würde das auf jeder Titelseite stehen und als die Blockbuster-Droge des Jahrhunderts gefeiert werden.“ Dem stimme ich von ganzem Herzen zu. Sport ist eure Zeit wert und ist eines der besten Dinge, das ihr tun könnt, um produktiver zu werden.

Je aktiver ihr seid, desto mehr Energie habt ihr zu verbrennen.

Die Herzfrequenz-Challenge

Benötigte Zeit: 15 Minuten
Benötigte Energie/Konzentration: 7/10
Wert: 7/10
Spaß: 9/10
Was ihr davon haben werdet: Was ihr davon haben werdet: Ihr erlebt die unglaublichen neurologischen Vorteile von Bewegung, darunter mehr Energie, Fokus, Ausdauer, Widerstandskraft und mehr Gedächtnisleistung sowie weniger Stress und Müdigkeit.

Meine Challenge für euch besteht darin, eure Herzfrequenz morgen für 15 Minuten nach oben zu treiben – entweder durch Gehen, Joggen, auf dem Crosstrainer oder durch jede andere Form von aerober Bewegung, die euer Blut mehr als sonst in Wallung bringt. (Wenn ihr großen mentalen Widerstand dagegen verspürt, 15 Minuten lang zu trainieren, verkürzt die Zeit, wie lange ihr trainieren wollt, bis ihr keinen Widerstand mehr spürt.)

Diese Challenge ist vor allem für Menschen gedacht, die im Moment nur eingeschränkt körperlich aktiv sind oder in Bezug auf körperliche Betätigung rückfällig geworden sind. Wenn ihr bereits eine regelmäßige Sportroutine implementiert habt, fordere ich euch heraus, noch einen Schritt weiter zu gehen und eine kleine Verbesserung in eurem Trainingsplan vorzunehmen.

Der Schlüssel zu einer dauerhaften Verhaltensänderung liegt darin, eure Gewohnheiten so zu ändern, dass diese Änderungen klein genug sind, dass sie euch nicht einschüchtern, wenn eure anfängliche Motivation nachlässt. Dies ist besonders wichtig beim Sport. Sport kann eine immense Herausforderung darstellen, vor allem, da Motivation und Prokrastination – die entgegengesetzten Seiten derselben Medaille – eine große Rolle spielen. Für viele Menschen ist Sportreiben langweilig, frustrierend, schwierig, diffus und unstrukturiert. Kein Wunder, dass Menschen dabei prokrastinieren. Aus diesem Grund ist es so wichtig, klein anzufangen (und dann schrittweise weiterzumachen). Schrittweise Verbesserungen werden euch helfen, euer Momentum und eure Motivation aufrechtzuerhalten.

Nachdem ihr die Challenge gemeistert habt, stellt euch folgende Fragen: Wie fühlt ihr euch? Ist euer Kopf klarer? Habt ihr mehr Energie? Fühlt ihr euch weniger gestresst? Weniger matt?
Wenn ihr merkt, welche Auswirkungen sportliche Betätigung auf euer Gehirn hat, werdet ihr dies zu einer Routine machen wollen und die Anstrengung unternehmen, Sport zu einer Gewohnheit zu machen. Das Mehr an Energie und Fokus, das euch körperliche Ertüchtigung als Gegenleistung für eure Zeit und Willenskraft bietet, ist es auf jeden Fall wert.

Im Schlaf zu mehr Produktivität

Take-away: Obwohl ihr Zeit spart, wenn ihr weniger schlaft, ist jede Minute Schlaf weniger als euer Körper benötigt, die Produktivitätskosten nicht wert. Für jede Stunde Schlaf, die euch fehlt, verliert ihr mindestens zwei Stunden an Produktivität – so hoch sind die Kosten, die euch durch zu wenig Schlaf entstehen.

Geschätzte Lesedauer:
12 Minuten

Die Apokalypse ist nahe

Ob ihr es glaubt oder nicht, in diesem Augenblick findet eine Zombie-Apokalypse statt. Wenn ihr aus dem Fenster schaut, werdet ihr Menschen sehen, die wandelnde Tote sind; sie können sich nicht konzentrieren, sich an nicht viel erinnern, nicht sicher fahren und haben nicht genügend Energie oder Konzentration, um durch den Tag zu kommen. Sie stolpern im Autopiloten gedankenlos durch den Tag; dieses Phänomen nimmt so stark zu, dass die Centers for Disease Control and Prevention es als „Epidemie“ bezeichnet haben. Diese Zombies verursachen sogar 80.000 Autounfälle pro Jahr – alles direkt vor unserer Nase.

Vielleicht seid ihr sogar einer von ihnen.

Doch im Gegensatz zu den Zombies aus den Filmen gieren diese Zombies nicht nach Menschenfleisch. Sie gieren nach etwas, was viel kostbarer für sie ist: Schlaf.

In den Vereinigten Staaten läuft derzeit etwa die Hälfte der Bevölkerung mit der einen oder anderen Form von Schlafentzug durch die Gegend. Laut Gallup kommen 40 Prozent der Amerikaner jede Nacht auf weniger als die empfohlenen sieben bis neun Stunden. Die Centers for Disease Control and Prevention haben diesen Schlafmangel als „Epidemie des öffentlichen Gesundheitswesens" bezeichnet, aufgrund der enormen Gesundheits- und Leistungskosten, die mit zu wenig Schlaf verbunden sind. Schlafentzug kommt diese Zombies teuer zu stehen, vor allem wenn man den Zusammenhang zwischen Schlaf und Produktivität betrachtet.

Obwohl der Zusammenhang zwischen Ernährung und Bewegung und Produktivität komplex ist, ist der Zusammenhang zwischen Produktivität und Schlaf einfach. Schlaf ist eine Möglichkeit, seine Zeit gegen Energie einzutauschen. Je mehr Schlaf ihr bekommt, bis zu den empfohlenen sieben bis neun Stunden, desto mehr Energie habt ihr am nächsten Tag. Und der Wechselkurs ist verdammt gut.

Wahrscheinlich muss ich nicht allzu tief in die Wissenschaft hinter dem Grund eintauchen, warum zu wenig Schlaf eure Leistung beeinträchtigt: Ihr habt dies sicherlich bereits irgendwann in eurem Leben aus erster Hand erfahren. Nicht genug Schlaf zu bekommen – oder keinen guten Schlaf – führt dazu, dass ihr mehr Fehler macht. Es beeinflusst eure Stimmung, eure Konzentrationsfähigkeit und wie ihr Probleme angeht, lernt und euch erinnert. Und es wirkt sich negativ auf eure Konzentration, euer Arbeitsgedächtnis und euer mathematisches Denkvermögen aus. Dieses Kapitel gehört in einen der Abschnitte über Konzentration genauso wie es in diesen Abschnitt gehört – so immens sind die Kosten, die entstehen, wenn ihr nicht genug Schlaf bekommt.

Schlafmangel kann auch die Abwärtsspirale in Bezug auf Energie beschleunigen, die ich im Kapitel Wasser/Kaffee erwähnt habe. Wenn ihr nicht genug Schlaf bekommt, arbeitet ihr weniger effizient und mit weniger Energie, sodass Aufgaben länger dauern, was bedeutet, dass ihr in der folgenden Nacht noch weniger Zeit für Schlaf haben werdet. Wenn dann noch schlechte Ernährung und wenig Bewegung dazukommen, kann euer Energiehaushalt – und eure Produktivität – ziemlich schnell außer Kontrolle geraten.

Während meines Projekts entwickelte ich für mich eine einfache Regel für Schlaf und Produktivität:

Für jede Stunde Schlaf, die ich verpasste, verlor ich zwei Stunden an Produktivität. Diese Regel hat keinerlei wissenschaftliche Untermauerung – nach allem, was ich erlebte, können die negativen Auswirkungen sogar noch größer sein –, doch was pseudowissenschaftliche Regeln betrifft, halte ich diese für ziemlich gut. Jeder Mensch tickt anders, braucht unterschiedlich viel Schlaf, reagiert anders auf Schlafentzug und ist anders motiviert, wenn er unter Schlafentzug leidet. Doch meiner Erfahrung nach sind zwei Stunden eher noch konservativ geschätzt.

Raus um 5:30 Uhr

Im Nachhinein ist es fast schon irgendwie lustig, wie so viele meiner Produktivitätsexperimente damit zu tun hatten, im Namen eines tieferen Verständnisses von Produktivität durch die Hölle zu gehen. Da waren ein paar wirklich lustige Experimente, wie zum Beispiel eine Woche lang ein totaler Schlamper zu werden, 70 Stunden TED-Talks anzusehen und jeden Tag eine 3-stündige Nachmittags-„Siesta" zu halten, doch gleichzeitig gab es so viele andere Experimente, durch die ich mich hindurchquälen musste.

Es dauerte nur 25 Kapitel, doch endlich kann ich über das unangenehmste Experiment von allen sprechen: jeden Morgen um 5:30 Uhr aufzustehen.

Als ich mich daran machte, jeden Morgen um 5:30 Uhr aufzustehen, versuchte ich diese Gewohnheit zu Beginn meines Projekts in mein Leben zu integrieren und hatte wirklich nicht die geringste Ahnung, was zum Teufel ich da tat. Zum einen hatte ich auch nicht nur ansatzweise geplant, wie ich diese Änderung angehen würde. Anstatt an dem Bündel von Gewohnheiten zu arbeiten, das mich umgab, wenn ich aufwachte und zu Bett ging, verbrauchte ich all meine Willenskraft, um eine große Veränderung in meinem Leben herbeizuführen. Und fiel auf die Schnauze.

Ich versäumte es, mich zu belohnen, wenn ich früh aufstand, definierte keine Auslösereize und arbeitete nicht daran, den Widerstand zu überwinden, den ich gegen diese Routine hatte – alles wesentliche Voraussetzungen für eine Änderung von Gewohnheiten. Und, was vielleicht am wichtigsten war, ich ging das Ritual nicht mit dem geringsten Maß an Bedachtsamkeit an. Aus diesem Grund versagte ich – wiederholt. Ungefähr einen Monat nach Beginn meines Projekts schrieb ich sogar einen Artikel mit dem Titel

„Bisher bin ich meistens nicht um 5:30 Uhr aufgestanden“, in dem ich meine Bemühungen ausführlich beschrieb. Es sah nicht gut aus.

Doch dann machte ich einen Schritt zurück, um das Ritual mit mehr Bedachtsamkeit anzugehen und entwickelte einen Plan, wie ich es in mein Leben integrieren könnte.

So merkwürdig das aus meinem Mund auch klingen mag, zunächst schaute ich mir keinerlei Artikel oder Forschungsberichte an, wie ich die Gewohnheit in mein Leben einbauen oder planen konnte, wie ich es klug angehen könnte. Ich zwang mich einfach dazu, jeden Morgen um 5:30 Uhr aufzustehen, was bedeutete, dass mir oft eine Stunde oder mehr Schlaf fehlte, was meine Produktivität am nächsten Tag ernsthaft beeinträchtigte. An vielen Tagen schaffte ich es nicht einmal bis Mittag, ohne ein Nickerchen zu machen, und an vielen Morgen stand ich vor einer schwierigen Wahl: entweder ausschlafen und versagen oder aufstehen und nicht genug Energie und Konzentration haben, um den Tag zu überstehen. Ich entschied mich oft für Letzteres, und das Experiment war auf lange Sicht ziemlich schwer durchzuhalten. Es ist schwer, neue Gewohnheiten zu etablieren, wenn man sein Gehirn dafür bestraft, genau das zu tun.

Etwa einen Monat nach Beginn des Experiments hatte ich die Nase voll davon, bei diesem Experiment zu versagen. Das war der Zeitpunkt, an dem ich schließlich einen Schritt zurücktrat, um nachzudenken, was ich falsch gemacht hatte.

Steter Tropfen – Die Zweite

Als ich den Schritt zurücktrat, um einen Plan zu schmieden, wie ich diese Gewohnheit in mein Leben integrieren könnte, wurde mir klar, dass es überhaupt keine Rolle spielte, wann ich aufstand. Was zählte, war, um wie viel Uhr ich zu Bett ging, und das war es dann, woran ich zu arbeiten hatte.

Das ist ein wichtiger Punkt, den man im Hinterkopf behalten sollte, wenn es darum geht, genug Schlaf zu bekommen. Der Schlüssel zu genügend Schlaf ist nicht Ausschlafen. Nicht viele Menschen können sich den Luxus leisten, aufzustehen, wann immer sie wollen, und obwohl es schön wäre, wenn wir alle Unternehmer wären und volle Kontrolle über unseren Terminplan hätten, haben die meisten von uns eine relativ festgeschriebene Routine, wann sie zur Arbeit erscheinen. Wir haben jedoch die Kontrolle darüber, wann wir zu Bett gehen. Um ausreichend Schlaf zu bekommen, ist es entscheidend, zur richtigen Zeit zu Bett zu gehen.

Es dauerte weitere zwei Monate, um an meiner abendlichen Routine zu arbeiten und diese Gewohnheit in mein Leben zu integrieren, doch nachdem ich schließlich erkannt hatte, dass der Versuch, diese Routine in mein Leben zu zwingen, nicht funktionierte, schmiedete ich einen Plan, um meine Routine schrittweise so weit zu verbessern, dass ich ein frühmorgendliches Aufwachritual etablieren konnte. Abgesehen von der Tatsache, dass ich nicht als Frühaufsteher geboren bin, werden diese schrittweisen Veränderungen funktionieren, unabhängig davon, wann ihr zum Aufwachen gemacht seid, da sich alle darum drehen, zu einer anständigen Zeit zu Bett zu gehen. Das hier hat meiner Meinung nach besser funktioniert als alles andere:

- **Gewöhnt euch ein abendliches Ritual an.** Wenn eure angestrebte Schlafenszeit 21:00 Uhr ist, wie es bei mir der Fall war, ist es ziemlich schwer, sich um 20:45 Uhr bereit fürs Bett zu machen, wenn ihr noch mitten in der Arbeit steckt. Ein abendliches Ritual wird euch dabei helfen, besser zu planen und eine erholsame Nacht bewusster anzugehen. Ich empfehle, dass ihr euch eine ganz bestimmte Zeit vornehmt, wann ihr zu Bett gehen wollt und dann plant, wann ihr mit eurem Ritual beginnt, den Tag entspannt ausklingen zu lassen. Und habt ruhig Spaß dabei: Eure abendliche Routine sollte maßgeschneidert sein, damit sie sowohl entspannend als auch sinnvoll für euch ist und ihr den Tag entspannt hinter euch lassen und in den nächsten übergehen könnt. Ich baute Meditation, Zeit für Reflexion und vieles mehr in meine ein.

- **Setzt euch weniger blauem Licht aus.** Ob ihr es glaubt oder nicht (ich fand das anfangs schwer zu glauben), je mehr „blauem Licht" ihr euch vor dem Schlafengehen aussetzt, desto schlechter wird eure Schlafqualität sein. Licht, das im blauen Wellenlängenbereich liegt, hemmt erwiesenermaßen die Produktion von Melatonin, eine Chemikalie in eurem Körper und Gehirn, die euch beim Schlafen hilft. Um dem entgegenzuwirken, empfehle ich ein abendliches Abschaltritual, bei dem ihr eure elektronischen Geräte zwei bis drei Stunden vor dem Schlafengehen abschaltet (dies hilft euch auch, euren Autopiloten auszuschalten und langsam runterzukommen). Ich besitze auch eine Sonnenbrille, die blaues Licht blockiert und die ich immer dann trage, wenn ich eine Ausnahme mache und noch spät in der Nacht elektronische Geräte benutze, und ich habe festgestellt, dass sie einen großen Unterschied in meiner Schlafqualität ausmacht. Und das hat auch die Wissenschaft: Eine Studie fand heraus, dass Teilnehmer, die die Brille trugen, 50 Prozent besser schliefen und 40 Prozent glücklicher waren, als sie aufwachten! Ihr könnt euch auch eine App auf euren Computer laden, die euren Computerbildschirm farblich so verschiebt, dass er weniger blaues Licht ausstrahlt. Anfangs wird alles vielleicht etwas komisch aussehen, doch ihr werdet viel besser schlafen. Wenn ihr euch tagsüber mehr natürlichem Licht aussetzt, könnt ihr nachweislich ebenfalls besser schlafen – und auch eure Produktivität steigern. Eine Studie fand heraus, dass Call-Center-Angestellte, die in der Nähe eines Fensters saßen, Anrufe 12 Prozent schneller bearbeiteten als alle anderen!

- **Keine Scheu vor einem Nickerchen!** Eines der schöneren Experimente, das ich durchführte – auch wenn ich dabei nicht so viel lernte – war eine 3-stündige Nachmittagssiesta im spanischen Stil, drei Wochen lang, bei der ich nachmittags eine lange Pause machte, um ein Nickerchen zu machen, zu essen und Kontakte zu knüpfen, bevor ich später am Abend wieder weiterarbeitete. Überraschenderweise erkannte ich nicht nur die Wichtigkeit von Pausen (auf die ich im nächsten Kapitel eingehen werde), sondern auch die tiefgreifenden Produktivitätsvorteile eines Nickerchens. Wie beim Schlaf hat sich gezeigt, dass ein Nickerchen den Fokus, die Genauigkeit, Kreativität, Entscheidungsfähigkeit und letztlich auch die Produktivität fördert. Für die Zeit, die ihr für den Weg zum Café und zurück benötigt, könnt ihr den gleichen Energieschub durch ein Nickerchen bekommen, ohne den Crash hinterher. Ein Nickerchen bei der Arbeit kann etwas seltsam sein (obwohl ich in der Vergangenheit einige Kolleginnen und Kollegen hatte, die es geschafft haben, ohne fragend angesehen zu werden), doch wenn ich jemals wieder in einem traditionellen Büroumfeld arbeiten sollte, dann werde ich bestimmt alles tun, um ein wenig die Augen schließen zu können, wann immer ich einen mentalen Schub brauche. Wenn ihr die Freiheit habt, das zu tun, ist ein Nickerchen mitten im Arbeitstag eine der besten Möglichkeiten, einen schnellen Energieschub zu bekommen – und Produktivität.

- **Hört acht bis 14 Stunden vor dem Schlafengehen damit auf, Koffein zu trinken.** Nochmals, Koffein braucht etwa acht bis 14 Stunden, um euren Körper zu verlassen, und kann eure Schlafqualität und Produktivität am nächsten Tag schwer beeinträchtigen, wenn ihr nicht plant, rechtzeitig damit aufzuhören.

- **Betrachtet euer Schlafzimmer als eine Höhle.** Die American Academy of Sleep Medicine empfiehlt, „sich ein Schlafzimmer wie eine Höhle vorzustellen: Es sollte kühl, ruhig und dunkel sein." Vor allem aber sollte es „thermisch neutral" sein, was bedeutet, dass euer Körper „nichts tun muss, um Wärme zu erzeugen (Zittern) oder Wärme abzugeben (Schwitzen), um zu kalte oder zu warme Temperaturen auszugleichen".

Ich schätze meine Zeit wirklich sehr, doch Schlaf ist etwas, bei dem ich einfach keine Kompromisse eingehe. Und seit meinem Experiment mit dem frühen Aufstehen habe ich das auch nicht mehr getan. Kompromisse in Bezug auf Schlaf einzugehen, damit ihr mehr Zeit habt, um mehr zu arbeiten, ist die Produktivitätskosten einfach nicht wert. Und ihr werdet nicht einmal einen Nettogewinn an Produktivität haben, weil eure Aufgaben länger dauern, wenn ihr unter Schlafmangel leidet. Ihr werdet weniger Energie und Konzentration für sie haben und mehr Fehler machen, deren Behebung mehr Zeit in Anspruch nehmen wird. Wenn ihr auf Schlaf verzichtet, verliert ihr immer mehr Zeit als ihr gewinnt.

Es ist egal, wann ihr aufsteht

Im Verlauf meines Projekts stolperte ich über eine Reihe von Artikeln von „Produktivitätsgurus", in denen es darum geht, warum früh aufstehen fantastisch für unsere Produktivität ist. Doch die Wahrheit ist, dass dies einfach nicht stimmt. Studien zeigen, dass die Zeit, zu der ihr aufsteht, keinerlei Auswirkungen auf eure sozioökonomische Stellung, kognitive Leistungsfähigkeit oder Gesundheit hat. Was eure Produktivität betrifft, so ist entscheidend, was ihr mit eurer Zeit nach dem Aufwachen macht und ob ihr überhaupt genug Schlaf bekommt.

Rückblickend wurde mir klar, dass frühes Aufstehen einer jener Produktivitätsratschläge aus dem Bereich urbaner Mythos ist, die schlichtweg falsch sind. Das heißt nicht, dass es für euch nicht funktioniert – denn das könnte es –, doch jeder tickt anders. Wenn ihr Familie habt und frühes Aufstehen euch ein paar ruhige Momente zum Planen ermöglicht, bevor alle anderen aufstehen oder wenn ihr von Haus aus Frühaufsteher seid, könnte das Ritual etwas für euch sein. Doch es gibt ebenso viele Menschen, die vom frühen Aufstehen nicht profitieren werden. Es ist nicht so, dass es eine perfekte Zeit gäbe – es geht darum, was für euch die beste Zeit ist.

Energie

Viele Menschen haben mehr Aufgaben auf ihrer Liste stehen als sie Zeit dafür haben. Eines der ersten Dinge, bei denen sie Kompromisse eingehen, ist ihre Energie. Um Zeit zu gewinnen und mehr zu erledigen, beginnen sie, öfter beim Lieferservice zu bestellen, Koffein in irrsinnigen Mengen zu konsumieren, weniger zu trainieren oder bis spät in die Nacht zu arbeiten und auf Schlaf zu verzichten – alles kurzfristige Opfer, die auf kurze Sicht zu mehr, auf lange Sicht jedoch zu weniger Produktivität führen. Ich bin in die meisten dieser Fallen getappt.

Die Wahrheit ist, dass ich meine Zeit und meine Produktivität so sehr schätze, dass ich die Taktiken, die ich hier beschrieben habe, schon vor langer Zeit aufgegeben hätte, wenn sie nicht funktioniert hätten. Sie sind hart und sie ziehen wertvolle Zeit und Willenskraft von anderen Dingen ab. Doch am Ende zahlen sie sich aus.

Wenn ihr euch richtig ernährt, habt ihr genug Glukose im Gehirn, um mehr Energie und Konzentration in eure Arbeit zu investieren. Wenn ihr koffeinhaltige, alkoholische und zuckerhaltige Getränke intelligent (oder gar nicht) trinkt, wird euer Energiehaushalt nicht den ganzen Tag über Achterbahnfahrt fahren und eure Produktivität wird konstant bleiben. Wenn ihr euch mehr bewegt, habt ihr mehr Energie und Fokus, um gute Arbeit zu leisten und fühlt euch weniger gestresst. Und wenn ihr genug schlaft, werdet ihr viel effizienter arbeiten und euch nicht den ganzen Tag wie ein Zombie fühlen. Schlaf ist eine der besten und einfachsten Möglichkeiten, eure Zeit gegen Energie einzutauschen.

Die Schlaf-Challenge

Benötigte Zeit: 5 Minuten
Benötigte Energie/Konzentration: 7/10
Wert: 9/10
Spaß: 9/10
Was ihr davon haben werdet: Ihr werdet Zeit sparen, weil ihr mehr Energie (statt Zeit) für eure Arbeit aufwenden könnt, wodurch ihr effizienter arbeiten werdet. Ihr werdet auch mehr geistige Klarheit, Konzentration sowie ein verbessertes Kurzzeitgedächtnis und bessere Problemlösungsfähigkeiten spüren und weniger Fehler machen.

Meine Challenge für euch in diesem Kapitel ist, darüber nachzudenken, ob ihr jede Nacht genug Schlaf bekommt, und wenn nicht, einen Plan zu fassen, um dies zu korrigieren. Ein guter Ausgangspunkt ist, sich zu fragen, ob ihr das Bedürfnis habt, am Wochenende Schlaf nachzuholen. Wenn dies der Fall ist, stehen die Chancen gut, dass ihr unter der Woche nicht genug Schlaf bekommt und ihr müsst in ein abendliches Ritual investieren, um zu einer angemessenen Zeit zu Bett zu gehen.

Was Challenges anbelangt, so ist dies eine kleine – doch die Produktivitätskosten, die durch zu wenig Schlaf entstehen, können enorm sein.

Wenn ihr ein neues abendliches Ritual entwickelt, hilft es, eine ganz bestimmte Zielzeit festzulegen, zu der ihr im Bett sein wollt, und dann von diesem Zeitpunkt an rückwärts zu arbeiten, um euer Ritual zu planen. Achtet darauf, wie viel unnatürlichem Blaulicht ihr euch aussetzt, wie viel Koffein ihr bis zu zehn Stunden vor dem Schlafengehen trinkt und ob eure Schlafumgebung kühl und angenehm ist.

Obwohl ihr Zeit spart, wenn ihr weniger schlaft, ist jede Minute Schlaf weniger als euer Körper benötigt die Produktivitätskosten nicht wert. Denkt daran: Für jede Stunde Schlaf, die euch fehlt, verliert ihr mindestens zwei Stunden an Produktivität.

DER LETZTE SCHRITT

Geschätzte Lesedauer:
24 Minuten

Der letzte Schritt

Locker bleiben

Im Verlauf meines Projekts fand ich etwas Merkwürdiges heraus, wann immer ich mich dazu antrieb, mehr zu erreichen: Es war nahezu unmöglich, mich zu mehr Produktivität anzutreiben, ohne gleichzeitig hart zu mir selbst zu sein.

Das ist die Kehrseite, wenn ihr an eurer Produktivität arbeitet. Wenn man es falsch macht (und das habe ich) und dabei hart sich selbst gegenüber ist, ist man am Ende weniger glücklich als am Anfang. Wenn die meisten von uns in ihre Produktivität investieren, um ihr Wohlbefinden zu steigern, widerspricht das aller Wahrscheinlichkeit nach dem Grund, warum sie überhaupt produktiver werden wollen.

In eure Produktivität zu investieren, ist ein lohnendes Ziel, doch das Leben ist zu kurz, um dabei nicht auch nett zu sich selbst zu sein.

Doch es gibt auch gute Nachrichten: Untersuchungen zeigen, dass Produktivität und Glück im Einklang stehen. Tatsächlich gilt: Je glücklicher ihr seid, desto produktiver werdet ihr auch sein. Laut dem Psychologen und Glücksforscher Shawn Achor, der den Bestseller *The Happiness Advantage* geschrieben hat, ist euer Gehirn, wenn es glücklicher ist, „deutlich leistungsfähiger als im negativen, neutralen oder gestressten Zustand. Eure Intelligenz steigt, eure Kreativität nimmt zu, [und] eure Energiereserven sind größer." Tatsächlich fand er in seinen Forschungen heraus, dass glücklichere Menschen 31 Prozent produktiver sind, 37 Prozent bessere Verkaufszahlen vorweisen können, bessere und sicherere Arbeitsplätze haben, auch besser darin sind, ihren Arbeitsplatz zu behalten, widerstandsfähiger sind und weniger Burn-out haben.

Seine Forschung veranschaulicht eine tiefgründige Idee: In euer Glück und eure Selbstliebe zu investieren, kann einen enormen Einfluss auf eure Produktivität haben.

Bisher habe ich mein Bestes getan, um euch Wege aufzuzeigen, wie ihr gut zu euch selbst sein könnt, wenn ihr in eure Produktivität investiert – tatsächlich sind viele der Taktiken in diesem Buch für sich selbst genommen Wege, wie ihr gut zu euch selbst sein könnt, während ihr danach strebt, mehr zu erreichen. Wenn ihr euch tägliche und wöchentliche Ziele setzt, die realistisch und nicht zu schwer zu erreichen sind, werdet ihr auch motiviert sein, sie zu erreichen. Wenn ihr euch der Funktionsweise eures Gehirns bewusst seid, wird es unendlich einfacher, Prokrastination zu überwinden und keine Zeit mehr zu verschwenden. Wenn ihr bei euren Entscheidungen an euer zukünftiges Selbst denkt, belastet ihr euer zukünftiges Selbst nicht mit Verantwortlichkeiten, denen ihr nicht gewachsen sein werdet. Wenn ihr Raum für Aufmerksamkeit und zum Denken freimacht, verschafft ihr euch selbst mehr Klarheit und spürt weniger Druck. Kleine, schrittweise Verbesserungen vorzunehmen, sich selbst zu belohnen, seine Widerstandsgrenze zu finden, achtsam zu arbeiten und seinen Fokus und seine Energie zu kultivieren – all das sind Möglichkeiten, es entspannt anzugehen und Spaß dabei zu haben, in seine Produktivität zu investieren.

Im Laufe meines Projekts fand ich eine Reihe netter Möglichkeiten, wie ich es selbst nicht allzu schwer nehmen konnte, während ich in meine Produktivität investierte, oft nachdem ich mich unnötigerweise gegeißelt hatte, weil ich die von mir gesetzten Ziele nicht erreicht hatte. Seltsamerweise werdet ihr euch eventuell weniger produktiv fühlen – oder, wenn ihr wie ich seid, sogar schuldig –, wenn ihr gut zu euch selbst seid. Doch wenn ihr das tut, könnt ihr am Ende des Tages mehr erreichen, weil ihr weiterhin motiviert bleibt.

Diese Taktiken sind der perfekte Nachschlag zu den vergangenen 25 Kapiteln, und ich kann mir keinen besseren Weg vorstellen, die *Mission Produktivität* zu beenden. Wenn euch Produktivität am Herzen liegt, ist es entscheidend, gut zu sich selbst zu sein. Hier sind neun der meiner Meinung nach besten Methoden dafür:

1. Nehmt öfter mal Abstand von Produktivität

In der Regel solltet ihr mehr Pausen einlegen als ihr es aktuell tut – dazu gehören Pausen über den Tag verteilt und Pausen von der Arbeit im Allgemeinen. Ich habe diese Methode als erste aufgelistet, weil sie die mit Abstand wichtigste ist: Zu wenige Pausen können eure Produktivität vollkommen zerstören. Je mehr Pausen ich während meines Projekts machte, desto mehr Energie und Konzentration hatte ich und desto seltener war ich erschöpft. Die Vorteile sind zahllos und unglaublich: Pausen helfen euch dabei, bewusster und überlegter zu arbeiten, neue Ideen zu entwickeln, in den Tagtraummodus zu schalten, über eure Arbeit nachzudenken, den Sinn in dem, was ihr tut, zu erkennen und letztlich produktiver zu werden. Eine Studie fand heraus, dass die ideale Pausenlänge in Bezug auf Produktivität 17 Minuten pro 52 Minuten Arbeit beträgt, und obwohl ich diese Zahl nicht ganz abkaufe – jeder Mensch ist anders programmiert –, kaufe ich die Idee dahinter ab. Ihr solltet viel häufiger Pausen einlegen als ihr es aktuell tut.

Eine Studie der Universität Toronto untersuchte den Zusammenhang zwischen Pausen und Produktivität; sie fand heraus, dass wenn wir uns energielos fühlen, das daran liegt, dass wir nur eine begrenzte Menge an physiologischer Energie in unserem Gehirn haben. Laut John Trougakos, dem Koautor der Studie, „schöpfen alle Bemühungen, Verhalten zu kontrollieren, Leistung zu erbringen und sich zu konzentrieren, aus diesem Pool psychologischer Energie. Sobald diese

Auf Seite 194 findet ihr ein paar großartige Pausenaktivitäten. Mit ihnen könnt ihr eure Akkus wieder aufladen, Stress abbauen und dabei sogar noch Spaß haben.

Energiequelle erschöpft ist, werden wir bei allem, was wir tun, weniger effektiv." Eine komplette Auszeit von der Arbeit zu nehmen – sei es während des Tages oder generell – hilft euch, diesen Energievorrat wieder aufzufüllen. Ich mache jede Stunde mindestens 15 Minuten Pause, denn wenn ich das nicht tue, merke ich, dass meine Energie und Konzentration nachlässt.

2. Ruft euch drei Dinge ins Gedächtnis, für die ihr dankbar seid

In seiner Forschung ist Shawn Achor auf eine Reihe von Möglichkeiten gestoßen, wie ihr euer Gehirn tatsächlich trainieren könnt, glücklicher zu denken. Neben Meditation und Sport – für die Shawn ein großer Fürsprecher ist – sind meine beiden Lieblingstaktiken von ihm, an drei Dinge zu denken, für die man dankbar ist und am Ende eines jeden Tages ein positives Erlebnis aufzuschreiben, das man gehabt hat. Wie Shawn mir sagte: Sich drei Dinge ins Gedächtnis zu rufen, für die man jeden Tag dankbar ist, ist sehr effektiv, denn „wenn man bewusst nach positiven Dingen sucht, wird das Gehirn besser darin und behält dieses neue Muster des unbewussten, kontinuierlichen Suchens nach dem Guten in der Welt bei." Es ist nicht so sehr die Dankbarkeit, sondern „die Fähigkeit, sein [Leben] nach positive Dingen zu durchforsten, die die Gewohnheit so effektiv macht". Jeden Abend, selbst nach den härtesten Tagen, schreibe ich die drei wichtigsten Dinge auf, für die ich an diesem Tag dankbar war, oder, wenn das zu schwer ist, drei Dinge, für die ich im Allgemeinen dankbar bin. Für etwas, das nur ein oder zwei Minuten dauert, habe ich die Auswirkungen dieser Taktik als unglaublich tiefgreifend empfunden.

3. Führt Tagebuch über ein positives Erlebnis, das ihr gehabt habt

Laut Shawn ist es neurologisch gesehen so, dass, wenn ihr am Ende eines jeden Tages über ein positives Erlebnis, das ihr gehabt habt, Tagebuch führt – oder wenn Tagebücher nicht euer Ding sind, darüber sprecht – „euer Gehirn dies als bedeutsam abspeichert". Im Laufe der Zeit hilft euch das, euer Gehirn zu trainieren, glücklicher zu denken, indem ihr euch an die positivsten und bedeutsamsten Abschnitte eures Tages erinnert. Doch das vielleicht Wichtigste, wie Shawn es ausdrückt: „Das Gehirn kann nicht groß zwischen Visualisierung und tatsächlicher Erfahrung unterscheiden, sodass ihr gerade die bedeutsamste Erfahrung eures Tages verdoppelt habt. Im

Laufe der Zeit verbindet euer Gehirn die Punkte und ihr erkennt, dass euer ganzes Leben von Bedeutung durchdrungen ist." Um dauerhafte, langfristige Effekte zu erzielen, empfiehlt Shawn, diesen Taktiken ein paar Wochen Zeit zu geben, um euer Gehirn zu trainieren, glücklicher zu denken und daraus eine Gewohnheit zu entwickeln.

4. Brecht Aufgaben herunter

Es gibt einen Grund, warum Videospiele so viel lohnender erscheinen als Arbeit: Videospiele bieten euch eine rasche Abfolge von Meilensteinen, Zielen und Belohnungen, während die meisten Jobs weitaus diffuser und unstrukturierter sind.

Wenn ihr Teilziele für größere Projekte festlegt, mehr Zeit mit der Planung von Projekten verbringt, um diesen Struktur zu verleihen und eine fortlaufende Liste der Dinge führt, die ihr für jedes eurer Projekte erledigen müsst, wird eure Arbeit strukturierter, lohnender und einnehmender. Forschungen haben gezeigt, dass ihr dadurch auch eher einen „Flow"-Zustand erreicht, jenes magische Gefühl, in dem ihr so in eure Arbeit vertieft seid, dass Zeit überhaupt nicht zu existieren scheint.

5. Fragt euch selbst um Rat

Eine meiner Lieblingsmethoden, um produktiver zu werden, wenn ich vor einer Herausforderung stehe, ist, mich selbst um Rat zu fragen. Ich schätze die Meinung meiner Freunde und meiner Familie sehr, doch gleichzeitig frage ich mich immer selbst um Rat. Wenn ihr das nächste Mal vor einer Herausforderung steht und euch nach jemandem umseht, auf den ihr euch stützen könnt, versucht einmal, euch auf euch selbst zu stützen. Welchen Rat würdet ihr euch selbst in eurer Situation geben? (Diese Taktik wirkt auch Wunder, um euren präfrontalen Cortex in Schwung zu bringen, wenn ihr euch gegen unangenehme Aufgaben sträubt).

6. Belohnt euch

Ich habe in diesem Buch immer wieder davon gesprochen, sich selbst zu belohnen, doch das ist so wichtig, dass ich es nochmals erwähnen möchte. Ob das nun bedeutet, nach jedem langen Training 15 Minuten auf Facebook zu verbringen, für jeden Tag, an dem ihr nicht an euren Fingernägeln kaut, einen Dollar auf ein Konto für unvernünftige Ausgaben einzuzahlen oder euch nach Abschluss eines großen Projekts ein schickes Steak-Dinner zu gönnen – Belohnungen wirken Wunder, nicht nur für die Festigung von Gewohnheiten, sondern auch um Spaß zu haben, während ihr in eure Produktivität investiert.

7. Wisst, dass ihr wachsen könnt

Nach Untersuchungen der Stanford-Psychologin Carol Dweck, der Autorin von *Mindset*, ist der größte Unterschied zwischen erfolgreichen und erfolglosen Menschen die Frage, ob sie das Gefühl haben, dass ihre Intelligenz und ihre Fähigkeiten vorgegeben sind oder nicht.

Menschen mit einer Wachstumsmentalität glauben, dass sie durch harte Arbeit und Beharrlichkeit mehr erreichen können. Sie betrachten Hindernisse als Herausforderungen, die es zu überwinden gilt, statt sie als Stopp-Schilder zu sehen, und sie sehen harte Arbeit als den einzigen Weg, eine Fähigkeit zu meistern. Wenn ihr glaubt, dass eure Intelligenz und eure Fähigkeiten in Stein gemeißelt sind, dann irrt ihr euch. Wenn ihr euch daran erinnert, dass ihr stets wachsen könnt und dass eure Intelligenz und Fähigkeiten nicht in Stein gemeißelt sind, dann ist das eine großartige Möglichkeit, euch selbst herauszufordern, um produktiver zu werden.

8. Erstellt eine Liste eurer Errungenschaften

Seit ein paar Jahren führe ich eine Liste meiner Errungenschaften, die ich an jedem Wartungstag durchsehe und ergänze. Es ist eine einfache Liste, also dauert es nicht lange, sie durchzusehen, doch jede Woche lässt sie mich einen Schritt von meiner Arbeit und meinem Leben zurücktreten, mich selbst auf die Schulter klopfen und die Errungenschaften anerkennen, zu denen meine erhöhte Produktivität führte.

Bevor ich die Liste führte, hatte ich in Produktivität investiert, ohne mir überhaupt die Zeit zu nehmen, über das nachzudenken, was ich erreicht hatte. Am Ende jeder Woche diese Liste durchzugehen, katapultiert mich praktisch in die vor mir liegende Woche und motiviert mich, mehr zu erreichen – vor allem, wenn ich an längerfristigen Projekten arbeite, bei denen die Ergebnisse nicht sofort sichtbar sind.

9. Schaut euch Bilder von süßen Tierbabys an

Das Betrachten süßer Tierbabys kann nicht nur dazu führen, dass ihr „ohhhhhhh“ macht, sondern auch eure kognitive und motorische Leistung steigern. Eine Studie analysierte die kognitive und motorische Leistung von Teilnehmern, die sich niedliche Tierbabys ansahen (sowie andere niedliche Bilder, die nicht denselben Effekt hatten). Sie fanden heraus, dass süße Tierbabys einen positiven Einfluss darauf hatten, wie die Teilnehmer ihre Aufmerksamkeit managten und dass „das Betrachten niedlicher Dinge das spätere Abschneiden bei Aufgaben verbessert, die verhaltensmäßige Aufmerksamkeit erfordern, möglicherweise durch eine Verringerung der Breite des Aufmerksamkeitsfokus“. Diese Taktik ist vielleicht ein bisschen weit hergeholt, doch es lässt sich kaum leugnen, dass sie Spaß macht.

Gebrochen

Ich war schon immer ein Fan davon, aus Produktivitätsgründen Urlaub von meiner Arbeit zu nehmen: um meine Gedanken schweifen und es ruhiger angehen zu lassen, Gedanken und Ideen aufkeimen zu lassen und mir den Raum zu geben, um über Ideen nachzudenken.

Drei Monate, nachdem ich mit diesem Buch begonnen hatte, war ich dem Zeitplan voraus, und so beschloss ich, mir eine Woche Urlaub zu gönnen, um meinen Kopf frei zu bekommen. Ich fand einen günstigen Deal für einen Flug nach Dublin und griff sofort zu. Für meine einwöchige Reise beschloss ich, in Howth zu wohnen, einem kleinen Fischerdorf mit etwa 8.000 Einwohnern, das am Stadtrand von Dublin liegt. An den meisten Tagen verließ ich das Airbnb, in dem ich wohnte, ohne mein Handy oder Laptop im Schlepptau und trug nur ein Notizbuch mit mir herum, während ich die irische Küste bereiste. Ich ließ meine Gedanken schweifen und hielt alle interessanten Gedanken oder Verbindungen, die mir in den Sinn kamen, auf Papier fest. Es war Februar und die Nächte waren kühl, doch obwohl es in Irland „Winter“ war, fühlte es sich für mich tagsüber verdammt warm an. (Die durchschnittliche Höchsttemperatur im Februar in Dublin liegt bei soliden 5°C, etwa fünf Grad wärmer als in Ottawa zu dieser Jahreszeit.)

Doch nach weniger als zwei Tagen ging alles zum Teufel.

Als ich kurz nach Mitternacht von der Wohnung eines Freundes nach

Hause ging, stürzte ich einen steilen, schlüpfrigen Kopfsteinpflasterweg hinunter. Nach dem scheinbar harmlosen Sturz versuchte ich aufzustehen, merkte jedoch, dass ich das nicht konnte. Als ich mein Gewicht von meinem rechten auf mein linkes Bein verlagerte, war der Schmerz – selbst nach ein oder zwei Guinness – unerträglich und ich sackte wieder auf dem Boden zusammen. Ich zog mein Handy aus der Tasche, doch es war tot. Ich versuchte, um Hilfe zu rufen, aber ich war draußen auf dem Land in Howth und es waren keine Menschen in der Nähe – oder wenn doch, dann waren sie nicht mehr wach. Es war kalt, und nach der ersten Stunde, die ich dort lag, begann ich so unkontrolliert zu zittern, dass ich mich zu einem Ball zusammenrollen musste, um mich warm zu halten. Ein paar Mal versuchte ich, auf einem Fuß zu hüpfen, doch der Schmerz war zu groß, und ich ließ mich wieder fallen.

Nach etwa drei Stunden hörten mich schließlich ein paar Leute um Hilfe schreien. Ein Krankenwagen brachte mich ins Krankenhaus, gerade als die Sonne aufging. Ich hatte starke Schmerzen und wollte nur noch nach Kanada zurückfliegen. Doch ich konnte nicht, denn mit einem zertrümmerten Knöchel und Beinknochen durfte ich nicht fliegen.

Es ist erstaunlich, wie viel Schaden man anrichten kann, wenn man falsch fällt.

Nach einer langen rekonstruktiven Operation, der ich einen Stift, eine Platte und einen 30 cm langen Schnitt im linken Bein zu verdanken habe, lag ich drei Tage lang erschöpft in einem Krankenhausbett. Um das Ganze noch schlimmer zu machen, war ich nicht einmal sicher, ob die Operation von der Reiseversicherung, die ich für die Reise abgeschlossen hatte, abgedeckt werden würde, und musste auch eine Zeit lang mit dieser Unsicherheit leben. (Es stellte sich schließlich heraus, dass sie abgedeckt war – puh.)

Ich war nicht in der Lage, ohne Hilfe aus dem Krankenhausbett aufzustehen – selbst ein paar Tage nach meiner Operation – und erinnere mich, wie ich hilflos dalag, während sich E-Mails, Sprachnachrichten und vieles mehr auf meinem Smartphone stapelten. Ich hatte weder die Energie noch den Fokus, um mich mit dem, was da soll alles eintrudelte, zu beschäftigen, und sollte auch noch wochenlang nicht genug Energie dafür haben. Als ich den Chirurgen fragte, wie lange ich wohl brauchen würde, um mich von meiner Verletzung zu erholen, war seine Antwort vernichtend: Da es sich um eine schwerwiegende Fraktur handelte, würde es etwa sechs Monate dauern, bis ich mich vollständig erholt hätte, und ich bräuchte sechs Monate Physiotherapie. Während ich dies hier schreibe, muss ich immer noch mit einem Stock durch die Stadt laufen und kann weder rennen noch springen. (Der Stock ist jedoch ziemlich krass).

Die Deadline für dieses Buch einzuhalten – geschweige denn etwas Gutes abzuliefern – wäre schon ohne meine Verletzung schwer gewesen, und dann auch noch eine sechsmonatige Genesungszeit. Ich war ausgebrannt und hatte keine Energie mehr zum Denken und für alles andere, was ich sonst noch so zu tun hatte. Ich wünschte, ich hätte sechs Monate vorspulen können, bis der Gips ab, das Buch abgegeben und ich wieder zu Hause war, umgeben von den Menschen, die ich liebte – anstatt gestrandet und allein zu sein, 5.000 Kilometer weit weg.

Jeden Tag, den ganzen Tag lang, spricht jeder von uns mit sich selbst – und das ist vollkommen normal. Jeder hat den ganzen Tag über einen inneren Dialog in seinem Kopf ablaufen; Psychologen nennen das oft einen „inneren Monolog“ oder eben ein „Selbstgespräch“. Von all den Menschen, mit denen man regelmäßig spricht, gibt es keinen, mit dem man häufiger spricht als mit sich selbst.

Wenn ihr die Taktiken, über die ich in *Mission Produktivität* geschrieben habe, ausprobiert habt, dann habt ihr diese Erfahrung wahrscheinlich auch schon gemacht. Vielleicht habt ihr, als euch bewusst wurde, dass ihr gerade wieder einmal etwas auf die lange Bank geschoben habt, oder beobachtetet, wie sich euer limbisches System und euer präfrontaler Cortex wieder einmal bekriegten, auch bemerkt, wie eure Selbstgespräche häufiger wurden. Tim Pychyl sagte mir kürzlich, dass wenn wir prokrastinieren, unsere „Selbstgespräch durch die Decke“ gehen. Vielleicht habt ihr bemerkt, wie euer Gehirn während des Meditierens einen hitzigen Dialog mit sich selbst führt. Oder vielleicht habt ihr dieses Anschwellen von Selbstgesprächen bemerkt, als ihr darüber nachdachtet, ob ihr einige der Challenges am Ende der Kapitel angehen sollt oder nicht – vor allem die, gegen die ihr euch am meisten sträubt.

Auch ich erlebte diese Selbstgespräche während meines Projekts, und wenn überhaupt, dann nahmen sie im Verlauf des Projekts sogar noch zu. Seltsamerweise waren die meisten davon jedoch negativ – und ich halte mich eigentlich nicht für einen negativen Menschen. Nachdem ich die Entscheidung getroffen hatte, diese Jobs abzulehnen, um *AYOP* zu beginnen, war mein Geist voller Aufregung, Nervosität, Zweifel, Angst und Sorgen – und Selbstgespräche. Immer wenn ich die Lektüre einer einschüchternden Forschungsarbeit hinauszögerte, gingen meine negativen Selbstgespräche durch die Decke. Als ich zu Beginn meines Projekts aufhörte, zu meditieren, und anfing, schneller und härter zu arbeiten, anstatt mit Bedacht und Absicht, nahmen meine Selbstgespräche in dem Tempo zu, in dem ich arbeitete. Nach meinem ersten Zeitprotokoll explodierten meine negativen Selbstgespräche, als ich mich selbst dafür zusammenstauchte, sechs Stunden pro Woche prokrastiniert zu haben. Als es mir nicht gelang, meinen Körperfettanteil auf 10 Prozent zu senken, war ich wieder unnötig hart zu mir selbst. Ich erwartete von mir, meinen Körperfettanteil scheinbar über Nacht senken zu können – wenn ich doch in Wirklichkeit Butterhühnchen einfach zu sehr liebte. Als ich nur 20 Stunden in der Woche arbeitete, ging ich wieder unnötig hart mit mir ins Gericht, weil ich nicht so lange arbeitete, wie ich es für richtig hielt.

Selbst während der Höhepunkte meines Projekts – z. B. nachdem die New York Times ein Interview mit mir veröffentlicht hatte oder nachdem ich den Zuschlag für dieses Buch erhalten hatte – war ich unnötig hart zu mir selbst. Ich erinnere mich daran, mich selbst als „Betrüger" bezeichnet und einen ziemlich starken Anflug des „Hochstaplersyndroms" verspürt zu haben.

Etwa nach der Hälfte dieses einjährigen Projekts stolperte ich über eine unglaubliche Tatsache, die mir tausend Pfund von den Schultern nahm. Negative Selbstgespräche sind vollkommen normal. Der Psychologe Shad Helmstetter fand heraus, dass „77 Prozent von allem, was wir denken, negativ und kontraproduktiv ist und gegen uns arbeitet". Eine andere Studie, durchgeführt an Wirtschaftsstudenten, fand heraus, dass „zwischen 60 und 70 Prozent der spontan auftretenden Gedanken der durchschnittlichen Studenten negativ sind".

Selbstgespräche sind naturgemäß schwer zu messen – denn wie analysiert man, was in jemandes Kopf vorgeht? Doch ich denke, diese Statistiken bestätigen eine Idee, die sehr tiefgründig ist. Einen negativen Dialog im Kopf zu führen, ist nicht nur durchschnittlich, es ist menschlich.

Habt ihr schon einmal das Phänomen erlebt, dass ihr 50 E-Mails erhaltet, 49 positive und eine negative? Ich wette, ihr erinnert euch an diese eine verdammte E-Mail mehr als an die anderen 49 zusammen. So sind wir einfach programmiert. So wie wir uns entwickelt haben, jeden Tag fünf bis neun Meilen zu laufen, so haben wir uns auch entwickelt, Bedrohungen in unserer Umgebung wahrzunehmen. Deshalb sticht diese eine E-Mail hervor, und das ist zum Teil der Grund, warum euer Monolog so negativ sein kann.

Im Verlauf einiger Monate sammelte ich all die negativen Gedanken, die mir in den Sinn kamen und die meisten davon schienen aus dem Nichts zu kommen. Hier sind ein paar der Interessanteren:

- Ich bin hier vollkommen fehl am Platz.
- Darin werde ich nie besser.
- Ich tauge nichts.
- Ich weiß, dass sie „Nein“ sagen werden.
- Ich bin ein Betrüger.
- Ich habe nichts Wertvolles zu sagen.
- Ich bin nicht gut genug.
- Ich weiß, dass niemand sonst so denkt.
- Ich kann das nicht.
- Ich kann nichts richtig machen.
- Warum habe ich das gesagt?!
- Ich bin ziemlich sicher, dass ich der Einzige bin, der das nicht versteht.
- Sie werden mich nicht mögen.
- Sie werden lachen.
- Ich bezweifle, dass noch jemand so verloren ist wie ich.

Das sind harsche Worte, und wenn ich mit meinen Freunden so sprechen würde, wie ich mit mir selbst spreche, hätte ich wohl kaum noch Freunde. Doch sobald mir bewusst wurde, dass mein Gehirn ganz einfach so programmiert ist, fühlte ich mich, als wären mir weitere tausend Pfund von den Schultern genommen worden.

Plötzlich konnte ich einen Schritt zurücktreten und diesen Dialog beobachten, anstatt mich darin zu verfangen. Und ich stellte fest, dass ich jeden schwachsinnigen Gedanken in Frage stellen konnte – und das waren etwa 60-77 Prozent.

Als ich nach meiner Operation langsam wieder anfing, zusammenhängend denken zu können, wurde mir klar, dass ich die Deadline für dieses Buch wahrscheinlich verpassen würde. Da lag ich nun, schrieb ein Buch über Produktivität, „der produktivste Mensch, den man sich je zu treffen erhoffen konnte", und würde die Deadline für mein eigenes Buch verpassen. Ha!

In diesem Moment saß ich wie nach meinem Soylent-Experiment wieder im Stadtbus, auf dem Weg nach Hause, wieder einmal bereit, das Handtuch zu werfen. Ich erinnere mich, dass ich einen Satz sagte, den ich meines Wissens nach bis zu jenem Zeitpunkt noch nie gesagt hatte: Ich gebe auf.

Doch kurz nachdem mir dieser Gedanke gekommen war, fing ich an zu lachen. Nicht manisch oder so – schließlich war ich nicht in die Psychiatrie verlegt worden –, nur ein kleines Kichern, so als wäre mein Geist während einer Meditationssitzung abgeschweift. Denn in gewisser Weise war das auch der Fall: Anstatt einfach im gegenwärtigen Moment zu sein, war mein Geist dorthin gewandert, wozu er programmiert war – an einen negativen Ort.

Es war schwer, meine negativen Selbstgespräche zu überwinden, doch ein Teil von mir wusste, dass am Ende des Tages alles schon irgendwie in Ordnung sein würde.

Seit meinem Projekt ist eines der allerersten Dinge, das ich nach dem Aufstehen tue, die drei Dinge zu definieren, die ich im Laufe des Tages erreichen will. Alte neurologische Verbindung sterben nur schwer, und nachdem ich ein oder zwei Tage im Krankenhausbett gelegen hatte, begann ich, als ich langsam wieder etwas Energie und Fokus erlangte, wieder in den „Produktivitätsmodus" zurückzukehren und drei einfache Dinge zu definieren, die ich jeden Tag erreichen wollte.

Produktivität ist oft ein Prozess, seine eigenen Einschränkungen zu verstehen. Am ersten Tag nach der Operation fasst ich einfach nur den Vorsatz, mit meiner schicken Gehhilfe ein paar Runden auf der Station zu drehen. Als ich mich wieder setzte, fühlte ich mich beschwingt. Ich hatte genau das erreicht, was ich wollte – unter Berücksichtigung der körperlichen und geistigen Einschränkungen, mit denen ich konfrontiert war. In den ersten paar Tagen nahm ich mir ein oder zwei einfache Dinge vor – ein

Buch lesen, ein oder zwei wichtige E-Mails schreiben, mich mit meiner Assistentin abstimmen oder mich mit Freunden und Verwandten zu Hause in Verbindung setzen. Jeden Tag, nachdem ich darüber nachgedacht hatte, wie viel Zeit, Aufmerksamkeit und Energie ich hatte, passte ich meine Vorsätze entsprechend an, und an den meisten Tagen erreichte ich alles, was ich mir vorgenommen hatte.

Zu jenem Zeitpunkt hatte ich genug produktive Grundlagenarbeit geleistet, um sofort wieder auf die Beine zu kommen – auch wenn ich das linke für mindestens ein paar Monate nicht belasten durfte. Ich wusste, welche Aufgaben für mich damals am wichtigsten waren, was mir eine Orientierungshilfe gab, wenn es mir schwer fiel, mich zu konzentrieren. Ich hatte die Gewohnheit, mir tägliche und wöchentliche Ziele zu setzen, um das zu erreichen, was wichtig war. Ich hatte hart gearbeitet und war dem Zeitplan voraus, sodass ich gut zu meinem zukünftigen Ich sein konnte. Ich hatte meine Arbeit vereinfacht und viele meiner Aufgaben mit dem geringsten Ertrag an meine Assistentin delegiert, damit ich mich auf das Wesentliche konzentrieren konnte, anstatt mich nur über Wasser zu halten. Ich speicherte meine To-do-Liste nicht in meinem Kopf, sondern auf Papier und auf meinen Geräten, was mir half, wenn meine geistige Leistungsfähigkeit nachließ. Und ich hatte Gewohnheiten etabliert, wie offline zu gehen, die Ablenkungen um mich herum einzuschränken, Singletasking, gut essen und genügend Schlaf, die mich vorantrieben und mich meine begrenzte Energie gut nutzen ließen.

Ich nahm mir auch die Zeit zu meditieren, wenn auch nur für ein paar Minuten am Tag. Das änderte nichts von dem, was ich durchmachte, doch es änderte vollkommen meine Beziehung zu dem, was ich erlebte. Es ließ mich das Gute darin sehen, und es machte mich widerstandsfähiger. Nach nur ein oder zwei Tagen, vor allem nach meinem abendlichen Dankbarkeitsritual, war ich von Dank erfüllt, dass ich, obwohl die Menschen, die ich liebte, Tausende von Kilometern entfernt waren, immer noch jeden Tag mit ihnen sprechen konnte, dass ich krankenversichert war und dass ich die Verletzung wahrscheinlich eines Tages sogar in eine interessante Geschichte verwandeln konnte.

Ihr lest dieses Buch wegen der Grundlagenarbeit, die ich geleistet habe. Auf eine seltsame Art und Weise ist dieses Buch ein Produkt der Produktivitätsforschung, die ich durchgeführt habe.

Dreieinhalb Monate nachdem ich mir den Knöchel gebrochen hatte, schickte ich das Manuskript dieses Buches an meinen Herausgeber. Ich bin immer noch nicht vollständig genesen – das wird noch einige Monate dauern –, doch ich habe das Buch fertiggeschrieben, und zwar pünktlich.

Eigentlich stimmt das nicht ganz: Ich habe es sechs Wochen vor der Deadline abgeschickt.

Zehn Tage in Isolation

Eine der Fragen, die mir am häufigsten zu meinem Produktivitätsjahr gestellt werden, ist, von welchem Produktivitätsexperiment ich am meisten gelernt habe. Zu Beginn war ich mit der Frage erst einmal überfordert, doch schließlich wurde die Antwort sehr klar. Das Experiment, von dem ich am meisten gelernt habe, war, zehn Tage in völliger Isolation zu leben.

Hinter den meisten meiner Experimente stand die Absicht, ein Element aus meiner Arbeit oder meinem Leben, von dem ich annahm, dass es entweder zu meiner Produktivität beitrug oder sie beeinträchtigte, für eine gewisse Zeit intensiv zu untersuchen, um darüber nachzudenken und zu forschen, wie es meine Leistung beeinflusste. 35 Stunden lang zu meditieren, ließ mich Abstand nehmen und den Zusammenhang zwischen Meditation und Produktivität beobachten; eine Stunde lang mein Smartphone zu benutzen, ließ mich über Technologie und das Internet nachdenken; und nur Soylent zu mir zu nehmen, ließ mich über Essen nachdenken (sogar mehr als ich das sowieso schon tat).

Als ich mich aufmachte, zehn Tage lang in völliger Isolation zu leben, wollte ich beobachten, wie die Abwesenheit von Menschen meine Produktivität beeinflusste. Manchmal betrachten wir bestimmte Menschen als selbstverständlich oder begnügen uns mit weniger als idealen Beziehungen: Wir geben uns oft nicht Raum, um Abstand von unseren Beziehungen zu nehmen oder nehmen uns nicht die Zeit, darüber nachzudenken, wie viel Sinn sie unserem Leben verleihen.

Doch mitten in meinem Projekt stieß ich auf eine Hürde: Als meine Freundin und ich die Zahlen überschlugen und unsere Finanzen bis zum Ende meines Projekts budgetierten, gingen sie einfach nicht auf. Ich hatte nicht genug Geld, um mein Jahr Produktivität durchzuhalten. Ich müsste zumindest einen Teilzeitjob annehmen oder einen Kredit aufnehmen, um das Jahr zu beenden. (Ich hatte keine Anzeigen oder Sponsoring auf meiner Website, weil meine Absicht mit der Website nicht darin bestand, Geld zu verdienen.)

Auch wenn die Idee für *Mission Produktivität* nur als Website öffentlich existierte, war Ein Jahr Produktivität für mich immer mehr als nur ein Blog. Dieses einjährige Projekt war die Möglichkeit, all meinen Interessen nachzugehen und so viele von ihnen zu verbinden, wie ich konnte – sei es durch Experimente, das Lesen von Forschungsarbeiten oder durch Gespräche mit Experten –, und dann alles, was ich gelernt habe, weiterzugeben, um anderen Menschen zu helfen.

Als wir dann feststellten, dass die Zahlen nicht aufgingen, kam uns eine andere Option in den Sinn, über die zu schreiben ein wenig peinlich ist. Die Option bestand darin, dass wir beide wieder nach Hause, in das Haus ihres Vaters, zogen. Nachdem wir sechs Jahre lang allein gelebt hatten, erschien der Gedanke, dass Ardyn und ich bei ihrem Vater einziehen würden, und sei es auch nur bis zum Abschluss des Projekts, als würden wir 1.000 Schritte zurückmachen – besonders für mich, nachdem ich zwei gut bezahlte Jobs abgelehnt hatte, um das Projekt zu beginnen. Die Anzahl meiner negativen Selbstgespräche ging durch die Decke. Aber nachdem wir die Idee hatten sacken lassen, war ein Teil von uns der Meinung, dass es die richtige Entscheidung war. (Es ist erwähnenswert, dass Ardyn nicht wieder nach Hause hätte zurückziehen müssen; sie hatte mehr als genug Geld auf der Bank. Sie zog zurück, um bei mir zu sein.)

In dem Moment, als wir einzogen, beschloss ich, mein Projekt zu intensivieren. Warum etwas tun, wenn man es nicht richtig macht? Die Opfer, die ich brachte, müssen es wert sein.

Nur wenige Wochen später beschloss ich, ein Experiment durchzuführen und zehn Tage in Isolation zu verbringen, um über die Beziehungen in meinem Leben nachzudenken.

Als ich einen Schritt von den Beziehungen in meinem Leben zurücktrat – von meiner Beziehung zu Familie, Freunden, meiner Freundin und sogar zu Fremden auf der Straße – wurde mir schnell klar, wie wichtig Menschen für Produktivität sind. Ohne Menschen um mich herum brach meine Motivation, etwas zu tun, in sich zusammen. Die Forschung untermauert dies. Zwei Studien fanden heraus, dass enge Bürofreundschaften die Arbeitszufriedenheit um etwa 50 Prozent steigern und dass die Wahrscheinlichkeit, bei der Arbeit voll motiviert zu sein, siebenmal so hoch ist, wenn der beste Freund in derselben Firma arbeitet. Als ich Shawn fragte, was das Interessanteste sei, was er in seiner Forschung herausgefunden hat, sprach er davon, dass „der größte Prädiktor für langfristiges Glück soziale Beziehungen sind" und dass „soziale Beziehungen ebenso vorhersagen wie lange man lebt, wie Fettleibigkeit, Bluthochdruck oder Rauchen" – nur umgekehrt natürlich. Engere Freundschaften und Beziehungen geben uns den Antrieb, bei der Arbeit mehr zu erreichen – und machen uns obendrein glücklicher.

Wichtiger jedoch, mal abgesehen von Arbeit, Beziehungen geben uns Sinn und Zweck. Dies ist die Lektion, die mich während meines ganzen Projekts am meisten beeindruckt hat, und sie traf mich aus heiterem Himmel: Ohne Menschen ist Produktivität bedeutungslos.

So höllisch dieser Keller auch war, so wurde mir doch schnell klar, was für ein Glück ich hatte, dort unten zu sitzen und meine Leidenschaft auf meine eigene seltsame Art zu erforschen. Schon nach wenigen Tagen war ich überwältigt von Dankbarkeit für alle, die mir geholfen hatten, dorthin zu gelangen. Ohne meine Freundin und ihren Vater hätte ich das Projekt nicht weiterführen können und hätte irgendwo einen Job annehmen müssen, der für mich praktisch keinerlei Bedeutung hätte.

Ohne die Menschen, die mir folgten und meine Website lasen, hätten die Worte, die ich schrieb, anderen nicht geholfen. Ohne eine liebevolle Familie hätte ich mich in meiner Arbeit weit weniger zuversichtlich gefühlt. Und ohne liebevolle Freunde hätte ich kein Auffangnetz gehabt, in das ich mich, gerade zu Beginn meines Projekts, ständig hatte fallen lassen können. Es waren die Menschen um mich herum – die mich unterstützten, mir halfen, an mich glaubten und mich liebten –, die mich motivierten und mir einen Sinn gaben.

Mir wurde klar, dass die Menschen um mich herum nicht nur der Grund waren, warum mein Projekt existierte – sie waren es auch, für die mein Projekt existierte. Es waren die Menschen, die meiner Arbeit einen Sinn gaben, und in jedem Job, den ich bis dahin gehabt hatte, waren es auch Menschen, die diesen Jobs Sinn gaben.

Menschen sind der Grund, warum wir tun, was wir tun und warum wir danach streben, mehr zu erreichen. Es hat sich gezeigt, dass es uns glücklicher und engagierter macht, wenn wir uns mit Menschen umgeben und dass wir dann auch produktiver sein wollen.

Menschen sind der Grund für Produktivität.

Produktivität und Glück

Glück und Produktivität gehen Hand in Hand. Doch auf eine recht merkwürdige Weise impliziert der Wunsch, in eure Produktivität zu investieren, zumindest bis zu einem gewissen Grad, dass ihr nicht ganz zufrieden seid, wo ihr gerade steht. Für mich ist dies einer jener Konflikte, die mich mehr als einmal dazu gezwungen haben, einen Schritt zurückzutreten und darüber nachzudenken, welchen Platz produktiver zu werden in meinem Leben verdient hat.

Einerseits glaubt der Buddhist in mir, dass Glück nichts anderes ist, als sich damit abzufinden, wie sich die Dinge verändern. Auf der anderen Seite fühlte sich der getriebene Teil von mir immer unwohl damit, wo ich mich gerade befand und wollte aus welchem Grund auch immer mehr erreichen.

Doch ich habe erkannt, dass es gut ist, nie vollkommen zufrieden zu sein — solange ich dabei Wege gefunden habe, mein Glück kontinuierlich zu kultivieren.

Der Grund, warum wir Menschen seit Millionen von Jahren überlebt und uns weiterentwickelt haben, ist der, dass wir als Spezies nie wirklich zufrieden waren, wo wir gerade standen. Wir wollten schon immer größere Erfindungen, Gebäude, Ideen und Bewegungen. Die Tatsache, dass wir seit Millionen von Jahren ständig motiviert waren, uns selbst und andere weiterzuentwickeln, ist eine gute Sache und der Grund dafür, dass ihr heute diese Worte lest. Ohne die Druckerpresse gäbe es keine Möglichkeit, diese Ideen und 80.000 Worte an Menschen wie euch zu verbreiten. Ohne das Internet wäre es mir nicht möglich gewesen, mit meinem Blog Millionen von Menschen zu erreichen. Ohne Sprache hätte ich keine Möglichkeit, die Punkte, die ich hatte verbinden können, oder die Fäden, an denen ich in den letzten zehn Jahren gezogen habe, auszudrücken. Ohne euren eigenen Wunsch, besser zu werden, hättet ihr dieses Buch nicht in die Hand genommen. Auch wenn es seine Konsequenzen hatte, nie wirklich zufrieden zu sein (wie z. B. XXL-Portionen in Fast-Food-Restaurants), glaube ich doch, dass sie diesen Preis hundertmal mehr wert sind. Diese Rastlosigkeit ist der Grund, warum wir heute hier sind.

Im Verlauf meines Projekts stellte ich fest, dass die beste Einstellung zu Produktivität eine seltsame ist: nie zufrieden zu sein – doch stets neue Wege zu finden, um Glück zu kultivieren. Glücklicherweise ist Produktivität, wenn richtig gemacht, nicht nur einer der Schlüssel zu Glück – Glück ist einer der Schlüssel zu Produktivität.

Je gütiger ihr euch selbst gegenüber seid, desto produktiver werdet ihr auch.

Geschätzte Lesedauer:
3 Minuten

Nachwort: Ein Jahr später

Immer wenn ich mir eine Kochsendung anschaue, in der ein Starkoch wie Gordon Ramsay ein Restaurant besucht, das in Schwierigkeiten steckt, um das Lokal und die Speisekarte zu überarbeiten, bin ich ein wenig enttäuscht, wenn die Show ein oder zwei Jahre nach dem Dreh der Episode nicht noch einmal dasselbe Restaurant besucht.

In den Shows, die das tun, ist es normalerweise hopp oder topp. Etwa die Hälfte der Zeit floriert das Restaurant und die andere Hälfte der Zeit ist entweder wieder alles beim Alten oder es ist untergegangen. Obwohl die Transformation immer für gutes Fernsehen sorgt, ist sie oft nicht von Dauer.

Mein einjähriges Experiment endete am 1. Mai 2014, und ich schreibe diese Worte am 20. Mai 2015 – mehr als ein ganzes Jahr nach seinem Ende. Wenn ich ein Buch wie dieses lesen würde, würde ich die gleiche Frage stellen wie nach einer kitschigen Kochsendung: Waren die Änderungen von

Dauer? Oder macht dieser Produktivitäts-Typ einfach wieder so weiter wie zuvor?

Die Antwort, einfach ausgedrückt, lautet: Die Änderungen waren von Dauer. Jede einzelne.

Am besten gefiel mir an meinem einjährigen Produktivitätsprojekt, wie ich tatsächlich mit allem, worüber ich gelesen habe, experimentieren konnte, um das herauszufiltern, was funktioniert und was nicht. Um ganz offen zu sein: Etwa die Hälfte der Quick-Tipps und Produktivitäts-Hacks, über die ich gestolpert bin, haben nicht funktioniert – und wie ihr vielleicht schon vermutet habt, haben es diese in der Regel auch nicht in das Buch geschafft. So ziemlich jeder wünscht sich, jeden Tag mehr zu schaffen und mehr Zeit für Dinge zu haben, die bedeutsam und wirkungsvoll sind. Schnelle Produktivitäts-Hacks sind sexy, doch sie sind die Mode-Diäten der Arbeitswelt. In den ersten Wochen verliert ihr vielleicht ein wenig Gewicht an Wasser, doch auf lange Sicht werdet ihr nicht wirklich etwas erreichen. Das erfordert Arbeit.

Obwohl einige der Taktiken in diesem Buch relativ einfach sind, erfordern die meisten von ihnen doch mehr Zeit, Aufmerksamkeit und Energie als ein einfacher Produktivitäts-Hack. Doch sie funktionieren – und weil ich meine Produktivität so sehr schätze, habe ich sie beibehalten.

Sie werden auch für euch funktionieren. Aber ihr müsst loslegen. Ich bin beim besten Willen kein Selbsthilfe-Guru. Doch so viel ist unausweichlich: Wenn man den Sprung von der romantischen Vorstellung, produktiver zu sein, dahin schaffen will, tatsächlich jeden Tag mehr zu erreichen, muss man sich anstrengen.

So wie ich mein Bestes getan habe, um deutlich zu machen, dass sich Produktivität aus drei Dingen zusammensetzt: Zeit, Aufmerksamkeit und Energie. Ich bin der festen Überzeugung, dass die größten Führungspersönlichkeiten in der Wissensökonomie diejenigen sein werden, die diese drei Dinge besser als jeder andere kombinieren. Menschen wie Marie Curie, Thomas Edison, Albert Einstein, Jane Goodall und Steve Jobs setzten Macht ihres Willens einige der brillantesten Ideen und Erfindungen, die die Menschheit je gesehen hat, in die Tat um – und sie hatten jeden Tag exakt die gleichen 24 Stunden wie wir. Der Unterschied zwischen ihnen und allen anderen – und zwischen der Geschäftsführerin und den Mitarbeitern, die für sie arbeiten – besteht nicht darin, wie viel Zeit sie jeden Tag haben.

Der Unterschied ist, dass sie wissen, wie sie mit ihrer Zeit, Aufmerksamkeit und Energie effektiv umgehen können und dass sie sich ständig bemühen, jede einzelne Zutat bewusster einzusetzen.

So wie dies in der Vergangenheit der Fall war, wird dies auch in Zukunft der Fall sein.

Die Zukunft wird von Menschen gestaltet werden, die alle drei Bestandteile von Produktivität kombinieren, um bewusster als alle anderen zu arbeiten.

Danksagung

Ich muss euch etwas gestehen: Ich lese fast nie die Danksagungen in Büchern. Doch als ich *Mission Produktivität* schrieb, wurde mir schnell klar, wie besonders der Abschnitt Danksagungen ist. Im Verlauf der letzten paar Jahre hat eine unglaubliche Anzahl von Menschen dazu beigetragen, dieses Buch Wirklichkeit werden zu lassen. Ihnen gebührt die Dankbarkeit von tausend Seiten.

Zuerst danke ich Roger Scholl, meinem Herausgeber, der von Anfang an an dieses Buch geglaubt und mir die Freiheit gelassen hat, Tausende von Änderungen vorzunehmen. Als ich anfing, über den Prozess zu recherchieren, wie man ein Buch schreibt, war ich etwas erschrocken über die Tatsache, wie schwierig es sein konnte, mit Verlegern und Herausgebern zusammenzuarbeiten. Jede einzelne Person, mit der ich bei Penguin Random House zusammengearbeitet habe, widersprach dem – einschließlich Roger. Roger ist einer der nettesten Menschen, die ich je getroffen habe; er hat all meine nervigen Fragen während des Schreibens über sich ergehen lassen und dieses Buch unendlich viel besser gemacht. Ein riesiges Dankeschön auch an Ayelet Gruenspecht, Megan Perritt, Campbell Wharton und Owen Haney für ihre Hilfe bei der Vermarktung dieses Buches und an Tina Constable für die Veröffentlichung dieses Buches. Ich könnte mir kein besseres Team vorstellen, mit dem ich an diesem Projekt hätte arbeiten können.

Natürlich bin ich nicht einfach in den Random House Tower in New York gegangen und habe meinen Buchvorschlag mit einem Knall auf Rogers Schreibtisch fallen lassen. Meine Agentin, Lucinda Blumenfeld, hat das getan, und auch ohne sie würde dieses Buch nicht existieren. Lucinda stand bei diesem Projekt von Anfang bis zum Schluss an meiner Seite und ich hätte mir keinen hilfreicheren Partner wünschen können. In den letzten Jahren ist Lucinda mehr als nur eine vertrauensvolle Geschäftspartnerin geworden; sie ist zu jemandem geworden, der ich und meine Karriere sehr am Herzen liegen, und noch mehr, zu einer guten Freundin. Danke, Lucinda. (Entschuldigung auch dafür, dass ich nicht aufhören konnte, darüber zu schwafeln, wie schön das Universum ist, als du und David mich zum Abendessen ausgeführt habt.)

Eine der Fragen, die meiner Freundin Ardyn gestellt wird, wenn ihre Freunde von meinem Projekt hören, lautet: „Wie zum Teufel hast du seine seltsamen Experimente ertragen?" Viele Leute hielten mich für verrückt, als ich mit meinem Projekt begann, Ardyn jedoch nicht, und sie unterstützte mich vom allerersten Tag an, obwohl sie das wahrscheinlich nicht hätte tun sollen. Ich kann mit Sicherheit behaupten, dass mein Projekt und dieses Buch ohne sie nicht zustande gekommen wären. Dieses Buch ist ebenso ihres wie meins. Danke, Ardyn.

An Victoria Klassen und Luise Jørgensen, für eure Hilfe beim Rechercheprozess für dieses Buch. Danke. Alle Fehler auf diesen Seiten sind meine eigenen. Ich habe absichtlich ein paar eingefügt, um zu sehen, ob ihr sie findet.

An alle, die bei *AYOP* geholfen haben – für gewöhnlich kostenlos, ohne eine Gegenleistung zu verlangen, weil sie mir helfen wollten, etwas Ordentliches zu schaffen. Dazu gehören Jim Reil, Chris O'Gorman, Todd Luckasavitch und Phil Cole, die mir geholfen haben, die anfängliche Idee für mein Projekt zu konkretisieren; Samuel Caron, Alexandre Desjardins und Carlos Lopez von ETC Productions, die das Schlussvideo für *AYOP* gemacht haben; Ryan Wang, Zack Lovatt und Chris Sauve, die mir geholfen haben, mein *New Year's Resolutions Guidebook* (alifeofproductivity.com/resolutions/) zu designen, animieren und programmieren; Beverley Mitchell und Ryan Wilfong für ihre Hilfe bei meiner Website; Rachel Caven und Jenni Beharry für ihre Hilfe bei meinem Körperfett-Experiment; Erin Murphy für die Fotos zu meinen Artikeln; und schließlich an alle, die sich an meinem Projekt „beteiligt" haben. Als ich mit meinem Projekt begann, hatte ich ein Feature auf meiner Website, bei dem Leser „beitragen" konnten, wenn sie wertvoll fanden, was ich machte. Vielen Dank an alle, die das taten.

Allen anderen, die mich auf persönlicher Ebene auf meinem Weg unterstützt haben, darunter meine Schwester Emily, meine Eltern Colleen und Glen, Dan Trevisanutto, Steve und Helene Nordstrom, Mary, Des und Harry (in Dublin), Jon Krop und Andrew Payeur. Danke.

An euch, dass ihr dieses Buch in die Hand genommen habt und euch die Zeit genommen habt, zu lesen, was ich geschrieben habe, und dass ihr bis zum Ende neugierig geblieben seid. Ihr seid phänomenal, und ich hoffe, ihr werdet euch nie ändern.

Und schließlich an alle in meiner Camp Quality-Gang (insbesondere an Mathew Perkins), die Jahr für Jahr zurückkehren und sich einer unglaublichen Gemeinschaft von Menschen widmen, ohne eine einzige Gegenleistung zu verlangen. Ihr inspiriert mich, und ohne diese Inspiration hätte ich dieses Buch nicht schreiben können. Dieses Buch ist für euch.

Anmerkungen

Einleitung

2 **Gemäß des aktuellsten** *American Bureau of Labor Statistics*, „American Time Use Survey“, zuletzt geändert am 30. September 2014, http://www.bls.gov/tus/charts.

13 **Vor 50 Jahren arbeitete etwa** Charles Kenny, „Factory Jobs Are Gone. Get Over It“, *Bloomberg Business*, 23. Januar 2014, aufgerufen am 1. Juni 2015, http://www.bloomberg.com/bw/articles/2014-01-23/manufacturing-jobs-may-not-be-cure-for-unemployment-inequality.

Teil Eins: Die Grundlagen

22 **Meiner Erkenntnis nach** Catherine Gale und Christopher Martyn, „Larks and Owls and Health, Wealth and Wisdom“, *British Medical Journal* 317, Nr. 7174 (1998): 1675-1677.

34 **Brian, der eine ähnliche Auffassung** Brian Tracy, *Eat That Frog* (San Francisco: Berrett-Koehler Publishers, 2007).

38 **Obwohl das Konzept hinter der Idee** *Zenhabits Blog*, „Purpose Your Day: Most Important Task (MIT)“, 6. Februar 2007, http://zenhabits.net/purpose-your-day-most-important-task; Gina Trapani, „Geek to Live: Control Your Workday“, Lifehacker Blog, 14. Juli 2006, http://lifehacker.com/187074/geek-to-live--control-your-workday.

43 **Studien belegen, dass dies** Peter M. Gollwitzer, „Implementation Intentions, Strong Effects of Simple Plans“, *American Psychologist* 54, Nr. 7 (1999): 493-503.

47 **Jeder Mensch ist anders** Jeanne F. Duffy, David W. Rimmer, und Charles A. Czeisler, „Association of Intrinsic Circadian Period with Morningness–Eveningness, Usual Wake Time, and Circadian Phase“, *Behavioral Neuroscience* 115, Nr. 4 (2001): 895-899.

49 **Für mich fühlt es sich auch** B. J. Shannon et al., „Morning-Evening Variation in Human Brain Metabolism and Memory Circuits“, *Journal of Neurophysiology* 109, Nr. 5 (2013): 1444-1456, aufgerufen am 1. Juni 2015, DOI:10.1152/jn.00651.2012; Olga Khazan, „When Fatigue Boosts Creativity“, *The Atlantic*, 20. März 2015, http://www.theatlantic.com/health/archive/2015/03/when-fatigue-boosts-creativity/388221/.

51 **Studien belegen, dass man doppelt** Kaiser Permanente, „Keeping a Food Diary Doubles Diet Weight Loss, Study Suggests“, *ScienceDaily*, 8. Juli 2008

Teil Zwei: Zeit verschwenden

59 **Piers Steel, Autor von** Piers Steel, *The Procrastination Equation: How to Stop Putting Things Off and Start Getting Stuff Done* (New York: HarperCollins Publishers, 2012), 11.

60 **Laut einer kürzlich durchgeführten Umfrage** Aaron Gouveia, „2014 Wasting Time at Work Survey“, aufgerufen am 1. Juni 2015, http://www.salary.com/2014-wasting-time-at-work/slide/2/.

61 **Angenommen, ihr werdet 80 Jahre** Nielsen, *An Era of Growth: The Cross-Platform Report* Q4 2013, 5. März 2014, http://www.nielsen.com/us/en/insights/reports/2014/an-era-of-growth-the-cross-platform-report.html; Central Intelligence Agency, *The World Factbook*, aufgerufen am 1. Juni 2014, https://www.cia.gov/library/publications/the-world-factbook/rankorder/2102rank.html.

62 **Aus evolutionärer Sicht ist das** Peter M. Gollwitzer, „Implementation Intentions: Strong Effects of Simple Plans", *American Psychologist* 54, Nr. 7 (1999): 493-503.

64 **Ganz allgemein jedoch** Jonathan Haidt, **The Happiness Hypothesis** (New York: Basic Books, 2006), 11.

65 **Das limbische System hat sich** J. A. Vilensky, G. W. Van Hoesen, und A. R. Damasio, „The Limbic System and Human Evolution", *Journal of Human Evolution* 11, Nr. 6 (1982): 447-60; Jonathan Haidt, „The New Synthesis in Moral Psychology", *The American Associaton for the Advancement of Science* 316, Nr. 5827 (2007): 998-1002.

65 **Euren präfrontalen Cortex zu stimulieren** ibid.

66 **Da das Erstellen der Steuererklärung** *IBISWorld*, „Tax Preparation Services in the US: Market Research Report", April 2015, http://www.ibisworld.com/industry/default.aspx?indid=1399.

67 **Laut Intuit – den Machern von** *The Turbotax Blog*, 11. April 2013, http://blog.turbotax.intuit.com/2013/04/11/turbotax-top-10-procrastinating-cities-infographic/.

69 **„Das Grauen davor"** Rita Emmett, *The Procrastinator's Handbook: Mastering the Art of Doing It Now* (New York: Walker Publishing Company, 2000).

76 **Nach dem Experiment stellte er etwas** Hal E. Hershfield, Daniel G. Goldstein, William F. Sharpe, Jesse Fox, Leo Yeykelis, Laura L. Carstensen, und Jeremy N. Bailenson, „Increasing Saving Behavior Through Age-Progressed Renderings of the Future Self", *Journal of Marketing Research* 48, Nr. SPL (2011): S23-S37.

79 **Bevor ihr mit eurem zukünftigen Ich** Hal E. Hershfield, Taya R. Cohen, und Leigh Thompson, „Short Horizons and Tempting Situations: Lack of Continuity to Our Future Selves Leads to Unethical Decision Making and Behavior", *Organizational Behavior and Human Decision Processes* 112, Nr. 2 (2012): 298-310, DOI:10.1016/j.obhdp.2011.11.002.

85 **(Die Nächstplatzierten: zu viele Meetings)** Aaron Gouveia, „2014 Wasting Time at Work Survey", *Salary.com*, aufgerufen am 1. Juni 2015, http://www.salary.com/2014-wasting-time-at-work/slide/6.

87 **(Piers Steel, der The Procrastination)** Piers Steel, *The Procrastination Equation: How to Stop Putting Things Off and Start Getting Stuff Done* (New York: HarperCollins Publishers, 2012): 50, 30.

Teil Drei: Das Ende vom Zeitmanagement

94 **In der malaysischen Sprache** „Toujours Tingo: Weird Words and Bizarre Phrases", *The Telegraph*, 18. Dezember 2008, http://www.telegraph.co.uk/news/newstopics/howaboutthat/3830559/Toujours-Tingo-Weird-words-and-bizarre-phrases.html.

95 **Und das war der Zeitpunkt** *History.com*, „Railroads Create the First Time Zones",

aufgerufen am 1. Juni 2015, http://www.history.com/this-day-in-history/railroads-create-the-first-time-zones.

96 **In den letzten 60 Jahren** Charles Kenny, „Factory Jobs Are Gone. Get Over It", *Bloomberg Business*, 23. Januar 2014, aufgerufen am 1. Juni 2015, http://www.bloomberg.com/bw/articles/2014-01-23/manufacturing-jobs-may-not-be-cure-for-unemployment-inequality; *Bureau of Economic Analysis, U.S. Department of Commerce*, „New Quarterly Statistics Detail Industries' Economic Performance. Statistics Span First Quarter of 2005 through Fourth Quarter of 2013 and Annual Results for 2013", 25. April 2014, http://www.bea.gov/newsreleases/industry/gdpindustry/2014/pdf/gdpind413.pdf.

107 **Bei einer Wochenarbeitszeit von** Ben Hughes, „Why Crunch Mode Doesn't Work", *InfoQ Blog*, 10. Januar 2008, http://www.igda.org/?page=crunchsixlessons.

107 **In einer Studie wurde festgestellt** Sara Robinson, „Bring Back the 40-Hour Work Week", *Salon News*, 14. März 2012, http://www.salon.com/2012/03/14/bring_back_the_40_hour_work_week/.

107 **Eine weitere Studie ergab** Bob Sullivan, „Memo to Work Martyrs: Long Hours Make You Less Productive", *Today*, 26. Januar 2015, http://www.today.com/money/why-you-shouldnt-work-more-50-hours-week-2D80449508.

116 **Ihr könnt bei Bedarf mehrere Stunden** „Maker's Schedule, Manager's Schedule", *Paul Graham Blog*, Juli 2009, http://www.paulgraham.com/makersschedule.html.

117 **Es mag sich vielleicht kontraintuitiv anhören** Winifred Gallagher, *Rapt: Attention and the Focused Life* (New York: Penguin Books, 2010).

Teil Vier: Produktivität und Zen

134 **Entscheidend ist, wie viel Platz zwischen** William Beaty, „The Physics Behind Traffic Jams", *SmartMotorist.com*, aufgerufen am 1. Juni 2015, http://www.smartmotorist.com/traffic-and-safety-guideline/traffic-jams.html.

138 **Eine andere (wissenschaftlichere) Studie** Karen Renaud, Judith Ramsay, und Mario Hair, „'You've Got E-Mail!' . . . Shall I Deal with It Now? Electronic Mail from the Recipient's Perspective", *International Journal of Human-Computer Interaction* 21, Nr. 3 (2006): 313-332.

140 **Eine Umfrage unter 150 Führungskräften** *Verizon*, „Meetings in America: A Study of Trends, Costs, and Attitudes Toward Business Travel and Teleconferencing, and Their Impact on Productivity", aufgerufen am 1. Juni 2015, https://e-meetings.verizonbusiness.com/global/en/meetingsinamerica/uswhitepaper.php; *OfficeTeam*, „Let's Not Meet", aufgerufen am 1. Juni 2015, http://officeteam.rhi.mediaroom.com/meetings.

143 **Eine aufschlussreiche Studie fand heraus** Karen Renaud, Judith Ramsay, und Mario Hair, „'You've Got E-Mail!' . . . Shall I Deal with It Now? Electronic Mail from the Recipient's Perspective", *International Journal of Human-Computer Interaction* 21, Nr. 3 (2006): 313-332.

153 **Es steht auch auf Platz 56** Oxford Dictionaries, *Oxford University Press*, „The OEC: Facts about the Language", aufgerufen am 1. Juni 2015. http://www.oxforddictionaries.com/words/the-oec-facts-about-the-language.

Teil Fünf: Beruhigt euren Geist

161 **Lange bevor der Buchdruck** Thomas C. Brickhouse und Nicholas D. Smith, *Plato's Socrates* (New York: Oxford University Press, 1994); Walter J. Ong, *Orality and Literacy: The Technologizing of the Word* (New York: Routledge, 2002), http://dss-edit.com/prof-anon/sound/library/Ong_orality_and_literacy.pdf.

162 **Unser Gehirn ist dafür gemacht** George A. Miller, „The Magical Number Seven, Plus or Minus Two. Some Limits on Our Capacity for Processing Information", *Psychological Review* 101, Nr. 2 (1994): 343-352.

164 **Dies ist das Ergebnis dessen** Bluma Zeigarnik, „Das Behalten erledigter und unerledigter Handlungen", *Psychologische Forschung* 9 (1927): 1-85.

171 **Sucht stattdessen nach ihnen** Steve Whittaker et al., „Am I Wasting My Time Organizing Email? A Study of Email Refinding", *IBM Research-Almaden*, 2011, http://people.ucsc.edu/~swhittak/papers/chi2011_refinding_email_camera_ready.pdf.

172 **Die Forschung zeigt, dass** Ayelet Fishbach und Ravi Dhar, „Goals as Excuses or Guides: The Liberating Effect of Perceived Goal Progress on Choice", *Journal of Consumer Research* 32, Nr. 3 (2005): 370-377.

189 **Heutzutage verbringt der typische Amerikaner** Mary Meeker, „Internet Trends 2015 – Code Conference", Kleiner, Perkins, Caufield, Byers, 2015, http://www.kpcb.com/internet-trends.

189 **Wenn man davon ausgeht** *Bureau of Labor Statistics*, „American Time Use Survey", zuletzt geändert am 30. September 2014, http://www.bls.gov/tus/charts.

190 **Die erste Gruppe erhielt Informationen** Ap Dijksterhuis et al., „On Making the Right Choice: The Deliberation-Without-Attention Effect", *Science* 311, Nr. 5763 (2006): 1005-1007.

190 **Einige Jahre nach dem Experiment** J. David Creswell, James K. Bursley, und Ajay B. Satpute, „Neural Reactivation Links Unconscious Thought to Decision Making Performance", *Social Cognitive and Affective Neuroscience* 8, Nr. 8 (2013): 863-869, DOI:10.1093/scan/nst004.

193 **Auch während ihr schlaft, verarbeitet** Jonathan Hasford, „Should I Think Carefully or Sleep on It?: Investigating the Moderating Role of Attribute Learning", *Journal of Experimental Social Psychology* 51 (2014): 51-55; J. D. Payne, M. A. Tucker, J. M. Ellenbogen, E. J. Wamsley, M. P. Walker, D. L. Schacter, et al., „Memory for Semantically Related and Unrelated Declarative Information: The Benefit of Sleep, the Cost of Wake", *PLoS ONE 7*, Nr. 3 (2012): e33079, DOI:10.1371/journal.pone.0033079.

193 **Wann immer Einstein eine schwierige** Ronald W. Clark, *Einstein: The Life and Times* (New York: World Publishing, 1971), 106.

193 **Die American Psychological Association** Kelly McGonigal, *The Willpower Instinct* (New York: Avery, 2012).

Teil Sechs: Der Aufmerksamkeitsmuskel

199 **Eine interessante Studie, durchgeführt von** Matthew A. Killingsworth und Daniel T. Gilbert, „A Wandering Mind Is an Unhappy Mind", *Science* 330, Nr. 6006

(2010): 932.

203 **Neurowissenschaftlern zufolge setzt sich** Yi-Yuan Tang and Michael Posner, „Attention Training and Attention State Training“, *Trends in Cognitive Sciences* 13, Nr. 5 (2009): 222-27.

206 **Laut Rescue Time** Matt Richtel, „Lost in E-Mail, Tech Firms Face Self-Made Beast“, *New York Times*, 14. Juni 2008, aufgerufen am 1. Juni 2015, http://www.nytimes.com/2008/06/14/technology/14email.html.

206 **Es ist klar, dass unsere Aufmerksamkeit** Steve Lohr, „Is Information Overload a $650 Billion Drag on the Economy?“ *Bits Blog New York Times*, 20. Dezember 2007, http://bits.blogs.nytimes.com/2007/12/20/is-information-overload-a-650-billion-drag-on-the-economy/.

207 **Ebenfalls laut Basex** Maggie Jackson, *Distracted* (Amherst, NY: Prometheus Books, 2008); Marci Alboher, „Fighting a War Against Distraction“, New York Times, 22. Juni 2008, http://www.nytimes.com/2008/06/22/jobs/22shifting.html.

207 **Und wie Gloria Mark** Gloria Mark, Victor M. Gonzalez, und Justin Harris, „No Task Left Behind? Examining the Nature of Fragmented Work.“ *Proceedings of the SIGCHI Conference on Human Factors in Computing Systems, ACM*, 2005.

208 **Und wenn euer Gehirn überlastet ist** Sam Anderson, „In Defense of Distraction“, aufgerufen am 1. Juni 2015, *New York Magazine*, http://nymag.com/news/features/56793/.

209 **Vertreter der Positiven Psychologie** Shawn Achor, *The Happiness Advantage: The Seven Principles of Positive Psychology That Fuel Success and Performance at Work* (New York: Random House, 2011).

216 **„Zellen, die zusammen feuern, verdrahten sich auch“** D. O. Hebb, *The Organization of Behavior* (New York: Wiley & Sons, 1949).

217 **Der Grund dafür, dass Gewohnheiten** „The Addicted Brain“, *Harvard Health Publication*, 9. Juni 2009, http://www.health.harvard.edu/mind-and-mood/the_addicted_brain.

217 **„Multitasking erzeugt eine“** Daniel Levitin, *The Organized Mind: Thinking Straight in the Age of Information Overload* (Westminster, London: Penguin UK, 2015).

218 **Tatsächlich kann sich euer Gehirn** John Medina, *Brain Rules: 12 Principles for Surviving and Thriving at Work, Home, and School* (Edmunds, WA: Pear Press, 2008); Joshua Rubinstein, David Meyer, und Jeffrey Evans, „Executive Control of Cognitive Processes in Task Switching“, *J Exp Psych* 27 (2001): 763-771; N. F. Ramsey, J. M. Jansma, G. Jager, T. Van Raalten, und R. S. Kahn, „Neurophysiological Factors in Human Information Processing Capacity“, *Brain* 127 (2003): 517-525; Stephen Monsell und Jon Driver, *Control of Cognitive Processes: Attention and Performance* XVIII (Cambridge, MA: MIT Press, 2000).

218 **Meine Lieblingsstudie zum Thema Multitasking** Eyal Ophir, Clifford Nass, und Anthony D. Wagner, „Cognitive Control in Media Multitaskers“, *Proceedings of the National Academy of Sciences* 106, Nr. 37 (2009): 15583-15587.

218 **„Wir suchten immer weiter nach dem“** Adam Gorlick, „Media Multitaskers Pay Mental Price, Stanford Study Shows“, *Stanford Report*, 24. August 2009, http://news.stanford.edu/news/2009/august24/multitask-research-study-082409.html.

219 **Multitasking macht euch sogar anfälliger** Mark W. Becker, Reem Alzahabi, und Christopher J. Hopwood, „Media Multitasking Is Associated with Symptoms of Depression and Social Anxiety“, *Cyberpsychology, Behavior, and Social Networking* 16, Nr. 2 (Februar 2013): 132-135, DOI:10.1089/cyber.2012.0291.

223 **(Untersuchungen zeigen, dass es einfacher ist)** Bill Breen, „The 6 Myths of Creativity“, *Fast Company*, 1. Dezember 2004, http://www.fastcompany.com/51559/6-myths-creativity.

223 **Matthew Killingsworth und Daniel Gilbert** Matthew A. Killingsworth und Daniel T. Gilbert, „A Wandering Mind Is an Unhappy Mind“, *Science* 330, Nr. 6006 (2010): 932.

223 **Aus evolutionärer Sicht** ibid.

234 **Sara Lazar, Neurowissenschaftlerin** Sara W. Lazar et al., „Functional Brain Mapping of the Relaxation Response and Meditation“, *Neuroreport* 11, Nr. 7 (2000): 1581-1585; Sara W. Lazar, „The Neurobiology of Mindfulness“, in *Mindfulness and Psychotherapy*, Hrsg. Christopher K. Germer, Ronald D. Siegel, und Paul R. Fulton (New York: Guilford, 2013), 282-295.

234 **Laut Lazar** Caroline Williams, „Concentrate! How to Tame a Wandering Mind“, *BBC*, 16. Oktober 2014, http://www.bbc.com/future/story/20141015-concentrate-how-to-focus-better.

234 **All diese Effekte – jeder einzelne** Daphne M. Davis und Jeffrey A. Hayes, „What Are the Benefits of Mindfulness?“, *Monitor on Psychology* 43, Nr. 7 (2012), http://www.apa.org/monitor/2012/07-08/ce-corner.aspx; Sue McGreevey, „Eight Weeks to a Better Brain“, *Harvard Gazette*, 21. Januar 2011, http://news.harvard.edu/gazette/story/2011/01/eight-weeks-to-a-better-brain; Erik Dane und Bradley J. Brummel, „Examining Workplace Mindfulness and Its Relations to Job Performance and Turnover Intention“, *Human Relations* 67, Nr. 1 (2013): 105-128, DOI:10.1177/0018726713487753; Sara Lazer et al., „Meditation Experience Is Associated With Increased Cortical Thickness“, *Neuroreporter* 16, Nr. 17 (2005): 1893-1897; Michael Mrazek et al., „Mindfulness Training Improves Working Memory Capacity and GRE Performance While Reducing Mind Wandering“, *Psychological Science* 24, Nr. 5 (2013): 776-81.

Teil Sieben: Produktivität auf der nächsten Stufe

246 **Eure Gehirnzellen verbrauchen** Ferris Jabr, „Does Thinking Really Hard Burn More Calories?“ *Scientific American*, 18. Juli 2012, https://www.scientificamerican.com/article/thinking-hard-calories.

247 **(Ich weiß, dass ich nicht der Einzige)** Richard A. Rawson, „Meth and the Brain“, *Frontline*, 14. Februar 2006, http://www.pbs.org/wgbh/pages/frontline/meth/body/methbrainnoflash.html.

247 **Untersuchungen haben gezeigt** E. Leigh Gibson, „Carbohydrates and Mental Function: Feeding or Impeding the Brain?“ *Nutrition Bulletin* 32, Nr. s1 (2007): 71-83; Michael Parsons, und Paul Gold, „Glucose Enhancement of Memory in Elderly Humans: An Inverted-U Dose–Response Curve“, *Neurobiology of Aging* 13, Nr. 3 (1992): 401-404.

251 **Studien zeigen, dass euer Magen** „Guide to Behavior Change", *National Heart, Blood and Lung Institute*, aufgerufen am 1. Juni 2015, http://www.nhlbi.nih.gov/health/educational/lose_wt/behavior.htm.

256 **Jeden Tag konsumiert der Durchschnittsmensch** Liwei Chen et al., „Reduction in Consumption of Sugar-Sweetened Beverages Is Associated with Weight Loss", *American Journal of Clinical Nutrition* 89, Nr. 5 (2009): 1299-1306, http://www.ncbi.nlm.nih.gov/pmc/articles/PMC2676995/.

258 **Wenn ihr Fan von einem** Irshaad O. Ebrahim et al., „Alcohol and Sleep I: Effects on Normal Sleep", *Alcoholism: Clinical and Experimental Research* 37, Nr. 4 (2013): 539-549.

258 **Acht bis 14 Stunden** „Sleep and Caffeine", *American Academy of Sleep Medicine*, 1. August 2013, http://www.sleepeducation.com/news/2013/08/01/sleep-and-caffeine; David M. Mrazik, „Reconsidering Caffeine: An Awake and Alert New Look at America's Most Commonly Consumed Drug", 2004 *Third Year Paper*, http://nrs.harvard.edu/urn-3:HUL.InstRepos:8846793.

259 **Tatsächlich beginnt euer Gehirn** Joseph Stromberg, „This Is How Your Brain Becomes Addicted to Caffeine", *Smithsonian.com*, 9. August 2013, http://www.smithsonianmag.com/science-nature/this-is-how-your-brain-becomes-addicted-to-caffeine-26861037/?no-ist.

261 **Als ambivertierter Mensch** Brian R. Little, *Me, Myself, and Us: The Science of Personality and the Art of Well-Being* (New York: PublicAffairs, 2014).

261 **Seid vorsichtig, wenn ihr Koffein trinkt** Maria Konnikova, „How Caffeine Can Cramp Creativity", *The New Yorker*, 17. Juni 2013, http://www.newyorker.com/tech/elements/how-caffeine-can-cramp-creativity.

261 **Koffein hat auch zwischen** Steven Miller, „The Best Time for Your Coffee", 23. Oktober 2013, *The BrainFacts Blog*, http://blog.brainfacts.org/2013/10/the-best-time-for-your-coffee; Miguel Debono et al., „Modified-Release Hydrocortisone to Provide Circadian Cortisol Profiles", *Journal of Clinical Endocrinology & Metabolism* 94, Nr. 5 (2009): 1548-1554.

263 **Eine Studie fand heraus, dass** M. Boschmann et al., „Water Drinking Induces Thermogenesis Through Osmosensitive Mechanisms", *Journal of Clinical Endocrinology & Metabolism* 92, Nr. 8. (2007): 3334-3337, http://www.ncbi.nlm.nih.gov/pubmed/17519319.

263 **Weil Wasser den Magen vor dem Essen** *American Chemical Society*, „Clinical Trial Confirms Effectiveness of Simple Appetite Control Method", 23. August 2010, http://www.acs.org/content/acs/en/pressroom/newsreleases/2010/august/clinical-trial-confirms-effectiveness-of-simple-appetite-control-method.html.

263 **Und wenn etwa ihr drei Liter am Tag trinkt** *The Institute of Medicine*, „Dietary Reference Intakes: Water, Potassium, Sodium, Chloride, and Sulfate", 11. Februar 2004, https://www.iom.edu/Reports/2004/Dietary-Reference-Intakes-Water-Potassium-Sodium-Chloride-and-Sulfate.aspx.

263 **Wenn ihr nicht genügend Wasser bekommt** Susan M. Shirreffs, Stuart J. Merson, Susan M. Fraser, und David T. Archer, „The Effects of Fluid Restriction on Hydration Status and Subjective Feelings in Man", *British Journal of Nutrition* 91 (2004): 951-958, DOI:10.1079/BJN20041149.

269 **Das Ausmaß an körperlicher Aktivität** Sara Germano, „American Inactivity Level Is Highest Since 2007, Survey Finds", *Wall Street Journal*, http://www.wsj.com/articles/american-inactivity-level-is-highest-since-2007-survey-finds-1429796821.

269 **Unser Körper** Daniel Lieberman, *The Story of the Human Body: Evolution, Health and Disease* (Westminster, London: Penguin UK, 2013), 217.

270 **Es hat sich sogar gezeigt** Matthew T. Schmolesky, David L. Webb, und Rodney A. Hansen, „The Effects of Aerobic Exercise Intensity and Duration on Levels of Brain-Derived Neurotrophic Factor in Healthy Men", *Journal of Sports Science & Medicine* 12, Nr. 3 (2013): 502-511; Chris C. Streeter et al., „Effects of Yoga Versus Walking on Mood, Anxiety, and Brain GABA Levels: A Randomized Controlled MRS Study", *Journal of Alternative and Complementary Medicine* 16, Nr. 11 (2010): 1145-1152; M. Rottensteiner et al., „Physical Activity, Fitness, Glucose Homeostasis, and Brain Morphology in Twins", *Medicine & Science in Sports & Exercise* 47, Nr. 3 (2015): 509-518, DOI:10.1249/MSS.0000000000000437.

277 **Diese Zombies verursachen sogar** *U.S. Department of Transportation, National Highway Traffic Safety Administration, National Center for Statistics and Analysis*, „Drowsy Driving", März 2011, http://www-nrd.nhtsa.dot.gov/pubs/811449.pdf.

278 **Laut Gallup kommen 40 Prozent** Jeffrey M. Jones, „In U.S., 40% Get Less Than Recommended Amount of Sleep", *Gallup*, 19. Dezember 2013, http://www.gallup.com/poll/166553/less-recommended-amount-sleep.aspx.

278 **Die Centers for Disease Control** *Centers for Disease Control and Prevention*, „Insufficient Sleep Is a Public Health Epidemic", zuletzt geändert am 13. Januar 2014, http://www.cdc.gov/features/dssleep.

278 **Und es wirkt sich negativ auf eure Konzentration** *Division of Sleep Medicine at Harvard Medical School*, „Sleep, Performance, and Public Safety", zuletzt geändert am 18. Dezember 2007, http://healthysleep.med.harvard.edu/healthy/matters/consequences/sleep-performance-and-public-safety.

279 **Jeder Mensch tickt anders** ibid.

281 **Licht, das im blauen Wellenlängenbereich** *Harvard Health Publications*, „Blue light has a dark side", 1. Mai 2012, http://www.health.harvard.edu/staying-healthy/blue-light-has-a-dark-side.

282 **Und das hat auch die Wissenschaft** K. Burkhart und J. R. Phelps, „Amber Lenses to Block Blue Light and Improve Sleep: A Randomized Trial", *Chronobiology International* 26, Nr. 8 (2009): 1602-1612, DOI:10.3109/07420520903523719.

282 **Eine Studie fand heraus, dass** Derek Croome, *Creating the Productive Workplace* (London: E & FN Spon, 2000).

282 **Wie beim Schlaf hat sich gezeigt** Catherine E. Milner und Kimberly A. Cote, „Benefits of Napping in Healthy Adults: Impact of Nap Length, Time of Day, Age, and Experience with Napping", *Journal of Sleep Research* 18, Nr. 2 (2009): 272-281, DOI:10.1111/j.1365-2869.2008.00718.x.

283 **Die American Academy of Sleep Medicine** *WebMD*, http://www.webmd.com/sleep-disorders/features/cant-sleep-adjust-the-temperature.

283 **Vor allem aber sollte es** *Sleep Number*, „How to Sleep at the Perfect Temperature", aufgerufen am 1. Juni 2015, http://www.sleepnumber.com/eng/individualNeeds/sleepTemperature.cfm.

283 **Studien zeigen, dass die Zeit** Catherine Gale und Chistopher Martyn, „Larks and owls and health, wealth, and wisdom", *British Medical Journal* 317, Nr. 7174 (1998): 1675-1677.

Teil Acht: Der letzte Schritt

290 **Tatsächlich fand er in seinen Forschungen** „Shawn Achor: The Happy Secret to Better Work", TED Talk, TEDxBloomington, 2011, http://www.ted.com/talks/shawn_achor_the_happy_secret_to_better_work?language=en; Shawn Achor, *The Happiness Advantage: The Seven Principles of Positive Psychology That Fuel Success and Performance at Work* (New York: Random House, 2011).

291 **Ihr solltet viel häufiger** Lisa Evans, „The Exact Amount of Time You Should Work Every Day", *Fast Company*, 15. September 2014, http://www.fastcompany.com/3035605/how-to-be-a-success-at-everything/the-exact-amount-of-time-you-should-work-every-day.

291 **Sobald diese Energiequelle erschöpft ist** John P. Trougakos et al., „Making the Break Count: An Episodic Examination of Recovery Activities, Emotional Experiences, and Positive Affective Displays", *Academy of Management Journal* 51, Nr. 1 (2008): 131-146.

293 **Forschungen haben gezeigt** Mihaly Csikszentmihalyi, *Flow* (Netherlands: Springer, 2014).

294 **Nach Untersuchungen der Stanford-Psychologin** Carol Dweck, *Mindset: The New Psychology of Success* (New York: Random House, 2006).

295 **Sie fanden heraus, dass süße Tierbabys** Hiroshi Nittono et al., „The Power of Kawaii: Viewing Cute Images Promotes a Careful Behavior and Narrows Attentional Focus", *PLoS ONE* 7, Nr. 9 (2012): e46362.

298 **Der Psychologe, Shad Helmstetter** Shad Helmstetter, *What to Say When You Talk to Your Self* (New York: Simon and Schuster, 1990).

298 **Eine andere Studie, durchgeführt an Wirtschaftsstudenten** Raj Raghunathan, „How Negative Is Your 'Mental Chatter'?" *Psychology Today*, 10. Oktober 2013, https://www.psychologytoday.com/blog/sapient-nature/201310/how-negative-is-your-mental-chatter.

303 **Die Forschung untermauert dies** Gallup, „State of the American Workplace", 2012, http://www.gallup.com/services/178514/state-american-workplace.aspx; Tom Rath, *Vital Friends: The People You Can't Afford to Live Without* (New York: Gallup Press, 2006).